U0363953

·高等学校计算机基础教育教材精选·

大学计算机应用基础
（第2版）

巩政　郝莉　编著

清华大学出版社

北京

内容简介

本书是在《大学计算机应用基础》的基础上,根据教育部《关于进一步加强高等学校计算机基础教学的意见》中有关大学计算机基础课程的教学要求编写的。全书共分 7 章,包括计算机基础知识,操作系统基础,办公集成软件 Microsoft Office 2010(文字处理软件 Word、电子表格处理软件 Excel、演示文稿软件 PowerPoint),计算机网络基础,数据库基础,多媒体技术应用和计算机信息安全。

本书的内容组织侧重应用能力的训练。选材精练、详略得当、实用性强、体例新颖、通俗易懂。适用于高等院校非计算机专业公共计算机课第一层次(文化层)的教学使用,也可作为计算机基础应用的入门读物。

本书是一本面向非计算机专业学生学习计算机基本知识与应用的基础教材,意在培养学生操作使用计算机的能力,为学生把计算机应用到本专业打基础。

教材突出基本概念、基本原理,涉及知识面广,注重实际应用;语言通俗易懂、图文并茂,详略得当;反映计算机技术的最新发展和应用,既适应发展,又有一定的稳定度。

本书配有实验教材和电子教案,便于教学。

本书封面贴有清华大学出版社防伪标签,无标签者不得销售。
版权所有,侵权必究。侵权举报电话:010-62782989 13701121933

图书在版编目(CIP)数据

大学计算机应用基础/巩政,郝莉编著. —2 版. —北京:清华大学出版社,2013(2016.2 重印)
高等学校计算机基础教育教材精选
ISBN 978-7-302-33688-4

Ⅰ. ①大… Ⅱ. ①巩… ②郝… Ⅲ. ①电子计算机-高等学校-教材 Ⅳ. ①TP3

中国版本图书馆 CIP 数据核字(2013)第 201632 号

责任编辑:袁勤勇 张 玥
封面设计:傅瑞学
责任校对:焦丽丽
责任印制:沈 露

出版发行:清华大学出版社
　　　　网　　　址:http://www.tup.com.cn,http://www.wqbook.com
　　　　地　　　址:北京清华大学学研大厦 A 座　　　邮　　编:100084
　　　　社 总 机:010-62770175　　　　　　　　　　邮　　购:010-62786544
　　　　投稿与读者服务:010-62776969,c-service@tup.tsinghua.edu.cn
　　　　质 量 反 馈:010-62772015,zhiliang@tup.tsinghua.edu.cn
　　　　课 件 下 载:http://www.tup.com.cn,010-62795954
印 装 者:三河市少明印务有限公司
经　　销:全国新华书店
开　　本:185mm×260mm　　　印　张:17.5　　　字　　数:399 千字
版　　次:2010 年 8 月第 1 版　　2013 年 8 月第 2 版　　印　次:2016 年 2 月第 6 次印刷
印　　数:11001～13000
定　　价:32.00 元

产品编号:054968-01

出版说明

高等学校计算机基础教育教材精选

在教育部关于高等学校计算机基础教育三层次方案的指导下,我国高等学校的计算机基础教育事业蓬勃发展。经过多年的教学改革与实践,全国很多学校在计算机基础教育这一领域中积累了大量宝贵的经验,取得了许多可喜的成果。

随着科教兴国战略的实施及社会信息化进程的加快,目前我国的高等教育事业正面临着新的发展机遇,但同时也必须面对新的挑战。这些都对高等学校的计算机基础教育提出了更高的要求。为了适应教学改革的需要,进一步推动我国高等学校计算机基础教育事业的发展,我们在全国各高等学校精心挖掘和遴选了一批经过教学实践检验的优秀的教学成果,编辑出版了这套教材。教材的选题范围涵盖了计算机基础教育的三个层次,包括面向各高校开设的计算机必修课、选修课,以及与各类专业相结合的计算机课程。

为了保证出版质量,同时更好地适应教学需求,我们将采取开放的体系和滚动出版的方式(即成熟一本、出版一本,并保持不断更新),坚持宁缺毋滥的原则,力求反映我国高等学校计算机基础教育的最新成果,使本套丛书无论在技术质量上还是出版质量上均成为真正的"精选"。

清华大学出版社一直致力于计算机教育用书的出版工作,在计算机基础教育领域出版了许多优秀的教材。本套教材的出版将进一步丰富和扩大我社在这一领域的选题范围、层次和深度,以适应高校计算机基础教育课程层次化、多样化的趋势,从而更好地满足各学校由于条件、师资和生源水平、专业领域等的差异而产生的不同需求。我们热切期望全国广大教师能够积极参与到本套丛书的编写工作中来,把自己的教学成果与全国的同行们分享;同时也欢迎广大读者对本套教材提出宝贵意见,以便我们改进工作,为读者提供更好的服务。

我们的电子邮件地址是 jiaoh@tup.tsinghua.edu.cn。联系人:焦虹。

清华大学出版社

第 2 版前言

随着计算机技术和网络技术的快速发展,针对信息化社会中计算机应用领域不断扩大和高校学生计算机知识的起点不断提高的特点,深入开展高等学校的计算机基础教学改革,一直是高校计算机基础教育工作者研究的问题。根据教育部有关高等学校非计算机专业大学计算机基础课程的教学要求,我们在已出版的《大学计算机应用基础》的基础上重新修订、出版此教材。

近年来,大学生的计算机素质不断提高,加之课程学时数压缩,教学要求在教学内容的选取、教学的组织和方法上作较大的改革,以满足不同层次学生的需要,因此,我们及时编写了新一版本。新版除了继续保持前一版内容新颖、层次清楚、图文并茂、通俗易懂等特色外,在内容上作了调整。本书以 Windows 7 为平台,整合了文字处理、电子表格、演示文稿应用软件,将其合并为一章,把三种软件中的共享内容提取出来,组成一节,增加了三种文档间相互调用一节,在文字处理方面增加了对长文档的编辑应用,在电子表格中增加了透视图表内容;将 HTML 语言简介并入网络基础,突出了用 HTML 编写网页;增加了数据库基本知识及应用方面的内容。

全书共分为 7 章。第 1 章介绍计算机的基础概念、计算机中数据的表示、计算机硬件的基本结构与工作原理、计算机软件与语言等。第 2 章介绍了计算机操作系统基础,包括操作系统的概念、Windows 7 操作系统的基本使用等。第 3 章以 Microsoft Office 2010 为例,介绍了办公自动化应用软件中的文字处理软件、电子表格处理软件、演示文稿软件应用。第 4 章介绍了 Internet 网络基础,包括 Internet 的工作原理、网络信息检索、收发电子邮件、用 HTML 语言制作网页等。第 5 章介绍了数据库应用基础,包括数据库基本知识,以 Access 2010 为例,介绍数据库表的建立、SQL 查询语句等。第 6 章介绍了多媒体技术应用,包括图形图像、压缩技术、常用多媒体软件等。第 7 章介绍了计算机信息安全方面的基本知识。

本书由巩政编写第 4 章、第 5 章、第 6 章和第 7 章,郝莉编写第 1 章、第 2 章和第 3 章。巩政对全书做了统稿工作。

本书在编写、出版过程中,得到了清华大学出版社袁勤勇同志的鼎力相助,内蒙古大学计算机学院计算机基础课程建设组的教师对全书的修改提出了许多宝贵意见和建议,计算机学院领导也给予大力关心和支持,在此一并表示诚挚的谢意。

限于编者的学识、水平,疏漏和不当之处难免,敬请读者不吝斧正。

编　者

2013 年 6 月

第1版前言

电子计算机自诞生以来,经过半个多世纪的发展,计算机的应用已深入到各行各业及各个领域,计算机已成为人们学习、工作和生活中不可缺少的重要工具。掌握计算机应用的基本知识且能熟练利用计算机已成为对高等学校各专业学生的基本要求。因此,计算机应用基础课程已成为各高等院校的公共基础课并被列入各专业的必修和先修课程。

为了适应社会的需求和规范高等学校计算机公共课的教学,教育部高等学校非计算机专业计算机基础课程教学指导委员会在《关于进一步加强高校计算机基础教学的意见》文件中明确地提出了计算机应用基础课程的教学要求。中国高等院校计算机基础教育改革课程研究组制定的《中国高等院校计算机基础教育课程体系 2006》(简称 CFC2006)也对该课程的教学内容进行了详细的说明。为了尽快实现教育部和 CFC2006 提出的计算机应用基础教学目标,促进教学水平上一个新的台阶,我们组织了有多年教学经验的第一线教师,在总结了十多年计算机基础及计算机公共课的教学经验基础上,新编了《大学计算机应用基础》一书,作为高等学校计算机公共基础课的教材。

本书以面向实际应用为目标,介绍了计算机基础知识和应用技能,以操作系统、办公软件、Internet 以及多媒体工具的使用为重点,力求将计算机基础知识和应用能力培养相结合,意在培养学生操作使用计算机的能力,为学生把计算机应用到本专业奠定扎实的基础。针对计算机操作系统、应用软件版本更新快的特点,将 Windows 系列软件的操作使用做了适当的抽象,以求提高学生对不同版本软件的适应能力。为了方便教学,本书还配有上机指导书和教师用电子教案。

全书内容共分为 11 章。第 1 章介绍计算机的基础概念、计算机中数据的表示、计算机硬件的基本结构与工作原理、计算机软件与语言等。第 2 章介绍了计算机操作系统基础,包括操作系统的概念、Windows XP 操作系统的基本使用等。第 3 章介绍了办公自动化集成软件 Microsoft Office 的共有操作特性等。第 4 章介绍了文字处理软件 Word 2003 的基本使用。第 5 章介绍了电子表格处理软件 Excel 2003 的基本使用。第 6 章介绍了演示文稿软件 PowerPoint 2003 的基本使用。第 7 章介绍了 Internet 网络基础,包括 Internet 的工作原理、网络信息检索、收发电子邮件等。第 8 章介绍了多媒体技术应用,包括图形图像、压缩技术、常用多媒体软件等。第 9 章介绍了网页制作,包括用 HTML 语言制作网页和用 FrontPage 制作网页。第 10 章介绍了计算机日常维护及常用外部设备的使用。第 11 章介绍了计算机信息安全方面的基本知识。

    参加本书编写的有高光来、巩政、郝莉、张凯文、许智君、王彪、王润文。本书由高光来、巩政同志主编并对全书做了统稿工作。

    限于编者的学识、水平,疏漏和不当之处难免,敬请同志们不吝斧正。

编 者
2006 年 7 月

目录

第 1 章 计算机基础知识

电子计算机的历史并不悠久,然而它的高速发展和广泛应用,已使之成为人们生产劳动和日常生活中必备的重要工具。学习必要的计算机知识,掌握一定的计算机操作技能,是现代人文化知识结构中不可缺少的重要组成部分。

1.1 计算机的基本概念

20 世纪 40 年代诞生的电子数字计算机(简称为计算机)是 20 世纪最重大的发明之一,是人类科学技术发展史上的一个里程碑。现代计算机是一种能快速、精确、自动完成信息处理的电子设备。人们将事先编好的程序存放在计算机的存储器中,计算机按照程序引导的确定步骤,对输入数据进行加工处理、存储或传送,并获得输出信息。改变存储器中的程序,计算机的功能也随之改变,因此它有很好的通用性。半个多世纪以来,计算机科学技术有了飞速发展,计算机的性能越来越高、价格越来越便宜、应用越来越广泛。时至今日,计算机已经广泛应用于国民经济以及社会生活的各个领域,计算机科学技术的发展水平、计算机的应用程度已经成为衡量一个国家现代化水平的重要标志。

1.1.1 计算机的概念

在诞生的初期,计算机主要是被用来进行科学计算的,因此被称为“计算机”。然而,现在计算机的应用已经远远超出了“计算”这个范围,它可以对数字、文字、声音以及图像等各种形式的数据进行处理。实际上,计算机是按照事先存储的程序,自动、高速地对数据进行输入、处理、输出和存储的系统。一个计算机系统包括硬件和软件两大部分:硬件是由电子的、磁性的、机械的部件组成的物理实体,包括运算器、存储器、控制器、输入设备和输出设备等 5 个基本组成部分;软件则是程序和相关文档的总称,包括系统软件和应用软件两类。系统软件是为了对计算机的软硬件资源进行管理、提高计算机系统的使用效率和方便用户而编制的各种通用软件,一般由计算机生产厂商提供,常用的系统软件有操作系统、程序设计语言翻译系统、连接程序、诊断程序等;应用软件是指专门为某一应用目的而编制的软件,常用的应用软件有字处理软件、表处理软件、统计分析软件、数据库管理系统、计算机辅助软件、实时控制与实时处理软件以及其他应用于社会各行各业的应用程序。

计算机能够完成的基本操作及其主要功能如下。

- 输入：接受由输入设备(如键盘、鼠标、扫描仪等)提供的数据。
- 处理：对数值、逻辑、字符等各种类型的数据进行操作,按指定的方式进行转换。
- 输出：将处理产生的结果等数据送到相关输出设备(如显示器、打印机、绘图仪等)。
- 存储：计算机可以存储程序和数据。

1.1.2　计算机发展简史

1. 计算机的诞生

人类在适应自然、改造自然的过程中创造并逐步发展了计算工具。原始时代的计算工具主要是人类自身的附属物或已存在的工具,诸如手指或周围可数的有形物体,如石子、绳结、小木棍等。随着生产力的不断提高,人类开始制造、生产计算工具。在计算工具的发展史上,唐末出现的算盘是我国经过加工制造出来的第一种计算工具。计算工具的生产、制造及应用水平,是衡量一个国家、民族及地区科研、生产力水平的重要标志。

随着社会生产力的发展,计算愈加复杂,因而计算工具不断地发展。在近代计算机发展史中,起奠基作用的是英国数学家查尔斯·巴贝奇(Charles Babbage,1791—1871)。他于 1822 年、1834 年先后设计了差分机和分析机,企图以蒸汽机作为计算机的动力。虽然受当时技术和工艺的限制,设计都没有成功,但是分析机已具有输入、处理、存储、输出及控制五个基本装置的构想。他同时还提出了"条件转移"思想,成为今天电子计算机硬件系统组成的基本框架。1936 年,美国人霍华德·艾肯(Howard Aiken,1900—1973)提出用机电方法而不是用纯机械方法来实现巴贝奇分析机的想法,并在 1944 年制造成功 Mark Ⅰ计算机,使巴贝奇的梦想变成现实。对电子计算机的理论和模型有重大贡献的是英国数学家阿伦·图灵(Alan Mathison Turing,1912—1954),他在 1936 年提出了计算机的抽象理论模型,发展了可计算性理论,为后来计算机的诞生奠定了理论基础。

20 世纪 40 年代中期,导弹、火箭、原子弹等现代科学技术迅速发展,出现了大量极其复杂的数学问题。原有的计算工具已无法满足要求,而电子学和自动控制技术的迅速发展,也为研制新的计算工具提供了物质技术条件。

1946 年 2 月,在美国宾夕法尼亚大学,由 John Mauchly 和 J. P. Eckert 领导的研制小组为精确测算炮弹的弹道特性而制成了 ENIAC 计算机——这是世界上第一台真正能自动运行的电子数字计算机,如图 1.1 所示。虽然它每秒钟只可以完成 5000 次加法运算,存在着许多缺点,但是它为电子计算机的发展奠定了技术基础。它的问世标志着电子计算机时代的到来。

电子计算机 ENIAC 的研制工作和它的不足引起了美籍匈牙利数学家冯·诺依曼(John von Neumann,1903—1957)的注意,他与宾夕法尼亚大学摩尔电机系小组合作,于 1946 年 9 月在《关于电子计算机逻辑设计的初步讨论》的报告中,提出了一个全新的"存储程序"方案,即通用电子计算机设计方案 EDVAC(Electronic Discrete Variable Automatic Computer),这就是离散变量电子自动计算机,为电子计算机在 ENIAC 之后的迅速发展奠定了坚实的理论基础。冯·诺依曼的方案确立了 ENIAC 之后的电子计算机由五大部分组成的硬件结构；指令和数据一样，均以二进制的形式存储并加以处理；采用"存储程序，程序控制"的设计原理。今天广泛使用的电子计算机基本上都是依照冯·诺依曼的设计思想设计的，故统称为冯·诺依曼型计算机。

图 1.1   世界上第一台数字式电子计算机——ENIAC

2. 计算机的发展

从 1946 年 ENIAC 诞生到现在的半个多世纪的时间里，电子计算机的发展已经历了四代，如表 1.1 所示。在推动计算机发展的众多因素中，电子元器件的发展起着决定性作用。其次，计算机系统结构和计算机软件技术的发展也起了重要作用。

表 1.1   电子计算机的发展阶段

代	年份	硬件	软件	运算速度
一	1946—1958	电子管、磁鼓	符号语言、汇编语言	数千次/秒
二	1958—1964	晶体管、磁芯	批处理操作系统、高级语言，如 FORTRAN	数万～数十万次/秒
三	1964—1970	中小规模集成电路、磁芯、半导体存储器	分时操作系统 会话式语言 网络软件	数十万～数百万次/秒
四	1970—	大、超大规模集成电路，半导体存储器	数据库系统 分布式操作系统 面向对象的语言系统	数千万～数亿次/秒

(1) 1946—1958 年是计算机发展的第一代。其特征是采用电子管作为计算机的逻辑元件，运算速度只有每秒几千次到几万次基本运算，内存容量小，用二进制数表示的机器语言或汇编语言编写程序。由于第一代计算机体积大、功耗大、造价高、使用不便，因此主要用于军事和科研部门的数值计算。其代表机型有 IBM 650、IBM 709 等。

(2) 1958—1964 年是计算机发展的第二代。其特征是用晶体管代替电子管，大量采用磁芯作为内存储器，采用磁盘、磁带等作为外存储器，体积缩小，功耗降低，可靠性提高，运算速度提高到每秒几十万次基本运算，内存容量扩大到几十万字。同时计算机软件技术也有了很大发展，出现了 FORTRAN、ALGOL60、COBOL 等高级程序设计语言，大大方便了计算机的使用。代表机型有 IBM-7094 机、CDC7600 机。

（3）1964—1970 年是计算机发展的第三代。其特征是用集成电路（Intergrated Circuit,IC）代替了分立元件。集成电路是把多个电子元器件集中在几平方毫米的基片上形成的逻辑电路。第三代计算机的基本电子元件是每个基片上集成几个到十几个电子元件（逻辑门）的小规模集成电路和每片上集成几十个元件的中规模集成电路。第三代计算机已开始采用性能优良的半导体存储器取代磁芯存储器,运算速度提高到每秒几十万到几百万次基本运算。计算机的体积更小,寿命更长,功耗、价格进一步下降,在存储器容量、速度和可靠性等方面都有了较大提高。同时,计算机软件技术的进一步发展,尤其是操作系统的逐步成熟,是第三代计算机的显著特点。软件出现了结构化、模块化程序设计方法。最有影响的是 IBM 公司研制的 IBM-360 计算机系列。

（4）1970 年到现在是计算机发展的第四代。其特征是以每个芯片上集成几百到几千个逻辑门的大规模集成电路（Large-Scale Integration,LSI）、超大规模集成电路（VLSI）和极大规模集成电路（ULSI）来构成计算机的主要功能部件,主存储器采用集成度很高的半导体存储器。运算速度可达每秒几百万次甚至上亿次基本运算。在软件方面,出现了数据库系统、分布式操作系统等,网络软件大量涌现,计算机网络进入普及时代。应用软件的开发已逐步成为一个庞大的现代产业。

第四代计算机中较有影响的机种是微型计算机,简称微机。它诞生于 20 世纪 70 年代初,20 世纪 80 年代得到了迅速推广,这是计算机发展史上最重要的事件之一。

3. 计算机发展的趋向

计算机的发展表现为巨（型化）、微（型化）、多（媒体化）、网（络化）和智（能化）五种趋向。

（1）巨型化。巨型化是指发展高速、大存储容量和强功能的超大型计算机。这既是诸如天文、气象、核反应等尖端科学以及进一步探索新兴科学的需要,也是衡量一个国家、地区、民族科研及生产力水平的标志。目前巨型机的运算速度已达几十万亿次/秒。

（2）微型化。大规模、超大规模集成电路的出现,使计算机微型化发展迅速。因为微机可渗透到诸如仪表、家用电器、导弹弹头等中小型机无法进入的领域,所以 20 世纪 80 年代以来发展异常迅速。预计微机的性能指标将持续提高,而价格将继续下降。

（3）多媒体化。多媒体是"以数字技术为核心的图像、声音与计算机、通信等融为一体的信息环境"的总称。多媒体技术的目标是:无论在什么地方,只需要简单的设备就能自由自在地以交互和对话方式收发所需要的信息。多媒体技术的实质,就是让人们利用计算机,以更接近自然的方式交换信息。

（4）网络化。计算机网络是计算机技术发展中崛起的又一重要分支,是现代通信技术与计算机技术结合的产物。从单机走向联网,是计算机应用发展的必然结果。所谓计算机网络,就是在一定的地理区域内,由通信线路将分布在不同地点、不同机型的计算机和专门的外部设备互联组成一个规模大、功能强的网络系统,在网络软件的协调下共享信息、共享软硬件和数据资源。

（5）智能化。智能化计算机是在现代科学技术基础上,用计算机来模拟人的感觉、行为及思维过程的机理,使计算机具备视觉、听觉、语言、思维、逻辑推理等能力。智能化的研究包括模式识别、自然语言的生成和理解、定理的自动证明、智能机器人等。其基本方法和技术是通过对知识的组织和推理求得问题的解答,所以涉及的内容很广,需要对数学、信息论、控制论、计算机逻辑、神经心理学、生理学、教育学、哲学、法律等多方面的知识进行综合。人工智能的研究更使计算机突破了"计算"这一初级含义,从本质上拓宽了计算机的能力,使其可以越来越多地代替或超越人类某些方面的脑力劳动。

第一代至第四代计算机代表了计算机的过去和现在,从新一代计算机身上则可以展望计算机的未来。从第一台电子计算机诞生到现在,常用的计算机系统仍然以冯·诺依曼型为主。为了在理论及原理上获得更大的进展,各国的科学家们正在研究不同类型、材料、结构的非冯·诺依曼型计算机。计算机作为最理想的计算、控制和管理工具,有力地推动了科研、国防、企业、交通、邮电及商业等各部门的发展。同时,各部门为开拓更新的领域,又向计算机技术提出了更高的要求。

1.1.3 计算机的分类

计算机的种类很多,如按不同的标志分类,电子计算机常分为数字计算机(Digital Computer)和模拟计算机(Analogue Computer)两大类。数字计算机,是通过电信号的有无来表示数,并利用算术和逻辑运算法则进行计算。它具有运算速度快、精度高、灵活性大和便于存储等优点,因此适合于科学计算、信息处理、实时控制和人工智能等应用。我们通常所用的计算机,一般都是指数字计算机。模拟计算机,是通过电压的大小来表示数,即通过电的物理变化过程来进行数值计算。其优点是速度快,适合于解高阶的微分方程。它在模拟计算和控制系统中的应用较多,但通用性不强,信息不易存储,且计算机的精度受到了设备的限制,因此不如数字计算机的应用普遍。

按照用途进行分类,计算机可划分为专用计算机(Special Purpose Computer)和通用计算机(General Purpose Computer)。

专用计算机具有单纯、使用面窄甚至专机专用的特点,是为了解决一些专门的问题而设计制造的。它可以增强某些特定功能,忽略一些次要功能,因此能够高速度、高效率地解决某些特定的问题。一般地,模拟计算机通常都是专用计算机,如军事控制系统广泛地使用了专用计算机。

通用计算机具有功能多、配置全、用途广、通用性强等特点,通常所说的以及本书所介绍的就是指通用计算机。

在通用计算机中,人们又按照计算机的运算速度、字长、存储容量、软件配置等多方面的综合性能指标将计算机分为巨型机、大型机、小型机、工作站、微型机等几类。分类的标准只是粗略划分,只能就某一时期而言,现在的大型机,若干年后就可能成了小型机。

1. 巨型机

研制巨型机是现代科学技术尤其是国防尖端技术发展的需要。核武器、反导弹武器、空间技术、大范围天气预报、石油勘探等都要求计算机有很高的速度和很大的容量,一般大型通用机远远不能满足要求。很多国家竞相投入巨资开发速度更快、性能更强的超级计算机。巨型机的研制水平、生产能力及其应用程度已成为衡量一个国家经济实力和科技水平的重要标志。

巨型机在技术上朝两个方向发展:一方面是开发高性能器件,缩短时钟周期,提高单机性能。目前巨型机的时钟周期大约在 2～7ns;另一方面是采用多处理器结构,提高整机性能,如 CRAY-4 就采用了 64 个处理器。

目前我国已研制成功"银河-Ⅲ"百亿次巨型计算机,该系统采用了目前国际最新的可扩展多处理机并行体系结构。它的整体性能优越,系统软件高效,网络计算环境强大,可靠性设计独特,工程设计优良,运算速度可达每秒 130 亿次,其系统综合技术达到当前国际先进水平。在该系统研制的同时,一批适用于天气预报、地震机理研究、量子化学研究、空气动力研究等方面的高水平应用软件也研制出来,增加了它进入市场的竞争力。

2. 大型通用机

大型通用机是对一类计算机的习惯称呼,本身并无十分准确的技术定义。其特点表现在通用性强、具有很强的综合处理能力、性能覆盖面广等,主要应用在公司、银行、政府部门、社会管理机构和制造厂家等,通常人们称大型机为"企业级"计算机。

大型机研制周期长,设计技术与制造技术非常复杂,耗资巨大,需要相当数量的设计师协同工作。大型机在体系结构、软件、外设等方面又有极强的继承性,因此国外只有少数公司能够从事大型机的研制、生产和销售工作。美国的 IBM、DEC,日本的富士通、日立等都是大型机的主要厂商。

3. 小型机

小型机机器规模小、结构简单、设计试制周期短,便于及时采用先进工艺。这类机器可靠性高,对运行环境要求低,易于操作且便于维护,用户使用机器不必经过长期的专门训练,因此具有很强的吸引力,加速了计算机的推广普及。

小型机应用范围广泛,如用在工业自动控制、大型分析仪器、测量仪器、医疗设备中的数据采集、分析计算等,也用做大型、巨型计算机系统的辅助机,并广泛运用于企业管理及大学和研究所的科学计算等。

4. 工作站

工作站是一种高档的微机系统。它具有较高的运算速度,既具有大、中、小型机的多任务、多用户能力,又兼具微型机的操作便利性和良好的人机界面。它可连接多种输入、输出设备,最突出的特点是图形性能优越,具有很强的图形交互处理能力,因此在工程领域特别是计算机辅助设计(CAD)领域得到了广泛应用。人们通常认为工作站是专为工程师设计的机型。由于工作站出现得较晚,因此一般都带有网络接口,采用开放式系统结构,即将机器的软、硬件接口公开,并尽量遵守国际工业界流行标准,以鼓励其他厂商、用户围绕工作站开发软、硬件产品。目前,多媒体等各种新技术已普遍集成到工作站中,因而更具特色。它的应用领域也已从最初的计算机辅助设计扩展到商业、金融、办公领域,并频频充当网络服务器的角色。

5. 微型机(个人计算机)

1971 年,美国的 Intel 公司成功地在一个芯片上实现了中央处理器的功能,制成了世界上第一片 4 位微处理器 MPU(Microprocessing Unit),也称 Intel 4004,并由它组成了第一台微型计算机 MCS-4,由此揭开了微型计算机大普及的序幕。随后,许多公司,如

Motorola、Zilog 等也争相研制微处理器,相继推出了 8 位、16 位、32 位、64 位微处理器。芯片内的主频和集成度也在不断提高,芯片的集成度几乎每 18 个月就提高一倍,而由它们构成的微型机在功能上也不断完善。如今的微型计算机在某些方面可以和以往的大型机相媲美。

美国 IBM 公司采用 Intel 微处理器芯片,自 1981 年推出 IBM PC(Personal Computer)微型个人机后,又推出 IBM PC XT、IBM PC 286、386 等一系列微型计算机,由于其功能齐全、软件丰富、价格便宜,很快便占据了微型计算机市场的主导地位。目前,在微机领域,IBM 已是风光不再,许多国内外厂商都生产各种兼容的采用 Intel 公司、AMD 公司的多核 CPU 的个人计算机。苹果机由于其先进的技术、友好的用户界面以及软硬件的完美结合,在个人计算机领域也占有一席之地。

当前,个人计算机已渗透到各行各业和千家万户。它既可以用于日常信息处理,又可用于科学研究,并协助人脑思考问题。人们手持一部便携机,便可通过网络随时地与世界上任何一个地方的人实现信息交流与通信。原来保存在桌面和书柜里的部分信息系统将存入随身携带的电脑中。人走到哪里,以个人机(特别是便携机)为核心的移动通信系统就跟到哪里,人类向着信息化的自由王国又迈进了一大步。

6. 网络计算机(Network Computer,NC)

计算机最初用于信息管理时,信息的存储和管理是分散的。这种方式的弱点是数据的共享程度低,数据的一致性难以保证。于是以数据库为标志的新一代信息管理技术发展起来,同时以大容量磁盘为手段、以集中处理为特征的信息系统也发展起来。20 世纪 80 年代,PC 的兴起冲击了这种集中处理的模式,而计算机网络的普及更加剧了这一变化。数据库技术也相应延伸到了分布式数据库,客户机-服务器的应用模式出现了。当然,这不是向分散处理的简单回归,而是螺旋式的上升。随着 Internet 的迅猛发展,网络安全、软件维护与更新、多媒体应用等迫使人们再次权衡集中与分散的问题:是否可以把需要共享和需要保持一致的数据相对集中地存放,把经常更新的软件比较集中地管理,而把用户端的功能仅限于用户界面与通信功能呢? 这就是网络计算机的由来。

从 NC 的角度来看,可以把整个网络看成是一个巨大的磁盘驱动器,而 NC 可以通过网络,从服务器上下载大多数乃至全部应用软件。这就意味着作为 PC 的使用者,从此可以不再为 PC 的软硬件配置和文件的保存煞费苦心。由于应用软件和文件都是存储在服务器而不是各自的 PC 上,因此无论是数据还是应用软件,用户总能获得最新版本。目前,NC 的发展还没有达到预期的规模,但其中的一些思想值得借鉴。

近年来,随着 Internet 的普及,各种档次的计算机在网络中发挥着不同的作用。

1.1.4　计算机的用途

计算机对人类科学技术的发展产生了深远影响,极大地增强了人类认识世界、改造世界的能力,在国民经济和社会生活的各个领域有着非常广泛的应用。按照应用领域划分,计算机有以下几个方面的用途:科学计算、数据处理、实时控制、计算机辅助工程和辅助教育、人工智能、网络应用、娱乐与游戏等。

1. 科学计算

这是电子计算机最早、最重要的应用领域。从基础学科到天文学、空气动力学、核物理学等领域，都需要计算机进行十分庞大和极其复杂的计算。其特征是数据量大且计算复杂。计算机广泛用于军事技术、航空、航天技术以及其他尖端学科和工程设计方面的计算。这不但可以节省大量人力、物力、时间，而且可以解决人力或其他计算工具无法解决的问题。例如 24 小时内的气象预报，要解描述大气运动规律的微分方程，以得到天气变化的数据，来预报天气情况。

2. 数据处理

这是计算机在社会生产、生活各方面的日常信息处理应用。信息是人们表示一定意义的符号的集合，可以是数字、声音、图像、资料等。计算机的应用从数值（科学）计算发展到非数值计算，是计算机发展史的一个飞跃，也大大拓宽了它的应用领域。目前，计算机应用得最广泛的领域就是事务管理，进行日常事务中的数据处理工作，包括管理信息系统（MIS）和办公自动化（OA）等。一般信息管理系统包括人事管理系统、仓库管理系统、财务管理系统等；而办公自动化则是行政管理、经济管理领域的一场革命，通过计算机网络把办公的物化设备与人构成一个有机系统，将大大提高行政部门的办公效率，提高领导部门的决策水平。

3. 实时控制

实时控制也称过程控制。在现代化的工厂里，计算机普遍用于生产过程的自动控制，例如在化工厂中用来控制配料、温度、阀门的开闭等。在炼钢车间则用于控制加料、调炉温等。至于人造卫星、航天飞机、巡航导弹等的操作，更离不开计算机的控制功能。

4. 生产自动化

生产自动化（Production Automation，PA）是指计算机辅助设计、辅助制造及计算机集成制造系统等内容。

计算机辅助设计（Computer Aided Design，CAD）已广泛应用于机械、船舶、汽车、纺织、建筑等行业，是计算机现代应用中最活跃的领域之一。

计算机辅助制造（Computer Aided Manufacturing，CAM）以数控机床为代表，20 世纪 70 年代后期发展为在一次加工中完成包含多道工序的复杂零件，即所说的数控加工中心。

计算机集成制造系统（Computer Integrated Manufacturing System，CIMS）是集设计、制造与管理三大功能于一体的现代化生产系统，是从 20 世纪 80 年代初期发展起来的新型生产模式，具有生产率高、周期短等特点，有可能成为 21 世纪制造工业的主要生产模式。当然，CIMS 的运转离不开网络的支持。

5. 人工智能

人工智能（Artificial Intelligence，AI），也称智能模拟。它是将人脑演绎推理的思维过程、规则和采取的策略、技巧等编制成程序，在计算机中存储一些公理和规则，然后让计算机去自动进行求解。当前，人工智能在语音识别、模式识别方面取得了一些可喜的成绩,使仪器、仪表具有智能化功能,大大提高了仪器仪表的精确度与自动化度。人工智能主要应用在机器人(Robots)、专家系统、模式识别(Pattern Recognition)、智能检索(Intelligent Retrieval)等方面,此外在自然语言处理、机器翻译、定理证明等方面得到应用。

6. 网络应用

网络应用(Networking Application)可使一个地区、一个国家甚至世界范围内的各个计算机之间实现软、硬件资源共享,大大促进了地区间、国际间的通信与各种数据的传输与处理,改变了人的时空的概念。计算机网络使地球变小了,可以使人与人之间的关系变得更加亲密。在网上可浏览、检索信息,下载文件,实现全方位、全天候的资源共享;可以收发电子邮件;可以阅读电子报纸、小说;可以参加电子可视会议、远程医疗会诊等;可以观看体育比赛、欣赏影视、音乐节目;可以发表自己的观点、宣传产品,实现电子商务。计算机网络的全面应用,正在引发信息产业的又一次革命,将改变人类的生产、工作、生活、学习及娱乐方式。

除上述所列的各应用领域之外,计算机还将在计算机辅助教学、多媒体技术、文化艺术等方面有广泛的应用。计算机的应用将在广度和深度两个方面同时发展,只要掌握了计算机原理和应用基础,并将其与本职工作结合起来,即可不断提高工作效率及质量。

1.2　计算机中数据的表示

1.2.1　进位计数制及二进制

1. 数的不同进制

日常生活中,可遇到各种不同的进位计数制。如十进制,六十进制(例如 60 秒进为 1 分钟,60 分钟进为 1 小时),十六进制(中国老秤 16 市两进为 1 市斤),二进制(一双鞋、一双筷子),十二进制(一年为 12 个月、一打为 12 个)等。

计算机是对由数据表示的各种信息进行自动、高速处理的机器。这些数据信息往往是以数字、字符、符号、表达式等方式出现的,它们应以怎样的形式与计算机电子元件的状态相对应,并被识别和处理呢? 1940 年,美国现代著名的数学家、控制论学者维纳(Norbert Wiener,1894—1964)首先倡导使用二进制编码形式,解决了数据在计算机中表示的难题,确保了计算机的可靠性、稳定性、高速性及通用性。

2. 进制的表示

任意一个具体的十进制常数总能表示为如下多项式的形式:如 $1447.54 = 1 \times 10^3 + 4 \times 10^2 + 4 \times 10^1 + 7 \times 10^0 + 5 \times 10^{-1} + 4 \times 10^{-2}$。

对于一个任意的十进制数 X,相应地也能将其表示为如下多项式形式:

$$(X)_{10} = K_N \times 10^N + K_{N-1} \times 10^{N-1} + \cdots + K_2 \times 10^2 + K_1 \times 10^1$$
$$+ K_0 \times 10^0 + K_{-1} \times 10^{-1} + K_{-2} \times 10^{-2}$$

$$+ K_{-3} \times 10^{-3} + \cdots + K_{-M} \times 10^{-M}$$
$$= \sum_{i=-M}^{N} K_i \times 10^i$$

其中 K_i 为系数,它的取值范围是 $0,1,2,\cdots,9$,N 表示 X 的整数位数减 1,M 表示 X 的小数位数,10^i 为权,10 为基数。进位计数规则为逢十进一。常用 D(Decimal Digit)标识。

相应地,对于一个任给的 R 进制数 X,也能表示为如下多项式形式。
$$(X)_R = K_N \times R^N + K_{N-1} \times R^{N-1} + \cdots + K_2 \times R^2$$
$$+ K_1 \times R^1 + K_0 \times R^0 + K_{-1} \times R^{-1}$$
$$+ K_{-2} \times R^{-2} + \cdots + K_{-M} \times R^{-M}$$
$$= \sum_{i=-M}^{N} K_i \times R^i$$

其中 K_i 为系数,K_i 的取值范围是 $0,1,2,\cdots,R-1$,N 表示 X 的整数位数减 1,M 表示 X 的小数位数,R^i 为权,R 为基数。进位计数规则为逢 R 进一。

当 $R=2$ 时,称其为二进制,常用 B(Binary Digit)标识。

当 $R=8$ 时,称其为八进制,常用 O(Octal Digit)标识。

当 $R=16$ 时,称其为十六进制,常用 H(Hexadecimal Digit)标识。

3. 二进制及其特点

计算机普遍采用的是二进位计数制,简称二进制。二进制的特点是每一位上只能出现数字 0 或 1,逢 2 就向高数位进 1。0 和 1 这两个数字用来表示两种状态,用 0 和 1 表示电磁状态的对立两面,在技术实现上是最恰当的。如晶体管的导通与截止、磁芯磁化的两个方向、电容器的充电和放电、开关的启闭、脉冲(电流或电压的瞬间起伏)的有无以及电位的高低等。用二进制表示数据信息,在处理时操作简单,抗干扰力强,为计算机的产生与发展创造了必要条件。计算机在进行数值计算或其他数据处理时,处理的对象是以十进制数表示的数或字母、符号等,这些数据要在计算机内部转换为二进制数。现代数学已经证明,二进制数与十进制数一一对应。因而,利用二进制数进行数据处理(通过计算机硬件),同样可完成由十进制数构成的数值计算和由字母、符号等构成的数据信息处理,并将得到的二进制结果转换成十进制数或字母、符号输出。

二进制数的运算规则如下。加法:$0+0=0,0+1=1,1+0=1,1+1=10$。由于计算机运算器中的减法、乘法及除法等均被转换成一系列的加法及补码的加法,故计算机只需记住 4 条加法的运算规则,即可实现各种运算。

二进制的特点如下。

① 数码少、易表示、易实现。

② 运算规则少且简单,易于用电路表示及记忆。

③ 节省设备、控制简单。

④ 易实现逻辑运算(用一套电路,稍加控制既可实现逻辑运算,又可实现算术运算)。

二进制数的缺点是表示同样的数时所用的位数最长。在具体使用中,为使数的表示更精练、更直观,书写更方便,还经常用到八进制和十六进制数,因为二进制与八进制、十六进制的转换简单、直观,所用位数少、便于记忆。

1.2.2　数制之间的转换

1.　*R* 进制与十进制的转换

数据、指令及信息在计算机中均以二进制存储、传递及运算。人们在输入数据、程序及信息时仍然是十进制的，而输出的结果也是十进制的，其原因是在计算机中已存储了一些专用程序，负责将输入的十进制数转换成二进制数存储，或把存储的二进制数转换成十进制数输出，因此用户使用计算机时并不需要进行不同数制的转换。在此介绍不同进制的转换，只是为让读者了解计算机处理信息的过程与原理。

1）*R* 进制转换成十进制

方法是按权展开，逐项求和，求和时采用逢十进一的原则，多项式之和即为所求的十进制数。

例 1.1　将下列二进制、八进制、十六进制数转换成十进制数。

① $(100100100.001)B = 1 \times 2^8 + 1 \times 2^5 + 1 \times 2^2 + 1 \times 2^{-3} = (292.125)D$

② $(444.1)O = 4 \times 8^2 + 4 \times 8^1 + 4 \times 8^0 + 1 \times 8^{-1} = (292.125)D$

③ $(124.2)H = 1 \times 16^2 + 2 \times 16^1 + 4 \times 16^0 + 2 \times 16^{-1} = (292.125)D$

2）将十进制转换成 *R* 进制

方法是将整数部分除以 *R*（2、8、16）取余，自下而上排列，即为 *R* 进制整数部分。将小数部分乘 *R*（2、8、16）取整，自上而下排列，即为 *R* 进制小数部分。

例 1.2　将十进制数 29.25 转换成二进制数。

$$(29.25)D = (11101.01)B$$

转换过程如下。

```
2 | 29  … 1                        0.25
2 | 14  … 0                    ×      2
2 |  7  … 1              ↓      0 … 0.50
2 |  3  … 1                    ×      2
2 |  1  … 1                    1 … 1.0
```

在十进制数转换成八进制、十六进制时，由于十进制除以 8、16 较为烦琐，且极易出错，但二进制与八进制、十六进制的转换却较为简单、直观，也不易出错，故通常不直接除以 8、16，而是先除以 2 取余，求得二进制数，再由二进制数转换成八进制、十六进制数。

四种进制数的表示方式如表 1.2 所示。

表 1.2　四种进制数表示方式对照表

进制	0	1	2	3	4	5	6	7	8	9	10	11	12	13	14	15	16	…
十进制	0	1	2	3	4	5	6	7	8	9	10	11	12	13	14	15	16	…
二进制	0	1	10	11	100	101	110	111	1000	1001	1010	1011	1100	1101	1110	1111	10000	…
八进制	0	1	2	3	4	5	6	7	10	11	12	13	14	15	16	17	20	…
十六进制	0	1	2	3	4	5	6	7	8	9	A	B	C	D	E	F	10	…

2. 二进制数与八进制、十六进制数的转换

1）二进制数转换成八进制、十六进制数

方法是：二进制数的整数部分从小数点开始，从右向左，3 位（4 位）一组，不足 3 位（4 位）左补零，对应转换。二进制数小数部分从小数点开始，从左向右，3 位（4 位）一组，不足 3 位（4 位）右补零，对应转换，即得到相应的八（十六）进制数。

例 1.3　将二进制数 1011110.001111 转换成八进制、十六进制数。

八进制数：　　　1　　3　　6　.　1　　7

二进制数：　　001　011　110　.　001　111　00

十六进制数：　　　5　　　E　.　3　　　C

则：(1011110.001111)B＝(136.17)O＝(5E.3C)H

2）八进制数、十六进制数转换成二进制数

方法是：八（十六）进制数的每一位对应转换为 3 位（4 位）的二进制数。

例 1.4　将八进制数 235.53、十六进制数 7F3.D6 转换成二进制数。

① (235.53)O→(010,011,101.101,011)→(10011101.101011)B

② (7F3.D6)H→(0111,1111,0011.1101,0110)→(111111110011.1101011)B

3. 八进制数与十六进制数的转换

用前面所讲的方法，先将八进制数转换成二进制数（转换成二进制较简单），再将二进制数转换成十六进制数。反之亦然。

例 1.5　将八进制数 235.53 转换成十六进制数，十六进制数 D3.E 转换成八进制数。

① (235.53)O→(010,011,101.101,011)→(1001,1101.1010,1100)→(9D.AC)H

② (D3.E)H→(1101,0011.1110)→(011,010,011.111)→(323.7)O

1.2.3　数据的存储单位

位，计算机所处理的数据信息，是以二进制数编码表示的，其二进制数字 0 和 1 是构成信息的最小单位，称称"位"或比特（b）。

字节　在计算机中，若干个位组成一个"字节"（B）。字节由多少个位组成，取决于计算机的自身结构。通常，微型计算机多用 8 位组成一个字节，这 8 个位被看做一个整体。字节是电子计算机存储信息的基本单位。

字，在计算机的存储器中占据一个单独的地址（内存单元的编号），作为一个独立的单元（由多个字节组合而成）处理的一组二进制数位称为"字"（Word）。

字长，在电子计算机内部，字是被当做一个整体处理的。一个字所包含的二进制位数称"字长"。字长是 CPU 的重要标志之一。字长越长，说明计算机数值的有效位越多，精确度就越高，寻址范围就越大。

计算机内存储器的字节数，就是这个内存储器的容量，一般以 KB（千字节）为单位来表示。1KB＝2^{10} 个字节＝1024 个字节。例如，64KB＝1024×64 字节＝65 536 个字节。1MB（兆字节）＝2^{20} 个字节＝1024×1024 个字节＝1024KB。1GB（吉字节）＝2^{30} 个字节＝

1024×1024×1024 个字节＝1024MB。现在微机的内存多以兆字节表示，外存多以吉字节表示。

1.2.4 数据编码

计算机中的数据在内部都是用二进制编码表示的，常用的编码有 BCD 码、格雷码、余三码等。英文字符是采用国际通用的 ASCII（American Standard Code for Information Interchange）字符编码，即美国标准信息交换码。我国汉字采用的是 GB 2312—80 标准和 GB 13080—2000 标准规定的汉字国标码。

1. ASCII 编码

计算机中字母、各种符号及控制符号是以二进制形式进行存储、运算、识别及处理的，因此字母及各种符号必须按特定的规则转换成二进制编码，才能存入计算机的存储器中。字符编码实际上就是人为地为每个字符确定一个唯一的二进制编码，不同字符对应不同的二进制编码。目前国际通用的字符编码是 ASCII 码。

ASCII 码使用指定的 7 位或 8 位二进制数组合来表示 128 或 256 种可能的字符。标准 ASCII 码也叫基础 ASCII 码，使用 7 位二进制数来表示所有的大写和小写字母，包括数字 0～9、标点符号以及在美式英语中使用的特殊控制字符。其中：0～31 及 127（共 33 个）是控制字符或通信专用字符（其余为可显示字符），如控制符 LF（换行）、CR（回车）、FF（换页）、DEL（删除）、BS（退格）、BEL（响铃）等；通信专用字符 SOH（文头）、EOT（文尾）、ACK（确认）等；ASCII 值为 8、9、10 和 13，分别转换为退格、制表、换行和回车字符。它们并没有特定的图形显示，但会依不同的应用程序，对文本显示有不同的影响。

32～126（共 95 个）是字符（32sp 是空格），其中 48～57 为 0～9 十个阿拉伯数字。65～90 为 26 个大写英文字母，97～122 为 26 个小写英文字母，其余为一些标点符号、运算符号等。7 位基本 ASCII 码表如表 1.3 所示。

表 1.3　7 位基本 ASCII 码表

$b_4 b_3 b_2 b_1$　　$b_7 b_6 b_5$		000	001	010	011	100	101	110	111
		0	1	2	3	4	5	6	7
0000	0	NUL	DLE	SP	0	@	P	`	p
0001	1	SOH	DC1	!	1	A	Q	a	q
0010	2	STX	DC2	"	2	B	R	b	r
0011	3	ETX	DC3	#	3	C	S	c	s
0100	4	EOT	DC4	$	4	D	T	d	t
0101	5	ENO	NAK	%	5	E	U	e	u
0110	6	ACK	SYN	&	6	F	V	f	v
0111	7	BEL	ETB	'	7	G	W	g	w

$b_4b_3b_2b_1$ \\ $b_7b_6b_5$		000	001	010	011	100	101	110	111
		0	1	2	3	4	5	6	7
1000	8	BS	CAN	(	8	H	X	h	x
1001	9	HT	EM	)	9	I	Y	i	y
1010	A	LF	SUB	*	:	J	Z	j	z
1011	B	VT	ESC	+	;	K	[	k	{
1100	C	FF	FS	,	<	L	\	l	|
1101	D	CR	GS	-	=	M	]	m	}
1110	E	SO	RS	.	>	N	^	n	~
1111	F	SI	US	/	?	O	_	o	DEL

2. 汉字编码与汉字输入

(1) 汉字编码

用计算机处理汉字,首先要解决汉字在计算机内如何表示的问题,即汉字编码问题。我国在 1980 年制订了一个包括 6775 个常用汉字的国家标准汉字编码字符集 GB 2312—80,称国标码。

目前,汉字编码的标准在世界范围内还没有完全统一。在我国大陆用的是 GB 码,在港澳台地区多用 BIG 5 码,世界其他地区的汉字也有一些其他的编码方案,这就造成了各种汉字处理系统之间无法通用的局面。为使世界上包括汉字在内的各种文字编码走上标准化、规范化的道路,1992 年 5 月,国际标准化组织 ISO 通过了 ISO/IEC 10640,即《通用多八位编码集(UCS)》,我国也制定了新的国家标准 GB 13000—1993,简称 CJK 字符集。全国信息标准化技术委员会在此基础上发布了《汉字扩展内码规范》,其中收集了中国、日本、韩国三国汉字,共 20 902 个,简称 GBK 字符集,在很大程度上满足了汉字处理的要求。

2000 年 3 月 17 日,国家信息产业部和技术监督局联合公布了国家标准 GB 18030—2000,即《信息技术、信息交换用汉字编码字符集、基本集的扩充》,简称 CJK 字符集,并宣布 GB 18030—2000 为国家强制性标准,自发布之日起实施,过渡期到 2000 年 12 月 31 日。

GB 18030—2000 是 GB 2312—80 的扩展,共收录了 2.7 万个汉字,采用单/双/四字节混合编码,与现有绝大多数操作系统、中文平台在内码一级兼容,可支持现有的应用系统。它在词汇上与 GB 13000—1993 兼容,并且包容了几乎世界上所有的语言文字,为中文信息在因特网上的传输和交换提供了保障。该标准的实施为制定统一标准、规范的应用软件中文接口创造了条件。

(2) 汉字输入码

由于无法用西文标准的键盘直接输入汉字,因此必须为汉字设计相应的汉字输入编码方法,并按照规定的编码规则输入每个汉字输入码。汉字输入编码方法主要分三类:数字编码,如常用的区位码输入法,该方法没有重码,但难以记忆;拼音编码,常用的有全拼、智能全拼、双拼及简拼等,由于汉字同音字太多,输入汉字的重码率很高,输入速度较慢且不能盲打,但易于学习掌握;字形编码,如常见的五笔字型汉字输入法,其输入规则较为复杂,难以掌握,但重码率很低,且能实现盲打,故输入速度较快,是专业文字录入、排版人员常用的汉字输入法。如汉字"啊",其区位输入码为1601,而全拼输入法为输入 a,再输入 1。因此,同一个汉字采用不同的汉字输入法,其输入码是不同的。

1.3　计算机硬件系统

一个完整的计算机系统包括硬件和软件两大部分。硬件是指计算机系统中的各种物理装置,是计算机系统的物质基础。软件是指存储在计算机各级各类存储器中的系统及用户的程序和数据。

虽然计算机种类繁多,在规模、处理能力、价格、复杂程度以及设计技术等方面有很大的差别,但各种计算机的基本原理都是一样的,均采用冯·诺依曼于 1946 年提出的数字计算机设计的一些基本思想,即采用二进制形式表示数据和指令;计算机的硬件系统由存储器、运算器、控制器、输入设备和输出设备等五大部件构成;"存储程序、程序控制"是计算机的基本工作原理。

微型计算机把运算器和控制器统称为中央处理器,即 CPU。CPU 和内存储器一起构成了主机,主机之外的外部存储器、输入和输出等设备则统称为外部设备,简称外设。

1.3.1　计算机硬件系统的基本结构

计算机由运算器、控制器、存储器、输入装置和输出装置五大部件组成,每一部件按要求执行特定的基本功能,如图 1.2 所示。

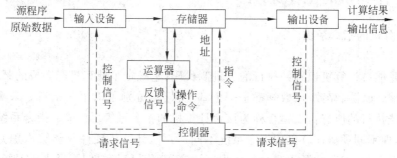

图 1.2　计算机基本结构与工作原理

1. 运算器(或称算术逻辑单元 ALU,Arithmatic Logic Unit)

运算器是计算机的运算部件。它的功能是算术运算和逻辑运算。算术运算就是指加、减、乘、除运算;而逻辑运算就是指"与"、"或"、"非"、"比较"等操作。

2. 控制器(Control Unit)

控制器是整个计算机系统的控制中心,它指挥计算机各部分协调工作,保证计算机按照预先存储的程序、规定的目标和步骤有条不紊地进行操作及处理。

控制器一般由程序计数器、指令寄存器、指令译码器（译码电路）及相应的控制电路组成。控制器的作用是负责控制协调整个计算机的工作。

通常控制器与运算器合称为中央处理器。它是计算机的核心部件，其性能主要体现在计算机工作速度和计算精度上。它对计算机的整体性能有全面的影响，也是衡量一台计算机性能的主要标志。

3. 存储器（Memory Unit）

存储器是具有"记忆"功能的设备。微机的存储器分为内部存储器和外部存储器两种。内部存储器简称为内存或主存，外部存储器简称为外存或辅存。

在计算机运行中，要执行的程序和数据都必须存放在内存中。内存一般由半导体器件构成，它的主要功能是存储程序和各种数据信息，并能在计算机运行过程中高速、自动地完成程序或数据的存取。

4. 输入设备（Input Device）

用来向计算机输入各种原始数据和程序的设备叫输入设备。输入设备把各种形式的信息，如数字、文字、图像等转换为数字形式的"编码"，即计算机能够识别的用 1 和 0 表示的二进制代码（实际上是电信号），并把它们输入到计算机存储起来。常用的输入设备有键盘、鼠标、扫描仪等。

5. 输出设备（Output Device）

从计算机输出各类数据的设备叫输出设备。输出设备把计算机加工处理的结果（仍然是数字形式的编码）变换为人或其他设备所能接收和识别的信息形式输出，如文字、数字、图形、声音、电压等。常用的输出设备有显示器、打印机、绘图仪等。

1.3.2　计算机的工作原理

1. 计算机的指令系统

（1）指令及其格式

指令是能被计算机识别并执行的二进制代码，它规定了计算机能完成的某一种操作。例如，加、减、乘、除、存数、取数等都是一个基本操作，分别可以用一条指令来实现。一台计算机所能执行的所有指令集合称为该台计算机的指令系统。注意：指令系统是依赖于计算机的，即不同类型计算机的指令系统不同；另外，计算机硬件只能够识别并执行机器指令，用高级语言编写的源程序必须由程序语言翻译系统把它们翻译为机器指令后，计算机才能执行。

某一种类型计算机指令系统中的指令，都具有规定的编码格式。一般地，一条指令可分为操作码和地址码两部分。其中操作码规定了该指令进行的操作种类，如加、减、存数、取数等，地址码给出了操作数、结果以及下一条指令的地址。

在一条指令中，操作码是必须有的。地址码可以有多种形式，如四地址、三地址和二地址等。四地址指令的地址部分包括第一操作数地址、第二操作数地址、存放结果的地址和下一条指令地址。三地址指令的地址部分只包括第一操作数地址、第二操作数地址和存放结果的地址,下一条指令的地址则从程序计数器中获得,计算机每执行一条指令后,PC 将自动加 1,从而可形成下一条指令的地址,如图 1.3 所示。在二地址指令的地址部分中,使存放操作结果的地址与某一个操作数地址相同,即在执行操作之前该地址存放操作数,操作结束后该地址存放操作结果,这样可以去掉"结果的地址"部分。

操作码	第一操作数地址	第二操作数地址	结果的地址

图 1.3　三地址指令的一般形式

（2）指令的分类与功能

指令系统中的指令条数因计算机的类型而异,少则几十条,多则数百条。无论哪一种类型的计算机,一般都具有以下功能的指令。

① 数据传送型指令。其功能是将数据在存储器之间、寄存器之间以及存储器与寄存器之间进行传送。如取数指令将存储器某一存储单元中的数据取入寄存器;存数指令将寄存器中的数据存入某一存储单元。

② 数据处理型指令。其功能是对数据进行运算和变换。如加、减、乘、除等算术运算指令;与、或、非等逻辑运算指令;大于、等于、小于等比较运算指令等。

③ 程序控制型指令。其功能是控制程序中指令的执行顺序。如无条件转移指令、条件转移指令、子程序调用指令和停机指令等。

④ 输入输出型指令。其功能是实现输入输出设备与主机之间的数据传输。如读指令、写指令等。

⑤ 硬件控制指令。其功能是对计算机的硬件进行控制和管理。

2. 计算机的工作原理

计算机工作时,有两种信息在流动:数据信息和指令控制信息。数据信息是指原始数据、中间结果、结果数据、源程序等,这些信息从存储器读入运算器进行运算,计算结果再存入存储器或传送到输出设备。指令控制信息是由控制器对指令进行分析、解释后向各部件发出的控制命令,指挥各部件协调地工作。

1.3.3　微型计算机结构

微机是由中央处理器（CPU）、内存储器、外存储器和输入输出设备构成的一个完整的计算机系统。目前微机多采用总线结构把这些部件有机地连接起来。

运算器与控制器及寄存器组成中央处理器（CPU）芯片,CPU 芯片和内存储器芯片等组成微机的主机,主机与外设（显示器、键盘、鼠标、打印机等）组成微机硬件系统,如图 1.4 所示。

图 1.4　微型计算机

1. 微处理器

微处理器是微型计算机的心脏,它决定计算机的性能和档次。微型计算机常用的微处理器芯片是 Intel 公司生产的 16 位芯片 80286;32 位芯片 80386、80486、Pentium 等,目前生产的微机主要采用 Pentium 芯片作为微处理器。芯片的位数越多,处理能力就越强。除 Intel 公司之外,AMD 公司、Motorola 公司、Cyrix 公司也有类似的产品。

2. 内存

根据基本功能,微型计算机的内存可分为只读存储器(Read Only Memory,ROM)和随机存储器(Random Access Memory,RAM)两种。内存容量的大小与微机的性能有密切关系。不同计算机的内存容量是不一样的。如 Pentium 系列微机一般配 64MB 以上内存。

内存是由成千上万个"存储单元"构成的,每个存储单元存放一定位数(微机上一般为8 位)的二进制数,每个存储单元都有唯一的编号,称为存储单元的地址。"存储单元"是基本的存储单位,不同的存储单元用不同的地址来区分,就好像居民区一条街道上的住户用不同的门牌号码来区分一样。

主存储器一般采用动态存储器 DRAM。目前主要用同步动态存储器 SDRAM(Synchronous Dynamic RAM)和双速率 DDR SDRAM(Double Data Rate SDRAM)内存储器。RDRAM(Rambus DRAM)是美国 Rambus 公司研制的另一种性能更高、速度更快的内存,有很大的发展前景。

① 只读存储器

ROM 是一种只能读出不能写入的存储器,其信息通常是厂家制造时在脱机情况或非正常情况下写入的。

② 随机存储器

RAM 可随时进行读出和写入,是对信息进行操作和存储的场所,也就是计算机的工作区域。因此,人们总要求存储容量大一些,速度快一些,价格低一些。因为 RAM 空间越大,计算机所能执行的任务越复杂,相应地,计算机的功能越强。RAM 工作时用来存放用户的程序和数据,也存放调用或执行的系统程序,关机、掉电或重新启动后,RAM 中的内容自动消失,且不可恢复。

③ 高速缓冲存储器 Cache

高速缓冲存储器 Cache 是为了提高 DRAM 与 CPU 之间的传输速率,在 CPU 和主存储器之间增加了一层静态存储器 SRAM。SRAM 的存取速度要比 DRAM 快,但制造成本较高。

3. 外部存储器

外存储器用于存放需永久保存的信息。它与内存不同,不是由集成电路组成,而是由磁、光等介质及机械设备组成。它既是输入设备,也是输出设备,是内存的后备和补充。它只能与内存交换信息,而不能被计算机系统中的其他部件直接访问。

微机常见的外存储器一般是指磁盘、光盘等。磁盘有硬磁盘和软磁盘两种。光盘有只读型光盘 CD-ROM、一次写入型光盘 WROM 和可重写型光盘 MO 等。

(1) 硬盘存储器

硬盘存储器简称硬盘(Hard Disk)，是微机的主要外部存储设备。硬盘存储器系统通常由硬盘机(HDD)，又称硬驱，硬盘控制适配器及连接电缆组成。硬盘机大部分组件都密封在一个金属体内，这些组件制造时都作过精确的调整，用户无须也不应再作任何调整。

目前硬盘的转速一般为 5400 转/分～7200 转/分，数据传输速率为 1.5Mbps～3200Mbps，读写速度是软盘的 20～30 倍，在相同尺寸上的存储容量是软盘的 1000 倍以上，所以硬盘容量的大小和硬驱的速度也是衡量计算机性能技术的重要指标之一。

(2) 光盘存储器

光盘存储器是 20 世纪 70 年代的重大科技发明，是信息存储技术的重大突破。

① 光盘的特点。

- 存储容量大，目前普通光盘 CD-ROM 的容量达 650MB，DVD-ROM 可达 5GB 以上。
- 可靠性高，信息保留寿命长，可用做文献档案、图书管理和多媒体等方面的应用。
- 读取速度快，读取速率达 150DB/s 以上。
- 价格低。
- 携带方便。

② 光盘的基本类型。

目前用于计算机系统的光盘，按功能可分为只读型光盘、可写一次型光盘和可重写型光盘三个基本类型。

- 只读型光盘，又称 CD-ROM(Compact Disk Read Only Memory)，特点是由厂家将信息写入光盘，用户使用时将其中的信息读出，用户本身无法对 CD-ROM 进行写操作。
- 可写一次型光盘，又称 WORM 或简称 WO 光盘。这种光盘本身未经过信息的刻入，用户使用时可以进行一次的写入操作，但可以多次读取。
- 可重写型光盘，又称可擦写光盘或可抹型光盘(Erasadble Optical Disk)。主要有三种类型：磁光型、相变型和染料聚合型。目前计算机系统中使用的是磁光型可抹光盘(Magneto-Optic Disk，MO)。

(3) 移动存储设备

移动存储设备是广泛应用于台式 PC、笔记本电脑、掌上电脑、数码相机等设备上的数据移动工具，大体上可分为没有机械结构的 Flash Memory 和有机械结构的磁/光碟片两大类。随着技术的发展以及价格的下降，其越来越受到人们的关注。下面对其中的两种产品作简单介绍。

① 移动硬盘。

移动硬盘是目前很重要的数字移动存储设备，具有大容量、插拔简便、保密性强、读写速度快等特点，又分为活动硬盘和新型接口移动硬盘。

活动硬盘一般采用了 Winchester 硬盘技术，所以具有固定硬盘的基本技术特点，速度快，平均寻道时间在 12ms 左右，数据传输率可达 10MB/s，容量从 230MB 到数 GB。活动硬盘的接口方式主要有内置/外置 SCSI、内置 IDE、外置并口等几种。许多活动硬盘的盘片是可以从驱动器中取出和更换的,其存储介质为磁合金碟片。活动硬盘的盘片结构分为单片单面、单片双面、双片双面几种,而相应的驱动器磁头有单磁头、双磁头和四磁头等。代表产品如 Iomega 的 JAZ 2GB 活动硬盘,Castlewood 公司的 ORB 3.5 英寸可移动存储器等。

新型接口移动硬盘主要采用了 USB 和 IEEE 1394 两种数字接口,这两种接口是如今计算机外部总线接口发展的趋势。其与移动硬盘的有机结合,为移动硬盘领域打开了一个新天地。主流 USB 移动硬盘存储产品的容量从 5GB 到 100GB 不等,很适合携带大型的图库、数据库、软件库等资料用户的需要。USB 移动硬盘存储产品采用电脑外设产品的主流接口 USB 与烽线(1394)接口,存储速度为 12~400MB/s。其外观体积较小,重量只有 200 克左右。例如爱国者 USB 移动存储王的重量仅为 210 克,支持热插拔,其 USB 接口的最高传输速度可达 12MB/s,并具有极高的安全性。

② 闪盘。

闪盘又称优盘,学名为 USB 移动存储器。相比 1.44MB 容量的软盘,USB 盘具有极大的优势:防磁、防震、防潮。其性能优良,大大加强了数据的安全性。USB 盘可重复使用,性能稳定,可反复擦写达 100 万次,数据至少可保存 10 年,而且其传输速度快,是普通软盘的数十倍,外观更是小巧时尚,轻便耐用。

USB 具有热插拔功能,即插即用。现在几乎所有的计算机都提供了 USB 接口,使该设备不需额外的驱动器,应用面非常广。目前,64MB 容量的优盘几百元即可购得,随着价格的不断走低,闪盘已成为目前最热门的移动存储器。

4. 输入设备(Input Device)

(1) 键盘

键盘按键大体分为机械式按键与电子式按键两类,电子式按键又分电容式和霍尔效应两种。机械式键盘的优点是信号稳定,不受干扰。缺点是触点容易磨损,击键后弹簧会产生颤动。电容式键盘的触感好,使用灵活,操作省力。

微机的键盘大致可分成基本键盘(83 键/84 键)、通用扩展键盘(101 键/102 键)和专用键盘等几种。各种微机配备什么键盘不统一,目前新型微机基本上已不配备 84 键的键盘。为了适应 Windows 操作系统的需要,键盘常增加到 104/105 键。键盘是通过键盘连线插入主板上的键盘接口与主机相连接的。

(2) 鼠标

鼠标(Mouse)因其外观像一只拖着长尾巴的老鼠而得名。这是一种"指点"设备(Pointing Device)。利用它可方便地指定光标在显示器屏幕上的位置。对屏幕上较远距离光标的移动,比用键盘上光标移动键移动光标方便得多。使用鼠标使对计算机的某些操作变得更容易、更有效、更有趣味。鼠标与键盘各有长短,两者常结合使用。鼠标可分为如下三种类型。

① 光学鼠标(Optical Mouse)。维护方便,可靠性、精度性都较高。缺点是分辨率的提高受到限制。

② 机械鼠标(Mechanical Mouse)。又称机电式鼠标,由于其编码器上的电接点会因

微小的颤动而影响精度,因此需要有补偿电路。又由于编码器与电接点间存在着物理接触,因此编码器会有磨损。

③ 光学机械鼠标(Optical-Mechanical Mouse)。又称光电机械式鼠标(简称光机鼠),是光学、机械的混合形式,有着前两者的长处。现在大多数高分辨率的鼠标都是光机鼠。

(3) 图形扫描仪

图形扫描仪(Sanner)是图形、图像的专用输入设备。利用它可以迅速地将图形、图像、照片、文本从外部环境输入到计算机中。目前使用最普遍的是由电荷耦合器件(Charge-Coupled Device,CCD)阵列组成的电子扫描仪。这种扫描仪可分为平板式扫描仪和手持式扫描仪两类。若按灰度和彩色来分,有二值化扫描仪、灰度扫描仪和彩色扫描仪三种。

5. 输出设备(Output Device)

(1) 显示器

目前显示器有液晶显示器 LCD 和普通 CRT 显示器。

① 像素:即光点。

② 点距:指屏幕上相邻两个相同颜色的荧光点之间的最小距离。点距越小,显示质量就越好。目前,CRT 显示器光点点距大多为 0.20~0.28mm,LCD 的点距多为 0.297~0.320mm。

③ 分辨率:水平分辨率×垂直分辨率。如 1024×768,表示水平方向最多可以包含 1024 个像素,垂直方向有 768 条扫描线。

④ 垂直刷新频率:也叫场频,是指每秒钟显示器重复刷新显示画面的次数,以 Hz 表示。这个刷新频率就是通常所说的刷新率。根据 VESA 标准,75Hz 以上为推荐刷新频率。

⑤ 水平刷新频率:也叫行频,是指显示器 1 秒钟内扫描水平线的次数,以 Hz 为单位。在分辨率确定的情况下,它决定了垂直刷新频率的最大值。

⑥ 带宽:是显示器处理信号能力的指标,单位为 MHz。是指每秒钟扫描像素的个数,可以用"水平分辨率×垂直分辨率×刷新率"这个公式来计算带宽的数值。

(2) 显示适配器

① 显示存储器:也叫显示内存、显存,显存容量大,显示质量越高,特别是对图像而言。

$$显示存储空间=水平分辨率×垂直分辨率×色彩数目$$

② 显示标准:彩色图形显示控制卡(Color Graphics Adapter,CGA)、增强型图形显示控制卡(Enhanced Graphics Adapter,EGA)和视频图形显示控制卡(Video Graphics Array,VGA)几种。目前流行的是 SVGA(Super VGA)和 TVGA,它的分辨率可达到 1024×768 甚至 1024×1024、1280×1024。

(3) 打印机

打印机是计算机最常用的输出设备,也是各种智能化仪器的主要输出设备之一。打印机的种类和型号很多,一般按成字的方式分为击打式(Impact Printer)和非击打式

(Nonimpact Printer)两种。也有按印字传输方式划分为串行式、行式和页式三种。在击打式打印机中,按字符构成的方式来分,有全字符式(字模式)和点阵式两种。非击打式打印机是靠电磁作用实现打印的,它没有机械动作,分辨率高,打印速度快,有喷墨、激光、光纤、热敏、静电以及发光二极管等类型。

① 点阵打印机(Dot Matrix Printer),也就是常见的击打式针式打印机,打印速度不可能很快,大约每秒能输出 80 个字符。缺点除了速度慢,还有噪声大。其性能/价格比最高,所以目前在我国相当普及。

② 激光印字机(Laser Printer),俗称激光打印机,是一种高速度、高精度、低噪声的非击打式打印机。它是激光扫描技术与电子照相机技术相结合的产物,由激光扫描系统、电子照相系统和控制系统三大部分组成。分辨率已达 600DPI 以上,打印效果清晰、美观,速度一般为 4~10ppm 以上(每分钟 4~10 页),最快的则在 120ppm 以上。其价格比点阵打印机要稍贵些,以良好的性能而受到用户的欢迎,发展前景最为可观。

③ 喷墨印字机,俗称喷墨打印机,是靠墨水通过精细的喷头喷到纸面而产生图像的,也是一种非击打式打印机。它的体积小,重量轻,操作简单,噪声小,性能与价格都介于一般激光打印机与点阵打印机之间。

6. 微机的总线结构

计算机中的各个部件,包括 CPU、内存储器、外存储器和输入输出设备的接口之间是通过一条公共信息通路连接起来的,这条信息通路称为总线(BUS)。总线是多个部件间的公共连线,信号通过总线,从多个源部件中的任何一个传送到多个目的部件。微机多采用总线结构,系统中不同来源和去向的信息在总线上分时传送。微机总线分为数据总线、地址总线和控制总线三类。

(1) 数据总线(DB)

数据总线用于在各部件之间传递数据(指令、数据等)。数据的传送是双向的,因而数据总线为双向总线。其位数反映了 CPU 一次可以接收数据的能力。

(2) 地址总线(AB)

地址总线用于传输地址信号的总线。地址即存储器单元号或输入输出端口的编号。其包含的位数愈多,寻址范围愈大,即可直接访问的地址或端口就愈多,反之亦然。如 16 根地址线,其直接寻址范围是 64KB;20 根地址线,其寻址范围是 1MB。

(3) 控制总线(CB)

控制总线用于在各部件之间传递各种控制信息。有的是微处理器到存储器或外设接口的控制信号,如复位、存储器请求、输入输出请求、读信号、写信号等,有的是外设到微处理器的信号,如等待信号、中断请求信号等。

微机中采用总线结构,给微机系统的设计、生产、使用和维护带来许多便利。目前,微机总线的结构特点是标准化和开放性。从发展过程看,微机总线结构有以下几种类型:早期是 IBM PC/XT 总线、ISA(Industry Standard Architecture)工业标准总线。在 PC386、486 阶段,又出现了微通道结构总线(MCA 总线)和扩展工业标准结构总线(EISA 总线)。目前主要有 VL-BUS 总线、PCI 总线、SCSI 总线和可选择总线。不同的总线类型有不同的性能,不同的微机系统适合采用不同的总线结构。

1.4 计算机软件系统

软件是相对硬件而言的。从狭义的角度讲,软件是指计算机运行所需的各种程序;从广义的角度讲,还包括手册、说明书和有关的资料。软件系统着重解决如何管理和使用机器的问题。光有硬件而没有软件的计算机称为"裸机",只有配上软件的计算机才成为完整的计算机系统。通常把计算机软件分为系统软件和应用软件两大类。

1.4.1 计算机系统软件

系统软件是管理、监督和维护计算机软、硬件资源的软件系统。系统软件的作用是缩短用户准备程序的时间,控制、协调计算机各部件,扩大计算机处理程序的能力,提高其使用效率,充分发挥计算机各种设备的作用等。主要有操作系统、系统维护、诊断、服务程序、数据库管理系统以及各种程序设计语言的编译系统等。

1.4.2 计算机应用软件

应用软件指专门为解决某个应用领域内的具体问题而编制的软件。它涉及应用领域的知识,并在系统软件的支持下运行,由软件厂商提供或用户自行开发。如财务管理系统、统计、仓库管理系统、字处理、电子表格、绘图、课件制作、网络通信等软件系统。

系统软件与应用软件之间并没有严格的界限。有些软件介于它们两者中间,不易分清其归属。例如,有些专门用来支持软件开发的软件系统,包括各种程序设计语言(编译和调试系统)、各种软件开发工具等。它们不涉及用户具体应用的细节,但是能为应用开发提供支持。它们是一种中间件。这些中间件的特点是:它们一方面受操作系统的支持,另一方面又用于支持应用软件的开发和运行。当然,有时也把上述工具软件称做系统软件。

1.4.3 计算机语言

人们用计算机解决问题时,必须用某种"语言"来和计算机进行交流。具体地说,就是利用某种计算机语言提供的命令来编制程序,并把程序存储在计算机的存储器中,然后在计算机中运行这个程序,解决问题。

用于编写计算机可执行程序的语言称为程序设计语言,程序设计语言按发展的先后可分为机器语言、汇编语言和高级语言。

(1) 机器语言

用机器语言编写的程序能被计算机直接识别和执行。它在形式上是由 0 和 1 构成的一串二进制代码,每一个基本操作对应一条机器指令,所有机器指令的集合就是机器语言。每种计算机都有自己的一套机器指令。机器语言与人所习惯的语言,如自然语言、数学语言等差别很大,因此存在着编程费时费力,难以记忆,不便阅读,无通用性(在某类计算机上可执行的机器语言程序一般不能在另一类计算机上运行)等缺点。但机器语言编写的程序执行效率高。这是第一代计算机语言,属于低级语言。

(2) 汇编语言

为了克服机器语言难读、难编、难记和易出错的缺点,人们就用与代码指令实际含义相近的英文缩写词、字母和数字等符号来取代指令代码(如用 ADD 表示运算符号"+"的机器代码),于是就产生了汇编语言。所以说,汇编语言是一种用助记符表示的仍然面向机器的计算机语言。汇编语言亦称符号语言。

使用汇编语言时,虽然不需要直接用二进制 0 和 1 来编写程序,不必熟悉计算机的机器指令代码,但是必须熟悉 CPU、内存等硬件结构,编写难度较大,维护也比较困难。并且必须有一个翻译程序,才能将汇编语言源程序翻译成计算机硬件可以直接识别并执行的机器语言。这个翻译程序被称为汇编程序。

与机器语言相比,用汇编语言编写的程序需经翻译才能执行,故执行速度慢、占用内存多。与高级语言相比,用汇编语言编写的程序执行速度快、占用内存少,并且可以直接支配和利用计算机的硬件功能,完成高级语言难以做到的工作。它常用于编写系统软件,编写实时控制程序和经常使用的标准子程序,也常用于编写直接控制计算机的外部设备或端口数据输入输出的程序。但编制程序的效率不高,是第二代计算机语言,属低级语言。

(3) 高级语言

高级语言是第三代计算机语言,也称为算法语言,于 20 世纪 50 年代中期开始使用。它的可读性强,从根本上摆脱了语言对机器的依附,独立于机器,由面向机器改为面向过程。目前,世界上有几百种计算机高级语言,常用的和流传较广的有几十种。在我国,常用的高级语言有 Basic、Pascal、Fortran、C 等。Basic 便于初学者学习,也可以用于中小型事务处理;Fortran 语言适用于大型科学计算;Pascal 适用于数据结构的分析;C 语言特别适用于编写应用软件和系统软件。

高级语言共同的特点是:

① 通用性强,完全独立或基本上独立于机器语言,而不必知道相应的机器语言代码。

② 便于调试,用其编制、修改、调试程序较直观,易于维护、移植。

③ 功能强,一条语句通常包含若干条机器指令。

④ 易于理解、记忆,其所用语句符号、标记等形式更接近人们的自然语言形式。

⑤ 不能直接支配、利用计算机硬件设备,占用存储空间大。

⑥ 需经翻译才能形成机器语言程序,才能执行。

近年来,第四代非过程语言、第五代智能性语言相继出现,其结果是使计算机的功能更强,使人们对计算机的使用更加便捷。

用高级语言编写的程序称为源程序,必须经过相应的翻译程序翻译成由机器指令表示的目标程序,才能由计算机来执行。这种翻译通常有编译与解释两种不同的翻译方式。编译方式是:将高级语言源程序输入计算机后,调用编译程序(事先设计并存储在计算机磁盘中的专用于翻译的程序），将其整个翻译成机器指令表示的目标程序，然后计算机执行该目标程序。其特点是编辑、修改、调试及连接操作较为复杂，不易于掌握，但效率高、速度快。解释方式是：将源程序输入计算机后，启动其解释程序，用该种语言的解释程序逐条翻译，逐条执行，执行完只得结果，而不保存解释后的机器代码，下次运行此程序时还要重新解释执行。其特点是便于编辑、修改及调试，易于掌握，但效率低、速度慢。

1.4.4　新型软件开发工具

今天，计算机之所以能够应用于人类社会的各个方面，一个重要原因是有了大量成功的软件。软件开发已经发展成为一种庞大的产业，各种软件开发工具也应运而生。今天，许多编程语言已经和传统意义上的语言有了很大不同。它们不但功能强大，而且适应范围、程序形成的方法、程序的形式等都有极大的改进。例如，可视化编程技术可以使编程人员不用编写代码，依据屏幕的提示回答一连串问题，或在屏幕上执行一连串的选择操作之后，就可以自动形成程序。另外，传统的高级语言和数据库管理系统有比较明确的界限，但近年来逐渐流行的编程语言大多有很强的数据库管理功能。目前，面向对象程序设计方法和方便实用的可视化编程语言，如 Visual Basic、Visual C ++ 、Delphi、Power Builder、Java 等，已经取代了传统的 Basic、Pascal 等高级语言，成为软件开发的主要工具。

事实上，当今软件开发工具的功能已不能用程序设计语言一词概括。例如，由 Basic 语言发展而来的 Visual Basic 就是由程序设计语言、组件库、各种支撑程序库以及编辑、调试、运行程序的一系列支撑软件组合而成的集成开发环境。

归结起来，硬件结构是计算机系统看得见摸得着的功能部件组合，而软件是计算机系统各种程序的集合。在软件的组成中，系统软件是人与计算机进行信息交换、通信对话，按人的思想对计算机进行控制和管理的工具。

当然，计算机系统中并没有一个明确的硬件与软件的分界线，软、硬件之间的界线是经常变化的。今天的软件可能就是明天的硬件，反之亦然。这是因为任何一个由软件所完成的操作也可以直接由硬件来实现，而任何一个要由硬件所执行的命令也能够用软件来完成，所以硬件与软件可以说是逻辑等价的。

本 章 小 结

本章介绍了计算机科学技术的基本知识，包括计算机的基本概念；计算机的发展史；计算机的分类、用途；计算机中的数据表示；计算机的基本结构与工作原理。

通过本章的学习，应理解计算机的基本概念；掌握数据在计算机内部的表示形式及数制间的转换方法；了解计算机的组成结构和工作原理；了解计算机软件、计算机语言的基本知识，为进一步学习本书及后续课程打好基础。

习　题　1

填空题

1.1 ROM、MPU、CPU 的中文意义分别是_____、_____和_____。

1.2 1MB=_____ KB=_____ B。

1.3 (15)D=_____ B=_____ H。

1.4 (101010.10101)B=_____ O=_____ H=_____ D。

1.5 与内存相比,硬盘的速度_____,容量_____。

1.6 GB 18030—2000 采用了单、双、_____字节混合编码。

1.7 计算机能够直接执行的程序,在机器内部是以_____编码形式表示的。

判断题

1.8 用计算机处理银行账务是计算机在数值计算方面的应用。　　　　　（　　）

1.9 计算机内存的基本存储单位是比特。　　　　　　　　　　　　　（　　）

1.10 计算机程序必须装载到内存中才能执行。　　　　　　　　　　　（　　）

1.11 机箱内的设备是主机,机箱外的设备是外设。　　　　　　　　　　（　　）

1.12 外存上的信息可直接进入 CPU 被处理。　　　　　　　　　　　　（　　）

单项选择题

1.13 最早的计算机是用来进行(　　)的。

　　A. 科学计算　　　　B. 系统仿真　　　　C. 自动控制　　　　D. 信息处理

1.14 在计算机中采用二进制是因为(　　)。

　　A. 电子元件只有两个状态　　　　　B. 易控制、易实现

　　C. 二进制的运算规则简单　　　　　D. 上述三个原因

1.15 下面有关计算机的叙述中,(　　)是正确的。

　　A. 计算机的主机包括 CPU、内存储器和硬盘三部分

　　B. 计算机程序必须装载到内存中才能执行

　　C. 计算机必须具有硬盘才能工作

　　D. 计算机键盘上字母键的排列方式是随机的

1.16 内存储器中的每个存储单元都被赋予一个唯一的序号,称为(　　)。

　　A. 序号　　　　　B. 下标　　　　　C. 编号　　　　　D. 地址

1.17 已知小写字母的 ASCII 码值比大写字母大 32,大写字母 A 的 ASCII 码为十进制数 65,则二进制数 1000100 是字母(　　)的 ASCII 码。

　　A. A　　　　　B. B　　　　　C. D　　　　　D. E

1.18 为把 C 语言源程序转换为计算机能够执行的程序,需要(　　)。

　　A. 编译程序　　　　B. 汇编程序　　　　C. 解释程序　　　　D. 编辑程序

1.19 会计电算化是计算机的一项应用,按计算机应用的分类,它属于(　　)。

A. 科学计算　　　B. 实时控制　　　C. 数据处理　　　D. 辅助设计

1.20 下面列出的四种存储器中,易失性存储器是(　　)。

A. RAM　　　B. ROM　　　C. PROM　　　D. CD-ROM

1.21 计算机系统是由(　　)组成的。

A. 主机及外部设备　　　　　　　B. 主机、键盘、显示器和打印机

C. 系统软件和应用软件　　　　　D. 硬件系统和软件系统

简答题

1.22 简述计算机内部采用二进制的优点。

1.23 给定一个二进制数,怎样能够快速判断其十进制等值数是奇数还是偶数?

1.24 什么是 ASCII 码? 字符"A"、"a"、"0"和空格的 ASCII 值是多少?

1.25 计算机由哪些主要部件组成? 它们各自的功能是什么?

1.26 什么是程序? 什么是目标程序? 什么是源程序?

1.27 划分计算机时代的主要标志和依据是什么?

1.28 RAM 与 ROM 有何区别?

1.29 一个完整的计算机系统由哪些部分构成? 各部分之间的关系如何?

1.30 内存和外存两者各有何特点?

第 2 章　操作系统应用基础

操作系统是现代计算机必不可少的最重要的系统软件,是整个计算机系统的灵魂。操作系统控制和管理着计算机系统的硬件和软件资源,给用户使用计算机提供一个良好的界面,使用户不必了解硬件的细节就可以方便地使用计算机。

2.1　操作系统的概念

2.1.1　什么是操作系统

操作系统是直接控制和管理计算机系统硬件和软件资源,以方便用户充分而有效地利用计算机资源的程序集合。其基本目的有两个,一是操作系统要方便用户使用计算机,为用户提供一个清晰、整洁、易于使用的友好界面。二是操作系统应尽可能地使计算机系统中的各种资源得到合理而充分的利用。

在计算机系统中,操作系统处于系统软件的核心地位,是用户和计算机系统的界面。每个用户都是通过操作系统来使用计算机的。每个程序都要通过操作系统获得必要的资源以后才能执行。例如,程序执行前必须获得内存资源才能装入;程序执行要依靠处理机;程序在执行时需要调用子程序或使用系统中的文件;执行过程中可能还要使用外部设备输入输出数据。操作系统将根据用户的需要,合理而有效地进行资源分配。

2.1.2　操作系统的功能

为了使计算机系统能协调、高效和可靠地工作,也为了给用户一种方便和友好地使用计算机的环境,计算机操作系统通常都具有处理器管理、存储器管理、设备管理、文件管理和作业管理五大功能。

1. 处理器管理

处理器管理的主要任务是对处理器的分配和运行实施有效管理。配置了操作系统后,就可以对各种事件进行处理。处理器可能是一个,也可能是多个,不同类型的操作系统将针对不同情况采取不同的调度策略。

2. 存储器管理

存储器管理主要指对内存的管理。主要任务是分配内存空间,保证各作业占用的存储空间不发生矛盾,并使各作业在自己所属存储区中不互相干扰。

3. 设备管理

设备管理负责管理各类外围设备(简称外设),包括分配、启动和故障处理等。主要任务是:当用户使用外部设备时,必须提出要求,待操作系统进行统一分配后方可使用。当用户的程序运行到使用某外设时,由操作系统负责驱动外设。操作系统还具有处理外设中断请求的能力。

4. 文件管理

文件管理是指操作系统对信息资源的管理。在操作系统中,将负责存取和管理信息的部分称为文件系统。文件是一个在逻辑上具有完整意义的一组相关信息的有序集合,每个文件都有一个文件名。文件管理支持对文件的存储、检索和修改等操作以及对文件的保护功能。

5. 作业管理

每个用户请求计算机系统完成的一个独立的操作称为作业(Job)。作业管理包括作业的输入和输出,作业的调度与控制(根据用户需要控制作业的步骤)。

2.1.3 操作系统的分类

操作系统的分类有多种方法,最常用的方法是按照操作系统所提供的功能进行分类,分为以下几类。

1. 单用户操作系统

其主要特征是,在一个计算机系统内,一次只能支持运行一个用户程序。此用户独占计算机系统的全部硬件、软件资源。早期的微机操作系统,例如 DOS 就是这样的操作系统。

2. 批处理操作系统

用户把要计算的问题、数据、作业说明书等一起交给系统操作员,由他将一批算题输入计算机,然后由操作系统控制执行。采用这种批处理作业技术的操作系统称为批处理操作系统。这类操作系统又分为批处理单道系统和批处理多道系统。

3. 实时操作系统

实时是"立即"的意思。典型的实时操作系统包括过程控制系统、信息查询系统和事务处理系统。实时系统是较少有人为干预的监督和控制系统。其软件依赖于应用的性质和实际使用的计算机的类型。实时系统的基本特征是事件驱动设计,即当接到某种类型的外部信息时,由系统选择相应的程序去处理。

4. 分时操作系统

这是一种使用计算机为一组用户服务,使每个用户仿佛自己有一台支持自己请求服务的计算机操作系统。分时操作系统的主要目的是对联机用户的服务和响应。具有同时性、独立性、及时性、交互性特征。

分时操作系统中,分时是指若干道程序对 CPU 的分时,通过设立一个时间分享单位——时间片来实现。分时操作系统与实时操作系统的主要差别在交互能力和响应时间上。分时系统交互行强,而实时系统响应时间要求高。

5. 网络操作系统

提供网络通信和网络资源共享功能的操作系统称为网络操作系统。它是负责管理整个网络资源和方便网络用户的软件的集合。

网络操作系统除了一般操作系统的五大功能之外,还应具有网络管理模块。后者的主要功能是提供高效而可靠的网络通信能力;提供多种网络服务,如远程作业录入服务、分时服务、文件传输服务等。

6. 分布式操作系统

分布式系统是由多台微机组成且满足如下条件的系统。

(1) 系统中任意两台计算机可以通过通信交换信息。

(2) 系统中的计算机无主次之分。

(3) 系统中的资源供所有用户共享。

(4) 一个程序可以分布在几台计算机上,并行地运行,互相协作完成一个共同的任务。用于管理分布式系统资源的操作系统称为分布式操作系统。

当前,微型机常用的操作系统有 Linux、UNIX、Windows 系列操作系统等。

2.2　Windows 基础

一个操作系统产品的发布,凝聚了开发者多年的心血和巧妙的构思,而且它也是一段时间内软件和硬件技术发展的结果。Microsoft 公司从 1983 年开始研制 Windows 系统,最初的研制目标是在 MS-DOS 的基础上提供一个多任务的图形用户界面。第一个版本的 Windows 于 1985 年问世,它是一个具有图形用户界面的系统软件。1987 年推出了 Windows 2.0 版,最明显的变化是采用了相互叠盖的多窗口界面形式。但这一切都没有引起人们的关注。直到 1990 年推出了 Windows 3.0,是一个重要的里程碑,它以压倒性的商业成功确定了 Windows 系统在 PC 领域的垄断地位。现今流行的 Windows 窗口界面的基本形式也是从 Windows 3.0 开始基本确定的。

Windows 诞生到现在的 30 年时间里,除前面提到的各版本外,还历经了 Windows 95、Windows 98、Windows 2000、Windows XP、Windows 2003、Windows Vista、Windows 7、Windows 8 等版本。Windows 系统发展的主要趋势是功能更强大、安全性更高、使用更方便。

2.2.1　鼠标器

Windows 是一个完全图形化的环境,其中最主要的定点设备或称交互工具是鼠标器

（简称"鼠标"），如图 2.1 所示。利用鼠标可以直观地选择对象、操作对象等，离开鼠标，Windows 的操作会变得非常困难。目前常用的鼠标器有两按键式与三按键式两种：前者有左、右两个按键，后者有左、中、右三个按键。在 Windows 中，一般常用左、右两个按键。

通常情况下，鼠标的指针是一个小箭头，但是，在一些特别场合下，比如鼠标位于当前窗口边沿时，鼠标指针的形状就会有所变化。

图 2.1　鼠标

图 2.2 列出了 Windows 在默认方式下最常见的几种鼠标指针形状所代表的不同含义。

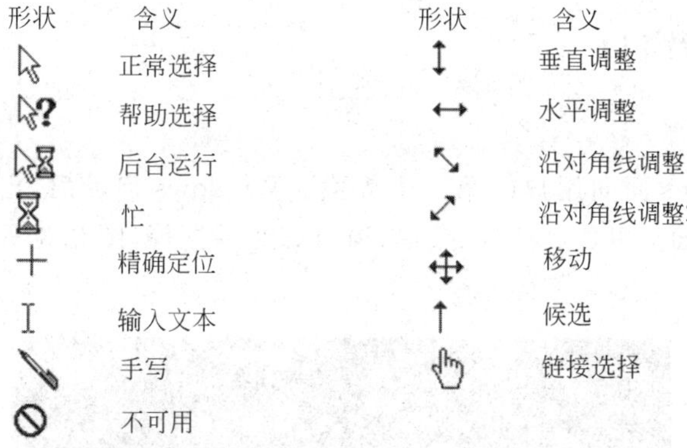

形状	含义	形状	含义
↖	正常选择	↕	垂直调整
↖?	帮助选择	↔	水平调整
↖⌛	后台运行	↘	沿对角线调整1
⌛	忙	↗	沿对角线调整2
+	精确定位	✥	移动
I	输入文本	↑	候选
✎	手写	🖑	链接选择
🚫	不可用		

图 2.2　常用的几种鼠标指针形状及其含义

注：用户可以在"控制面板"中根据自己的意愿来设定和改变鼠标指针的形状。

鼠标的基本操作有五种，下面分别介绍。

① 指向。在不按鼠标按钮的情况下，在屏幕上移动鼠标指针，使它直接位于被选对象的上面。当用户准备对某个对象做出反应时，要指向这个对象。

② 单击。在当前指向的对象上按下鼠标左键，立即释放。需要注意的是，"单击"一般是指单击左键。通常单击一个对象是执行一个命令、打开一个程序或选择一个对象。

③ 双击。用鼠标指向一个对象，快速地两次单击鼠标左键。

④ 拖动。也叫拖曳，用鼠标指向对象，在按住鼠标按键的同时移动鼠标指针。它可以把对象从一个地方移到另一个地方，当指针移到对象要到的位置时，释放鼠标按键。这个过程叫拖动。拖动分左拖动和右拖动，按鼠标左键的拖动叫左拖动，按鼠标右键的拖动叫右拖动。

⑤ 右击。按下鼠标右键，立即释放。单击右键后，通常出现一个快捷菜单，快捷菜单是执行命令的最方便方式。

2.2.2　Windows 键盘快捷键概述

在 Windows 中工作时，某些场合可以利用键盘操作代替鼠标。例如可以利用键盘操作打开和关闭"开始"菜单、窗口、对话框以及网页等。用键盘按键操作完成一项工作所按的键称为快捷键,因为通过它可以更迅速、更简单地完成要做的事情,使用户更简单地与计算机进行交互,而不是像用鼠标,需要按几个按钮才能完成。如在某一种汉字输入状态下输入汉字,你的两手都在键盘上,如果要改输英文,在键盘上按 Ctrl+空格后,即可直接输入。若用鼠标操作,你还得把手从键盘移到鼠标,再从状态栏中选中输入法指示器,单击鼠标左键,从弹出的对话框中选择英文或中文(中国),然后把手移回键盘打字。

不过,由于键盘操作所用的快捷键过多,不容易记忆,而用鼠标操作规则简单,因此对Windows 操作时,一般还是多用鼠标为好。

Windows 常用的快捷键,可以通过帮助中心获取。

2.2.3 桌面和窗口

1. 桌面

桌面是 Windows 面向用户的第一个界面。Windows 启动后,出现在屏幕上的整个区域称为桌面。桌面上可放置图标、菜单、窗口和对话框等,图 2.3 所示是 Windows 7 的桌面。

图 2.3　Windows 7 桌面

（1）图标

图标是用来代表 Windows 各种组成对象的小图形。图标下通常配以文字说明,如桌面上的"回收站"图标。在 Windows 中,图标应用得很广,它可以代表一个应用程序、一个文档或一个设备,也可以是一个激活"窗口控制菜单"的按钮。用鼠标左键单击某一图标,该图标及其下方文字说明的颜色就会改变,表示该图标被选中。双击桌面上的图标,即可启动(或打开)该图标代表的程序(或窗口)。

（2）任务栏

可以将任务栏理解为一个特定的窗口。初始的任务栏在屏幕的底端,它为用户提供了快速启动应用程序、文档及其他已打开窗口的方法。任务栏的最左边是"开始"按钮,在"开始"按钮的右侧可以锁定一些程序,称快速启动按钮,单击可以打开程序。任务栏的右边有输入法、时间和日期指示器等。单击活动任务栏中的按钮,可以实现任务或窗口之间的切换。

除"开始"按钮以外,可以把任务栏剩下的部分看做是工具栏的集合。提示区和活动任务栏是固定的两部分,除此以外,用户可以增加或删除其中任何一个工具栏。任务栏中的每个图标都代表了一个应用程序或一个系统设置命令。将鼠标指向其中的一个按钮,会出现一个简单的提示,说明此按钮的功能或应用程序的状态。

(3)"开始"菜单

这是系统最重要的按钮之一,通常位于桌面底部任务栏的左侧,单击此按钮可以打开 Windows 的"开始"菜单。用户所有主要的操作可以通过"开始"按钮来完成。

2. 窗口

Windows 系统经常被称为窗口系统,就是因为 Windows 每一个应用程序的执行和文档的显示与处理都是在一个特定的"窗口"中进行的。

当用户双击一个应用程序图标或文档图标时,都会显示一个"窗口",向用户提供一个操作的空间。尽管各种应用程序的功能大相径庭,但 Windows 窗口的形式却基本一致。

图 2.4 展示了 Windows 7 的"计算机"窗口。窗口的组成包括控制菜单、标题栏、最小化按钮、最大化/恢复按钮、关闭按钮、菜单栏、工具栏、边框、滚动条、状态栏。

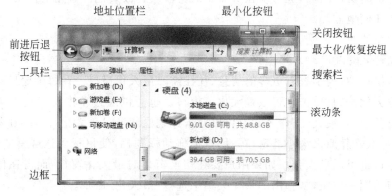

图 2.4　Windows 7 窗口

① 控制菜单。使用此菜单可以进行对窗口的所有基本操作。

② 标题栏。标题栏显示了应用程序的一些关键信息,如程序名称、打开的文档名称等。

③ 最小化按钮。使当前窗口从屏幕上消失,但不关闭它。该程序仍在运行,在任务栏上有图标显示。

④ 最大化/恢复按钮。单击此按钮,窗口会在全屏幕模式和普通模式之间切换。

⑤ 关闭按钮。单击此按钮将关闭窗口。

⑥ 搜索栏。可输入关键字进行搜索,搜索的结果会显示在窗口中。

⑦ 菜单栏。列出当前应用程序操作的各项命令和属性设置入口。

⑧ 工具栏。工具栏提供了一种图形化的窗口命令和属性设置入口,可以用来代替菜单中的命令。将鼠标在工具按钮上停留片刻,按钮旁会出现一个提示,说明此工具的用途。

⑨ 边框。将窗口和周围环境区别开,可以拖动边框以改变窗口的大小。

⑩ 滚动条。上下箭头指出了移动方向,在窗口不能显示全部内容时,点住箭头或拖动滑杆就可以很方便地移动显示区域。

⑪ 状态栏。显示当前状态和一些帮助信息。

在 Windows 中,无论用户打开磁盘、文件夹,还是运行应用程序,系统都会打开一个窗口,用于用户管理和使用相应的内容。因此,窗口操作和管理是用户使用计算机过程中最常进行的操作。窗口的基本操作如下。

(1) 打开窗口

在 Windows 中用鼠标打开窗口,可使用两种方法:第一种是双击准备打开的窗口图标,即可打开相应的窗口,这是最常用的方法。第二种就是右击准备打开的窗口图标,从弹出的快捷菜单选择"打开"命令。如果用户要查看有自动运行功能的光盘上的文件和文件夹时,就需要使用第二种方法,因为第一种方法将启动光盘上的自动运行程序。

(2) 切换窗口

Windows 可以在屏幕上同时打开多个窗口,当打开的窗口在一个以上时,屏幕上始终只能有一个活动窗口,它处于其他窗口的最前面。活动窗口和其他窗口相比有着突出的标题栏。为激活一个窗口(从一个窗口切换到另一个窗口),最简单的方法是用鼠标单击"任务栏"上的窗口图标,也可以在所需要的窗口没有被其他窗口完全挡住时,单击所需要的窗口的任何地方。

切换窗口的快捷键是 Alt+Esc 或 Alt+Tab。

(3) 最大化窗口

在窗口操作中,为了查看更多的信息,往往需要最大化窗口。在每个窗口标题栏的右侧有一个最大化按钮,单击它可以最大化该窗口。也可以通过单击窗口左上角的控制菜单选择执行其中的"最大化"命令。也可以双击标题栏使窗口最大化,同样,在最大化的时候,双击也可以恢复原来大小的窗口。用鼠标拖动标题栏,使鼠标到达屏幕的最上方,松开鼠标后窗口也可以最大化。如果用户要在切换窗口时最大化窗口,而可在任务栏上右击代表窗口的图标按钮,从弹出的快捷菜单中选择"最大化"命令。

(4) 最小化窗口

如果暂时不想使用某个已经打开的窗口,可将其最小化,以免影响其他窗口或桌面的操作。每个窗口标题栏的右侧有一个最小化按钮,单击它可以最小化该窗口。也可以单击窗口左上角的控制菜单,选择执行其中的"最小化"命令。窗口最小化后,并不是关闭这个窗口,而在任务栏上会保留代表该窗口的图标按钮,要重新显示该窗口,在任务栏上单击该窗口图标即可重新打开。

(5) 改变窗口的大小

窗口打开后,既不是处于最大化又不是处于最小化状态时,可以改变窗口的大小。将鼠标指针移到窗口的边框或角,鼠标指针自动变成双向箭头,这时按下左键拖动鼠标,就可以改变窗口的大小了。

(6) 移动窗口

当窗口不在最大化或最小化状态时,将鼠标指针指向窗口的"标题栏",按下左键,拖动鼠标到需要的位置,释放鼠标按钮,窗口就被移动了。移动窗口时,如果鼠标到达屏幕最上方,松开鼠标后则可以将窗口最大化;如果鼠标到达屏幕的两侧,则可以使窗口的大小为屏幕的一半,且位置紧挨着鼠标所在屏幕的一侧。

(7) 关闭窗口

要关闭窗口可使用下列操作之一。

① 双击窗口左上角的控制菜单按钮。

② 单击窗口右上角的关闭按钮。

③ 打开控制菜单,选择"关闭"命令。

④ 打开应用程序窗口的"文件"菜单,选择"关闭"命令。

⑤ 在任务栏上右击窗口图标按钮,从弹出的快捷方式中选择"关闭"命令。

当窗口关闭后,窗口在屏幕上消失,并且图标也从"任务栏"上消失。

(8) 排列窗口

当有多个窗口打开时,可通过"任务栏"属性菜单提供的命令,对窗口进行排列。窗口排列有层叠、横向平铺和纵向平铺三种方式。右击"任务栏"空白处,弹出一个快捷菜单,然后选择一种排列方式,即可按要求排列窗口。

2.2.4　菜单、工具栏和对话框

菜单是窗口顶端出现的一组命令,它用层叠的字符方式表现命令,逻辑性强。工具栏是一组按钮,单击可以执行常规任务,它用图形方式表示命令,更加直观和快捷。对话框是用户和计算机进行交互的一种界面。

1. 菜单

在 Windows 中,菜单是应用程序与用户交互的主要方式。用户可以从菜单中选择所需的命令,指示应用程序执行相应的动作,而不必像在命令方式下,每次都由用户键入命令名。这样大大提高了工作效率,节约了时间。菜单会在很多地方出现,表现形式也多种多样,具体种类有"开始"菜单、菜单栏上的下拉菜单、控制菜单和快捷菜单等。但它们的作用是相同的,即把很多命令和选项集中在一起,并用层次结构组织起来,便于用户选择和操作。

菜单是展示其可用命令的主要设备。菜单操作主要有下列几种。

(1) 打开菜单

对于"开始"菜单,用鼠标单击"开始"按钮,或用 Ctrl＋Esc 键打开。

对于"控制"菜单,用鼠标单击窗口标题栏最左边的图标,或用鼠标右击标题栏任何地方打开,也可以用 Alt＋空格键打开。

对于窗口菜单栏上的菜单,用鼠标单击菜单名或用 Alt＋菜单名右边的英文字母,就可以打开该菜单。如图 2.5 所示的是一个窗口菜单。

对快捷菜单,用鼠标右击对象即可打开。

(2) 关闭菜单

打开菜单后,如果不想从菜单中选择命令或选项,用鼠标单击菜单以外的任何地方或按 Esc 键。

图 2.5　菜单

（3）菜单中的命令项

一个菜单含有若干个命令项,其中有些命令项后面有省略号,有些命令项前有√。这些都有 Windows 规定的特定含义,说明如下。

① 暗淡的。表示命令项当前不可选。

② 带省略号…。表示执行命令后会出现对话框,要求用户输入信息。

③ 前有符号√。选择标记。当命令项前有此符号时,表示该命令有效。

④ 前有符号•。在分组菜单中选择某一项时,该项前面有•,表示被选中。

⑤ 带组合键。按下组合键,可直接执行相应的命令,而不必通过菜单操作。

⑥ 带实心黑三角。当鼠标指向时,会弹出一个级联子菜单。

2. 工具栏

菜单栏提供了应用程序中命令和设置的完整入口,工具栏也提供部分命令和设置的入口。在应用程序的设计中,人们总是把最常用的命令和功能入口安排在工具栏上,而且使用图形方式提供,只要单击工具栏上的图标,就可以执行相应的命令。这样,用户使用时就不用每次打开一层层的菜单来选择命令,而使用工具栏来替代,使操作更加直观、快捷。Windows 的工具栏有一些是可以浮动的,通过鼠标的拖放可以安排工具栏的位置,使窗口的组织和界面更加灵活。

移动鼠标指针指向工具栏上的某个按钮,停留片刻,应用程序将显示该按钮的功能名称。

3. 对话框

Windows 是一个交互式的系统,用户和计算机之间通过对话框进行信息交流。在需要用户输入的地方,比如查找文件(输入文件名)、选择字体(输入字体名)等操作,都要通过对话框来进行。在 Windows 的菜单中,有些命令后有三个点组成的省略号,选择这样的命令就会打开一个对话框。

对话框也是一个窗口,但它具有自己的一些特性,可以认为它是一类定制的、具有特殊行为方式的窗口。对话框不能最小化,但能够移动和关闭。

任务栏只能显示对话框以外的窗口。这就意味着当对话框被其他窗口完全覆盖时，要切换到这个对话框比较困难，使用 Alt＋Esc 组合键可以在包括对话框在内的所有窗口之间切换。

图 2.6 所示是一个对话框。对话框一般包含以下内容。

图 2.6　对话框

（1）标题栏

标题栏中包含了对话框的名称，用鼠标拖动标题栏可以移动对话框。

（2）标签

通过选择标签，可以在对话框的几组功能中选择一组。

（3）单选按钮

单选按钮用来在一组选项中选择一个，且只能选择一个，被选中的按钮前出现一个黑点。

（4）复选框

复选框列出可以选择的选项，可以根据需要选择一个或多个选项。复选框被选中后，框中会出现√，单击一个被选中的复选框，意味着放弃该选项。

（5）列表框

列表框显示多个选择项，由用户选择其中一项。当一次不能全部显示在列表框中时，系统会提供滚动条，帮助用户快速查看。

（6）下拉列表框

单击下拉列表框的向下箭头可以打开列表供用户选择，列表关闭时显示被选中的信息。

（7）数值框

单击数值框右边的箭头可以改变数值大小，也可以直接输入一个数值。

（8）滑块

左右拖动滑块可以改变数值大小。一般用于调整参数。

（9）命令按钮

选择命令按钮可立即执行一个命令。如果命令按钮呈暗淡色，表示该按钮是不可选的；如果一个命令按钮后跟有省略号，表示将打开一个对话框。对话框中常见的命令按钮有"确定"和"取消"。

（10）帮助按钮

对话框右上角有一个帮助按钮"?"，单击该按钮，然后单击某个项目，就可以获得有关项目的帮助信息。

2.2.5　Windows 操作对象的选定

Windows 的操作风格是先选定操作的对象，然后选择执行操作的命令。如在复制和移动文件夹以前，必须先选择它们。因此，选定 Windows 的对象是一种非常重要的操作。Windows 提供了多种选定操作对象的方法，具体如下。

1. 选定单个对象
用鼠标单击所要选定的对象。

2. 选定多个连续的对象
单击所要选定的第一个对象，然后按住 Shift 键，单击最后对象。

3. 选定多个不连续的文件或文件夹
用鼠标单击所要选定的第一个对象，然后按住 Ctrl 键不放，单击剩余的每一个对象。

4. 选定全部对象
打开"编辑"菜单，选择"全选"命令，也可以使用快捷键 Ctrl＋A。

2.2.6　剪贴板

使用 Windows 下的各种软件时，常常需要在不同程序之间传递信息。例如，在编辑一个 Word 文档时，要从某张图片中复制一小块图像，贴到该文档中，则首先要启动画图程序，打开图片，裁剪好所需的那小块图片后，进行复制；之后再回到 Word 文档中，将其粘贴到所需位置。在这个过程中，被复制的小块图片放在 Windows 的剪贴板中。剪贴板是一个在 Windows 程序和文件之间传递信息的临时存储区，它是内存的一部分。在剪贴板中可以存储正文、图像、声音等信息，通过它可以把各文件的正文、图像、声音粘贴在一起，形成一个图文并茂、有声有色的文档。剪贴板的使用步骤是先将信息复制或剪切到剪切板这个临时存储区，然后在目标应用程序中将插入点定位在需要放置信息的位置，再使用应用程序"编辑"菜单中的"粘贴"命令，将剪贴板中的信息传到目标应用程序中。

利用剪贴板可以复制整个屏幕或活动窗口。复制屏幕到剪贴板的方法是按下 Print Screen 键。复制活动窗口到剪贴板的方法是先选择活动窗口，然后按下 Alt＋Print Screen 键。

需要注意的是,剪贴板只能存放最近一次的剪贴内容。也就是说,前一次的内容将自动被覆盖。但是可以对剪贴板中的内容进行多次粘贴。既可以在同一文件中粘贴,也可以在不同文件中粘贴。

剪贴板是 Windows 的重要功能,是实现对象的复制、移动等操作的基础。但是,用户不能直接感觉到剪贴板的存在,如果要观察剪贴板中的内容,就要用剪贴板察看程序。该程序在典型安装时不会被安装。

2.3 程序管理

程序是计算机为完成某个任务所执行的计算机指令的集合。程序管理是操作系统的主要功能之一。程序通常以文件的形式存储在外存储器上。

2.3.1 程序的启动与退出

1. 启动应用程序

在 Windows 中,启动应用程序有多种方法,下面介绍几种常用的方法。

(1)启动桌面上的应用程序

如果应用程序被放置在桌面上,则直接双击桌面上的应用程序图标。也可以用鼠标右击该程序,选择"打开"也可以启动该程序。

(2)通过"开始"菜单启动应用程序

单击"开始"按钮,然后指向"所有程序"。如果要运行的程序在"所有程序"的子菜单中,则指向包含该程序的文件夹,再单击应用程序名。

(3)通过浏览驱动器和文件夹启动应用程序

并不是所有的程序都位于"所有程序"菜单中或放置在桌面上,要运行这些程序的一个有效方法是使用"Windows 资源管理器"浏览驱动器和文件夹,找到应用程序文件,然后双击它。

(4)使用"开始"菜单中的"运行"命令启动应用程序

单击"开始"按钮,再单击"运行"命令,在出现的对话框中输入程序的路径和名称。如不知道程序的路径,可以通过"浏览"按钮寻找应用程序。最后单击"确定"按钮,就开始运行应用程序了。也可以单击"开始"按钮,在"开始"菜单左下方的搜索框中输入应用程序名,可以按回车启动程序,也可以在系统自动显示出来的程序列表中单击应用程序启动。

2. 应用程序的退出

在 Windows 中,退出应用程序也有多种方法,下面介绍几种常用的方法。

(1)在应用程序的"文件"菜单上选择"退出"命令。

(2)双击应用程序窗口左上角的控制菜单。

(3)单击应用程序窗口左上角的控制菜单,在弹出的控制菜单中选择"关闭"命令。

（4）单击应用程序窗口右上角的"关闭"按钮。

（5）按 Alt＋F4 键。

（6）当某个应用程序不再响应用户的操作时，可以按 Ctrl＋Alt＋Del 键，选择"启动任务管理器"，从弹出的"Windows 任务管理器"对话框中选择要关闭的应用程序，然后单击"结束任务"按钮，就可以退出应用程序。

2.3.2 应用程序的快捷方式

1. 快捷方式

左下角有一个弧形箭头的图标，称为快捷方式。为了快速启动某个应用程序，通常在桌面或开始菜单上创建快捷方式，双击快捷方式，即可打开对应的应用程序。

快捷方式是一个连接对象的图标，它不是对象本身，而是指向这个对象的指针。打开快捷方式就可以打开相应的对象，而删除快捷方式却不会删除相应的对象。

不仅可以为应用程序建立快捷方式，也可以为文件、文件夹、打印机等任何对象建立快捷方式。

2. 创建快捷方式

创建快捷方式有如下两种方法。

（1）简单方法

使用鼠标拖曳文件。按住 Ctrl＋Shift 键，将文件拖曳到要创建快捷方式的地方。

（2）使用资源管理器中"文件"菜单中"新建"命令中的"快捷方式"。

3. 开始菜单

"开始"菜单是用户使用和管理计算机的主要入口。用户的主要操作几乎全部需要通过"开始"菜单来完成。"开始"菜单中的多数菜单项都是快捷方式。

2.3.3 多任务

Windows 是一种多任务的操作系统。Windows 可以同时运行多个应用程序，包括 Windows 应用程序和非 Windows 应用程序。每一个打开的应用程序窗口都是一个任务，但同一时刻只有一个窗口是活动的（活动窗口的边框较亮，并且窗口右上角的最小化按钮、最大化按钮更亮且有立体感，同时关闭按钮是红色的）。

除了可以处理多个应用程序外，还可以在一个应用程序中打开多个窗口。例如，在 Word 中可以同时打开多个文档，每一个被打开的文档也是一个任务。这些任务都是在 Windows 的统一管理下工作的，即使某个任务不处于活动状态，但它也在工作（后台工作）。

被打开的每一个任务都在屏幕下方的任务栏中以最小化形式显示，将鼠标放在上面，会显示相应任务的缩图。要在各个任务之间切换，可以在任务栏中单击每个任务的最小化图标，或用 Alt＋Esc 或 Alt＋Tab 键进行切换。

2.3.4　文档与应用程序关联

　　文档与应用程序关联指的是为某类文档指定一个相对应的应用程序,要打开文档时,通过此应用程序打开。当某类文档与一个应用程序相关联后,只要双击该类文档的图标,就可以启动与其相关联的应用程序。例如,可以把扩展名为 BMP 的文档与"画图"程序相关联。这样,双击 BMP 文档图标时,Windows 会自动启动"画图"程序并打开该文档。

　　在 Windows 中,许多类型的文档已经和应用程序之间建立了关联,如. doc 文档与Word 文字处理程序之间建立了关联;. xls 文档与 Excel 之间建立了关联;. txt 文档与记事本之间建立了关联。在 Windows 9x 以上版本中,通过"资源管理器"或"我的电脑"("计算机")中的文件夹选项设置等操作,可以建立文档与应用程序之间新的关联。

2.3.5　安装与卸载应用程序

　　Windows 下的应用程序,在使用前一般都要进行安装,当不再使用时,可以卸载删除。Windows 安装应用程序比较复杂,安装过程中要处理许多细节,例如,创建安装目录、复制文件、修改系统设置以及集成到 Windows 环境中去等。Windows 应用程序的安装程序不仅仅是将应用程序的文件拷贝到指定的目录中,而且还需要在 Windows 的系统目录中加入支持文件,在注册表中进行相应的设置。这些工作往往是普通 Windows 用户难以胜任的。

　　许多 Windows 应用程序都有自己的安装程序,安装程序名一般是 Setup. exe。只要运行这个程序,就可以把应用程序安装到 Windows 中。

　　利用 Windows 的"控制面板",可以方便地进行应用程序和 Windows 组件的删除和安装工作。其优点是保持 Windows 对安装和删除过程的控制,不会因为误操作而造成对系统的破坏。

2.4　文　件　管　理

　　在计算机系统中,主要的数据元素就是文件与文件夹。正是功能和作用各不相同的文件与文件夹组成了整个计算机的信息与数据资源。因此,学习计算机的操作主要就是学习如何操作与管理文件和文件夹。

2.4.1　文件与文件夹的概念

　　计算机系统的外存储器中存放着大量的数据信息,其中一些是计算机赖以正常工作和使用的基础。Windows 操作系统主要的工作之一就是对这些数据信息进行合理的组织与管理。在计算机系统中,这些数据信息是以文件的形式存放于计算机的外存中的。

因此,只有清楚了解 Windows 是如何组织、管理文件的,才可以更好地对文件进行操作。

"文件"是指存放于计算机外存上的有名字的一组相关信息的集合。在计算机系统中,用户平时操作的文档、执行的程序以及其他所有的软件资源都属于文件。由于信息量庞大,存储介质上要建立和存放很多文件,为了方便地使用这些文件,就必须对这些文件进行组织和维护。Windows 的文件管理系统以文件为对象,按文件名进行管理。文件名是存取文件的依据。

目前,微型计算机的外存主要用的是磁盘,所以除特殊说明外,以后提到的文件一般指的就是磁盘文件。通常一个计算机磁盘上存放大量的文件,虽然 Windows 是按文件名管理文件的,但是如果不把大量的、作用不同的文件归类存放,也是非常难管理的,而且常常会降低计算机的运行速度,甚至丢失数据。比如一个较大规模的图书馆,馆藏图书几十万至上百万册。为给读者提供方便、快捷的借阅服务,需要根据科目把书进行分类编号,放到书架的相应位置上。读者借书时,提供图书分类编号及书名,就可以很快找到所需要的图书。如果把所有的图书都堆放在一起,查找起来将是非常困难的。

Windows 对文件的管理,也采用了类似图书分类管理的方法,为此它引入了文件夹的概念。"文件夹"是文件的集合。在 Windows 中,可以通过建立不同名字、不同层次的文件夹,把相互之间有关系的文件存储于同一个文件夹中。这些文件夹为每个存在的文件都设置了一个目录项,记载着该文件的文件名、建立或最近一次修改的时间、在磁盘中的起始位置和文件的总数据长度等。在文件夹下还可以再建立下一级的文件夹。通过文件夹可以对每一个文件进行分门别类的组织与管理。这种管理文件的层次结构形式,可以用一棵倒长的树(根在上,叶在下)来形象描述。树根是磁盘的开始,由树干上分出不同的枝杈是文件夹,树叶就是文件。因此,Windows 对文件的这种管理结构也称为树形结构。随着 Windows 版本的升级,文件夹的概念也在扩展,在 Windows 中,文件夹不但可以包含文档、程序、链接文件等,还可以包含其他文件夹、磁盘,甚至一台计算机。

由于一个文件通常在某一个文件夹中存放,要对该文件进行操作,就必须指明该文件存放的位置或进入到该文件夹中去。用于指出文件所在位置的说明称为该文件的路径。

2.4.2 文件名

在 Windows 9x 以后的版本中,所有文件都可由一个图标和一个文件名进行标识,文件名是管理文件的依据。文件名的长度最长可达 255 个字符,其中还可以包含空格字符。使用长文件名可用描述性的名称帮助用户记忆文件的内容或用途。例如"C 语言教程.doc"。

文件名中可以包含文件所在的磁盘符号(也称盘驱动器符)和文件所归属的各级文件夹名称列表(也称路径),各级文件夹之间用\分隔。如在磁盘 C 的 Windows 文件夹的下一级文件夹 System 下的文件 vga.drv 可以表示为"c:\windows\system\vga.drv",因此用户实际使用的文件名的字符数小于 255 个。

在 Windows 中,不是所有字符都可以作为文件名使用。Windows 对文件和文件夹的命名是有约定的。这些约定如下。

① 文件名、扩展名或文件夹名中不能出现以下字符：\／：＊？"＜＞|等特殊字符。

② 不区分英文字母大小写，如 aaaa 与 AAAA 是一样的。

③ 文件名和文件夹名可以使用汉字。

④ 可以使用多分隔符的名字。如 MY FILE.doc(Y 和 F 之间有空格)。

2.4.3　文件类型

通常，每个文件名的最后都有多个字符的扩展名，用以标识文件类型或创建此文件的应用程序。扩展名和文件名之间用"."分隔。文件扩展名通常由 3 或 4 个 ASCII 字符组成，它们有些是系统在一定条件下自动形成的，也有一些是用户自己定义的。常见的文件扩展名如下。

COM	系统命令文件	XLS、XLSX	Excel 文档
EXE	可执行文件	PPT、PPTX	PowerPoint 文档
BAT	可执行的批处理文件	HTM、HTML	超文本文件
BAK	后备文件	BMP	位图文件
TXT	文本文件	ZIP	压缩文件
DOC、DOCX	Word 文档	BAS	Basic 源程序文件

2.4.4　文件和文件夹管理工具

在 Windows 中，用于文件和文件夹管理的工具主要是"计算机"、"资源管理器"和"回收站"。

1. 计算机

"计算机"是 Windows 提供的文件管理工具，它可以管理磁盘、映射网络驱动器、外围驱动器、文件与文件夹。对于那些在网络上漫游的用户来说，通过"计算机"还可以浏览 Web 网上的页面。

在 Windows 操作系统中，打开"开始"菜单并选择"计算机"命令，即可启动"计算机"。图 2.4 所示是 Windows 7 中的"计算机"窗口。

通过"计算机"，用户可以轻易地访问、查看和管理几乎所有的计算机资源信息。"计算机"窗口的最上方是标题栏，接着的下面一行是菜单栏和搜索栏，再下一行是工具按钮，然后是工作区。工作区左侧的系统工作区又分为三个小的区域，即系统任务区、其他位置区和详细信息区。系统任务区中显示的是一个智能化的链接菜单，无论用户处于何种状态下，系统都会很"聪明"地将你可能用到的链接式命令菜单显示出来，即不同的情况会显示不同的链接菜单。例如，当用户位于一个文件夹中时，系统将为你提供"创建一个文件夹"、"将这个文件夹公布到 Web"和"共享此文件夹"三个链接命令。而其他位置则为用户提供了从当前位置迅速进入其他位置(包括本机上和网络上)的链接命令。详细信息区中显示的则是当前主窗口中的相关信息。正是有了这些人性化的设计，使得"计算机"窗口更加符合用户日常的操作，便于用户对计算机的管理。窗口的底部会显示相关文件或文件夹的部分信息,如文件名、修改日期等。

2. 资源管理器

Windows 的资源管理器是另一个重要的文件管理工具。在功能上,它与"计算机"完全相同,但资源管理器的窗口风格随着 Windows 版本的不同而有所不同。如图 2.7 所示为 Windows 7 中的资源管理器窗口。

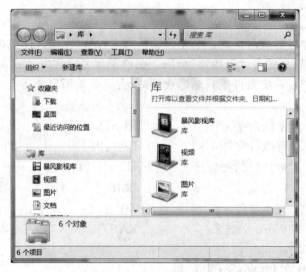

图 2.7　Windows 7 资源管理器

在 Windows 中,可以用以下方式启动资源管理器。

(1) 打开"开始"菜单,选择"所有程序"→"附件"→"Windows 资源管理器"命令。

(2) 在任务栏上右击"开始"按钮,从弹出的快捷菜单中选择"打开 Windows 资源管理器"命令。

(3) 同时按下键盘上的 Windows 键和 E 键。

3. 回收站

"回收站"是管理文件和文件夹的另外一个重要工具,图 2.8 展示了 Windows 7 的回收站窗口。使用"回收站"的删除和还原功能,用户可以将没用的文件或文件夹从磁盘中删除,以释放磁盘空间。不过,默认情况下,系统只是逻辑上删除了文件或文件夹,物理上这些文件或文件夹仍然保留在磁盘上。用户删除文件和文件夹之后,文件管理系统会自动将所删除的内容移至回收站中,回收站窗口中显示已被删除的文件和文件夹。如果用户发现其中一些文件或文件夹仍然有用,可通过回收站进行还原,被还原的文件或文件夹就会出现在原来所在的位置。回收站的文件和文件夹仍然占着磁盘空间,只有清空回收站,才可以从磁盘上真正删除文件或文件夹,释放回收站中的内容所占的磁盘空间。

如果希望永久删除回收站中的文件或文件夹,可右击需要删除的文件或文件夹,系统将弹出一个快捷菜单,选择其中的"删除"命令,即可完成永久删除。

如果希望永久删除回收站中的所有文件或文件夹,可单击"文件"菜单中的"清空回收站"命令,也可以单击工具栏的"清空回收站"命令。需要注意的是,永久删除的文件和文件夹是物理删除,再也不能被恢复还原。

如果希望还原回收站中的文件或文件夹,可右击需要还原的文件或文件夹,系统将弹出一个快捷菜单,选择其中的"还原"命令即可完成还原。

如果希望还原回收站中的所有文件或文件夹,可单击工具栏的"还原所有项目"命令。

图 2.8　Windows 7 回收站

2.4.5　浏览文件和文件夹

在"计算机"或"资源管理器"中,如果文件和文件夹比较多,而且图标排列凌乱,会给查看和管理它们带来不便。为此,可以对文件和文件夹图标进行排列。使用何种方式显示窗口中的文件和文件夹,要看个人的习惯和需要,不同的显示方式会有不同的显示效果。例如,如果选择了按名称的方式显示窗口的文件和文件夹,则系统自动按文件和文件夹名称的首写字母顺序排列图标。要排列在当前窗口下的图标,右击,从弹出的快捷方式菜单中打开"排列方式"级联菜单,然后选择相应的排列方式。也可以在菜单栏中的"查看"菜单中打开"排列方式"级联菜单,然后选择相应的排列方式。

排列好当前窗口中的图标,用户还可以选择文件和文件夹的查看方式。查看文件或文件夹的方式包括平铺、超大图标、大图标、中等图标、小图标、列表、详细信息、内容等。这些查看方式可以通过在菜单栏中的"查看"菜单所打开的菜单选项来选择,也可以右击,从弹出的快捷方式菜单中打开"查看"级联菜单,选择查看方式。

2.4.6　文件和文件夹的常用操作

在使用计算机的过程中,用户经常进行的操作便是对文件和文件夹的操作。其中主要的操作包括创建、移动、复制、重命名、压缩或解压缩、删除等。

1. 创建新的文件夹和新的空文件

(1) 创建文件夹

为了有效地管理和使用系统文件和磁盘数据,用户可根据需要自己创建一个或多个文件夹,然后将不同类型或用途的文件分别放在不同的文件夹中,使自己的文件系统更加有条理。

创建新文件夹的方法是:打开"资源管理器"窗口,在窗口中选定新文件夹所在的文件夹或驱动器;打开"文件"菜单,选择"新建"子菜单中的"文件夹";也可以右击,从弹出的快捷方式菜单中打开"新建"级联菜单,选择"文件夹";窗口中出现带临时文件名的文件夹;输入新文件夹的名称,按回车键或用鼠标单击屏幕其他任何地方。

(2) 创建新的空文件

创建新的空文件的方法是:打开"资源管理器"窗口,在窗口中选定新文件所在的文件夹或驱动器;打开"文件"菜单,选择"新建"子菜单中的"文件类型";也可以右击,从弹出的快捷方式菜单中打开"新建"级联菜单,选择"文件类型";窗口中出现带临时文件名的文件;输入新文件的名称,按回车键或用鼠标单击屏幕其他任何地方。

2. 压缩文件夹

Windows 中提供了压缩文件夹操作,压缩文件夹能够使文件所占磁盘空间变小,以腾出更多的磁盘空间。通过该功能,用户可以将文件或文件夹压缩为 zip 格式的文件,需要使用时,则可以通过提取文件功能进行解压缩。要完成文件或文件夹的压缩,可按以下步骤进行。

(1) 首先进入需要压缩文件或文件夹的窗口,选定需要压缩的对象。例如,假设在当前窗口选定了名称为 win 的文件夹。

(2) 然后打开窗口的"文件"菜单,选择"发送到"→"压缩(zipped)文件夹"命令。也可以在"文件"菜单中选择"添加到压缩文件"命令。也可以右击 win 文件夹,从弹出的快捷菜单中选择"添加到压缩文件"命令。

(3) 选定了"压缩(zipped)文件夹"命令后,系统自动对当前对象进行压缩。完成后,被压缩的对象将显示在当前窗口中,且图标显示为压缩文件图标。

3. 从压缩的文件夹中提取文件

Windows 提供了解压缩文件夹的功能,并命名该功能为提取文件功能。使用该功能,可以方便地对现在流行的. zip 或. rar 等压缩格式的文件夹进行解压缩。要从压缩的文件夹中提取文件,可按以下步骤进行。

(1) 首先进入到含有压缩文件夹的窗口。例如,假设在资源管理器窗口中含有一个名为 abc. zip 的压缩文件夹,右击该压缩文件图标,打开快捷菜单。

(2) 在快捷菜单中选择"打开方式"命令,选择"Windows 资源管理器"命令,进入资源管理器窗口,查看所包含的文件内容。

(3) 在该窗口中单击"工具栏"中的"提取所有文件"按钮。

(4) 弹出"提取压缩(zipped)文件夹"对话框,选择要存放解压后的文件夹,然后单击"提取"按钮。

（5）完成后，可以查看解压缩的所有文件。

4．复制文件及文件夹

复制文件或文件夹时，最初的文件或文件夹仍然保留，它的一份副本放到了用户选择的位置。因此，文件或文件夹存在两个备份。

复制文件或文件夹常用的方法有以下几种。

（1）通过菜单命令来复制。右击要复制的文件或文件夹，从弹出的快捷菜单中选择"复制"命令。然后打开目标文件夹或驱动器，右击窗口的空白处，选择快捷菜单中的"粘贴"命令。

（2）通过拖动来复制。分别打开要复制的对象所在的文件夹窗口和目标文件夹窗口，使两个窗口均同时可见。在按下 Ctrl 键的同时用鼠标拖动对象到目标文件夹窗口。当源位置和目标位置不在同一个驱动器上时，可以省略按 Ctrl 键，用鼠标将选定的文件或文件夹直接拖动到目标位置即可。

（3）通过鼠标右键拖动来实现复制。用鼠标右键拖动要复制的对象到目标位置，则拖动后自动弹出一个快捷菜单，让用户选择进行何种操作，这时选择"复制到当前位置"命令即可。

（4）通过 Ctrl+C 和 Ctrl+V 组合键来实现复制。用鼠标选中要复制的文件或文件夹，按 Ctrl+C 键进行复制，然后打开目标文件夹或驱动器，按 Ctrl+V 键进行粘贴。

5．移动文件及文件夹

移动文件或文件夹时，系统把它们从原来的位置删除并放到了一个新位置。

移动文件或文件夹常用的方法有以下几种。

（1）通过菜单命令来移动。右击要移动的文件或文件夹，从弹出的快捷菜单中选择"剪切"命令。然后打开目标文件夹或驱动器，右击窗口的空白处，选择快捷菜单中的"粘贴"命令。

（2）通过拖动来移动。分别打开要移动的对象所在的文件夹窗口和目标文件夹窗口，使两个窗口均同时可见。在按下 Shift 键的同时用鼠标拖动对象到目标文件夹窗口。

（3）通过鼠标右键拖动来实现移动。用鼠标右键拖动要移动的对象到目标位置，则在拖动之后自动弹出一个快捷菜单，让用户选择进行何种操作，这时选择"移动到当前位置"命令即可。

（4）通过 Ctrl+X 和 Ctrl+V 组合键来实现移动。用鼠标选中要移动的文件或文件夹，按 Ctrl+X 键进行剪贴，然后打开目标文件夹或驱动器，按 Ctrl+V 键进行粘贴。

6．重命名文件和文件夹

在 Windows 中，可以随时根据需要更改文件和文件夹的名称。通常，给文件和文件夹命名遵循两个原则：一是文件或文件夹名称不要过长，这样不便于记忆和显示；二是名称应有明确的含义，以便更好地标示出文件或文件夹的内容。要重新命名原来的文件或文件夹名，可以按下面的方法进行。

（1）选定需要改名的文件或文件夹。

（2）选择"文件"菜单中的"重命名"，或右击，"快捷菜单"中选择"重命名"。

（3）输入新的名称，然后按回车键。

注意：如果文件正在被使用，则系统不允许修改文件的名称。一般不要对系统文件或重要的安装文件进行移动、重命名操作，以免系统运行不正常或程序被破坏。

7. 删除文件或文件夹

为了使磁盘中的文件和文件夹更加整齐，并节省磁盘空间，常常需要删除不再使用的文件或文件夹。删除文件或文件夹的操作虽然简单，但是普通用户还是应该注意，不要随意删除系统文件或其他重要程序中的主文件，因为一旦删除了这些文件，可能导致程序无法运行或系统出故障。

如果要进行文件或文件夹的删除操作，可首先进入要删除文件或文件夹的窗口，然后选定要删除的对象，单击"文件和文件夹任务"中的"删除这个文件"命令或"删除这个文件夹"命令，也可以按 Delete 键或"删除"按钮，系统将弹出一个对话框，询问用户是否要删除当前的文件或文件夹，单击"是"按钮，即可完成删除操作。

如果要永久删除文件或文件夹，方法是右击要删除的文件或文件夹，弹出一个快捷菜单，按住 Shift 键，再选择"删除"命令。

2.4.7 设置文件和文件夹的属性

对于熟悉文件与文件夹操作的用户来说，查看文件或文件夹的属性信息、将文件和文件夹设置为共享以及自定义文件夹的显示图标等，都是管理文件与文件夹的重要操作。

为了更好地管理文件和文件夹，除了需要对文件和文件夹进行创建、移动、复制和重命名等操作，还要设置文件夹属性。例如，将一些包含重要文档的文件夹设置为只读，以免其文档内容被修改，或者将一些重要的文件夹进行隐藏等。要设置文件或文件夹属性，可按以下操作步骤进行。

（1）在"资源管理器"窗口中选定要设置属性的文件或文件夹，右击该文件夹，从弹出的快捷菜单中选择"属性"命令，打开文件"属性"对话框。在"常规"选项卡中，用户可以查看到文件夹的类型、位置、大小、占用空间和创建时间等信息。

（2）如果要保护文件夹，可选定"只读"复选框，将文件夹设置为只读属性。如果要在窗口中隐藏该文件夹图标，可选定"隐藏"复选框。这样，其他用户如果不进文件和文件夹查看属性的设置，该文件夹将不会显示在窗口中。

（3）如果希望网络中的其他计算机用户可以访问文件夹，则需要设置文件夹的共享属性。只需单击"共享"选项卡，在打开的"共享"选项卡中进行设置。

（4）完成设置后，单击"确定"按钮保存设置。

2.5 工作环境设置

第一次进入 Windows 后，系统都会为用户提供一个默认的工作环境，以便用户在不进行任何选项和功能设置的情况下可以进行正常操作。这个大的工作环境中包括了有关桌面、鼠标、键盘、输入法和一些有关国家、区域等众多组件和选项在外观和功能方面的系统方案。用户不但可以直接利用这些方案进行自由组合，形成自己的个人风格，还可以完全抛开Windows 提供的各种预定义内容，创建自定义的方案来配置桌面、鼠标、输入法等内容，这样便可以获得一个极具个性化的工作环境。工作环境的设置需要通过控制面板来实现。

2.5.1　控制面板

Windows 7 的"控制面板"窗口在设计上采用了按类别、大图标、小图标等方式。分类方法体现了系统整体设计上以任务为中心，全面为用户提供便捷服务的设计理念。Windows 的控制面板尽量推测用户可能要使用的功能，并将常规的任务列出来，供用户选择。另外，Windows 控制面板还将软件和硬件紧密结合，对它们的功能设置进行统一的管理。这样就避免了用户在不同控制面板图标之间频繁的切换。

在 Windows 的"控制面板"中，用户可以完成对计算机软硬件方面的诸多设置。主要包括如下内容。

① 外观和个性化。对系统的显示属性进行设置，包括桌面背景、主题、分辨率、屏幕保护程序。此外还可以对与此相关的其他项进行设置，例如对"任务栏和「开始」菜单"和"文件夹选项"进行设置。

② 网络和 Internet。用户在此可以进行联网操作。包括设置局域网、Internet 连接和局域网共享 Internet 连接。设置 Internet 连接属性和访问局域网连接。

③ 程序。此处可以安装和删除系统中安装的程序。如果安装 Windows 的过程中没有安装所用的组件，通过"添加和删除程序"可以调整系统中的组件。

此外还可以设置声音、语音、音频设备、电源管理、打印机和其他硬件、用户账号、日期、语言、时间和区域设置等。

2.5.2　添加语言及输入法

在 Windows 中，用户既可以输入汉字，也可以输入英文和其他多种文字。默认情况下，系统启用的一般是英文输入法。用户可以使用快捷键，方便地切换不同的输入法，也可以对各种输入法进行安装、卸载和设置。

1. 输入法的选择与切换

Windows 安装好以后，系统默认安装几种常用的中英文输入法，供用户使用。用户可以通过键盘或输入法指示器来选择输入法。它们的选择与切换方法在 Windows 9x 以后的各个版本中都是一样的。

（1）键盘操作

用键盘启动/关闭输入法：按 Ctrl＋Space 键。

用键盘切换各种输入法：按 Ctrl＋Shift 键。

（2）鼠标操作

单击"任务栏"右边的"输入法指示器"，屏幕上弹出当前系统已经装入的"输入法"菜单,单击要选用的输入法。

2. 添加新输入法

Windows 中文版在系统安装时已经预装了微软拼音输入法,用户可以根据需要任意安装或删除某种输入法。对于那些有专门安装程序的输入法,用户可以直接运行安装程序进行安装,如陈桥五笔、智能狂拼等。另外,Windows 中还内置了一些输入法,不过需要用户手动安装,因为系统不会默认安装。

要安装输入法,以 Windows 7 为例,可按以下步骤进行。

(1) 右击语言栏,在弹出的快捷菜单中选择"设置"命令,在打开的"文本服务和输入语言"对话框中单击"添加"按钮,如图 2.9 所示。

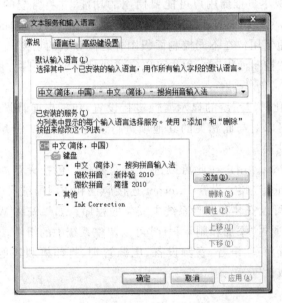

图 2.9 "文字服务和输入语言"对话框

(2) 在"添加输入语言"对话框中勾选要添加的输入法,单击"确定"按钮。

(3) 回到"文本服务和输入语言"对话框,刚才添加的输入法显示在其中,单击"确定"按钮即可。

通过上述步骤,用户即可安装 Windows 提供的多种输入法。如果希望删除某种输入法,可在"文字服务和输入语言"对话框的"已安装的服务"列表框中选择准备删除的输入法选项,然后单击"删除"按钮即可。

2.6 UNIX 操作系统简介

2.6.1 UNIX 概述

UNIX 操作系统是美国 AT&T 公司于 1971 年在 PDP-11 上运行的操作系统。它具有多用户、多任务的特点，支持多种处理器架构，最早由肯·汤普逊（Kenneth Lane Thompson）、丹尼斯·里奇（Dennis MacAlistair Ritchie）于 1969 年在 AT&T 的贝尔实验室开发。它自 1969 年问世以来，至今已有 20 余年的历史。目前，该操作系统已经广泛移植在微型计算机、小型计算机、工作站、大型计算机和巨型计算机上，成为应用最广、影响最大的操作系统之一。UNIX 操作系统基本上用 C 语言编写，因而易移植和易懂。UNIX 有一套十分丰富的软件工具和一组强有力的实用程序，有一个功能很强的 shell 命令解释程序，为用户提供了方便的命令界面，因而有极大的通用性、灵活性、可移植性和可扩充性。

目前，它的商标权由国际开放标准组织（The Open Group）所拥有。

2.6.2　UNIX 的标准

UNIX 用户协会从 20 世纪 80 年代开始标准化工作，1984 年颁布了试用标准。后来 IEEE 为此制定了 POSIX 标准（即 IEEE 1003 标准），国际标准名称为 ISO/IEC9945，它通过一组最小的功能定义了在 UNIX 操作系统和应用程序之间兼容的语言接口。POSIX 是由 Richard Stallman 应 IEEE 的要求而提议的一个易于记忆的名称，含义是 Portale Operating System Interface（可移植操作系统接口），而 X 表明其 API 的传承。

2.6.3　UNIX 的特性

UNIX 系统是一个多用户、多任务的分时操作系统。

UNIX 的系统结构可分为两部分：操作系统内核（由文件子系统和进程控制子系统构成，最贴近硬件），系统的外壳（贴近用户）。外壳由 Shell 解释程序、支持程序设计的各种语言、编译程序和解释程序、实用程序和系统调用接口等组成。

UNIX 系统大部分是由 C 语言编写的，因此系统易读，易修改，易移植。

UNIX 提供了丰富的、精心挑选的系统调用，整个系统的实现十分紧凑、简洁。

UNIX 提供了功能强大的可编程的 shell 语言（外壳语言），作为用户界面，具有简洁，高效的特点。

UNIX 系统采用树状目录结构，具有良好的安全性、保密性和可维护性。

UNIX 系统采用进程对换（Swapping）的内存管理机制和请求调页的存储方式，实现了虚拟内存管理，大大提高了内存的使用效率。

UNIX 系统提供多种通信机制，如管道通信、软中断通信、消息通信、共享存储器通信、信号灯通信等。

2.6.4　UNIX 操作系统的主要版本

1. AIX 操作系统

AIX（Advanced Interactive eXecutive）是 IBM 开发的一套 UNIX 操作系统。它符合

Open Group 的 UNIX 98 行业标准(The Open Group UNIX 98 Base Brand),全面集成对 32 位和 64 位应用的并行运行支持,为这些应用提供了全面的可扩展性。它可以在所有的 IBM~p 系列和 IBM RS/6000 工作站、服务器和大型并行超级计算机上运行。AIX 的一些流行特性,例如 chuser、mkuser、rmuser 命令以及相似的东西允许同管理文件一样来进行用户管理。AIX 级别的逻辑卷管理正逐渐被添加进各种自由的 UNIX 风格操作系统中。

2. Solaris 操作系统

Solaris 是 Sun 公司研制的类 UNIX 操作系统,目前最新版为 Solaris 11。早期的 Solaris 是由 BSD UNIX 发展而来,这是因为升阳公司的创始人之一,比尔·乔伊(Bill Joy)来自加州大学伯克莱分校(U. C. Berkeley)。但是随着时间的推移,Solaris 在接口上正在逐渐向 System V 靠拢。目前,Solaris 仍旧属于私有软件。2005 年 6 月 14 日,Sun 公司将正在开发中的 Solaris 11 源代码以 CDDL 许可开放,这一开放版本就是 OpenSolaris。

Sun 的操作系统最初叫做 SunOS。从 SunOS 5.0 开始,Sun 的操作系统开发开始转向 System V4,并且有了新的名字 Solaris 2.0。Solaris 2.6 以后,Sun 删除了版本号中的 "2",因此 Solaris 5.10 就叫做 Solaris 10。Solaris 的早期版本后来又被重新命名为 Solaris 1. x,所以"SunOS"这个词被专指 Solaris 操作系统的内核,因此 Solaris 被认为是由 SunOS、图形化的桌面计算环境以及网络增强部分组成。

Solaris 运行在两个平台:Intel x86 及 SPARC/UltraSPARC,后者是升阳工作站使用的处理器。因此,Solaris 在 SPARC 上拥有强大的处理能力和硬件支持,同时 Intel x86 上的性能也正在得到改善。对这两个平台,Solaris 屏蔽了底层平台差异,为用户提供了尽可能一样的使用体验。

3. HP-UX 操作系统

HP-UX(取自 Hewlett Packard UNIX)是惠普科技公司(Hewlett-Packard,HP)以 System V 为基础研发成的类 UNIX 操作系统。HP-UX 可以在 HP 的 PA-RISC 处理器、Intel 的 Itanium 处理器的电脑上运行,过去也能用于后期的阿波罗电脑(Apollo/Domain)系统上。较早版本的 HP-UX 也能用于 HP 9000 系列 200 型、300 型、400 型的电脑系统(使用 Motorola 的 68000 处理器)和 HP-9000 系列 500 型电脑(使用 HP 专属的 FOCUS 处理器架构)上。

4. IRIX 操作系统

IRIX 是硅谷图形公司(Silicon Graphics Inc.,SGI)以 System V 与 BSD 延伸程序为基础发展成的 UNIX 操作系统,IRIX 可以在 SGI 公司的 RISC 型电脑上运行,即是采用 32 位、64 位 MIPS 架构的 SGI 工作站、服务器。

5. Xenix 操作系统

Xenix 是一种 UNIX 操作系统,可在个人电脑及微型计算机上使用。该系统由微软公司在 1979 年从美国电话电报公司获得授权,为 Intel 处理器所开发。后来,SCO 公司收购了其独家使用权,该公司开始以 SCO UNIX(亦被称做 SCO Open Server)为名发售。

值得一提的是,它还能在 DECPDP-11 或 Apple Lisa 电脑运行。它继承了 UNIX 的特性,具备了多人多任务的工作环境,符合 UNIX System V 的接口规格 (SVID)。

6. A/UX 操作系统

A/UX(取自 Apple Unix)是苹果电脑(Apple Computer)公司所开发的 UNIX 操作系统,它可以在该公司的一些麦金塔电脑(Macintosh)上运行,最末(最新)的一套 A/UX 是在 Macintosh II、Quadra 及 Centris 等系列的电脑上运行。A/UX 于 1988 年首次发表,最终的版本为 3.1.1 版,于 1995 年发表。A/UX 至少需要一个具有浮点运算单元及标签页式的存储器管理单元(Paged Memory Management Unit,PMMU)的 68K 处理器才能运行。

A/UX 是以 System V 2.2 版为基础发展的,并且也使用 System V3(简称 SysV3)、System V4、BSD 4.2、BSD 4.3 等的传统特色,遵循 POSIX 规范及 SVID 规范。不过遵循标准版本就难以支持最新的信息技术,因此在之后的第二版便开始加入了 TCP/IP 网络功能。有传言表示有一个后续版本是以 OSF/1 为主要的代码基础,但却从未公开发表过,无从证实此版本是否真正存在过。

UINX 操作系统是商业版,需要收费,价格比 Microsoft Windows 正版要贵一些。不过 UINX 有免费版的,如 Linux、NetBSD 等类似 UINX 的版本。

2.7 Linux 操作系统简介

2.7.1 Linux 起源、特性及应用领域

Linux 操作系统是 UNIX 操作系统的一种克隆系统,它诞生于 1991 年 10 月 5 日(这是第一次正式向外公布的时间)。它的核心最早是由芬兰的 Linus Torvalds 发布的,后来经过众多世界顶尖软件工程师的不断修改和完善,借助于 Internet 网络,并通过全世界各地计算机爱好者的共同努力,Linux 在全球普及开来,在服务器领域及个人桌面版得到越来越多的应用,在嵌入式开发方面更是具有其他操作系统无可比拟的优势,已成为今天世界上使用最多的一种 UNIX 类操作系统,并且使用人数还在迅猛增长。

Linux 是一套免费使用和自由传播的类 UNIX 操作系统,是一个基于 POSIX 和 UNIX 的多用户、多任务、支持多线程和多 CPU 的操作系统。它能运行主要的 UNIX 工具软件、应用程序和网络协议,支持 32 位和 64 位硬件。Linux 继承了 UNIX 以网络为核心的设计思想,是一个性能稳定的多用户网络操作系统,主要用于基于 Intel x86 系列 CPU 的计算机上。这个系统是由全世界各地的成千上万的程序员设计和实现的,其目的是建立不受任何商品化软件版权制约的、全世界都能自由使用的 Linux 兼容产品。

Linux 以它的高效性和灵活性著称。Linux 模块化的设计结构,使得它既能在价格昂贵的工作站上运行,也能在廉价的 PC 机上实现全部的 UNIX 特性,具有多任务、多用户的能力。Linux 是在 GNU 公共许可权限下免费获得的,是一个符合 POSIX 标准的操作系统,Linux 操作系统软件包不仅包括完整的 Linux 操作系统,而且包括文本编辑器、

高级语言编译器等应用软件,还包括带有多个窗口管理器的 X-Window 图形用户界面,如同使用 Windows NT 一样,允许用户使用窗口、图标和菜单对系统进行操作。

2.7.2 主流 Linux 操作系统发行版简介

就 Linux 的本质来说,它只是操作系统的核心,负责控制硬件、管理文件系统、程序进程等。Linux Kernel(内核)并不负责提供用户强大的应用程序,没有编译器、系统管理工具、网络工具、Office 套件、多媒体、绘图软件等,这样的系统也就无法发挥其强大功能,用户也无法利用这个系统工作。因此,有人便提出以 Linux Kernel 为核心再集成搭配各式各样的系统程序或应用工具程序,组成一套完整的操作系统,经过如此组合的 Linux 套件即称为 Linux 发行版。

目前,Linux 社区主流的系统厂家有 RedHat、Debian、Ubuntu、SUSE 等几个国外大商,国内著名的有两家,一家是中标普华,一家是红旗。相比之下,国内的两家 Linux 厂商适合政府机构与 OEM 厂商使用,而国外的厂家以 RedHat 公司最出名,因为它是目前 Linux 社区最前沿的系统厂家。它不仅使用方便,而且社区维护的人较多,如果有问题,更新比较方便。它旗下有两条操作系统生产线,一条是桌面版生产线,命名为 Fedora 系列,目前最新的是 Fedora7,它集成了 Linux 社区内较新的软件,同时提供在线升级功能,使用的人也比较多,有问题好交流。更主要的是该系统是完全免费的,下载地址为 http://fedoraproject.org/。RedHat 的另外一条生产线是 Red Hat Enterprise Linux,这是服务器的生成线。该系统适合企业级服务器使用,因为安全系数较高,性能较好,所以社区使用的人较多。但它需要注册,且要想得到最全的代码,要付费,更主要的是这个系统中并没有集成社区最新的技术,而是集成了比较稳定的技术。

本 章 小 结

操作系统是现代计算机必不可少的最重要的系统软件。它不仅控制和管理着计算机系统的硬件和软件资源,还给用户使用计算机提供一个良好的界面。本章简要介绍了操作系统的概念、功能、分类和信息存储的重要形式——文件;重点介绍了 Windows 操作系统的基本操作方法;同时也对 UNIX 和 Linux 操作系统作了简要介绍。本章有关 Windows 的相关操作是要重点掌握的内容,以后各章都是在此基础上展开的。

习 题 2

填空题

2.1 Windows 是_____界面的操作系统。

2.2 在 Windows 中,将整个屏幕内容存入剪贴板,应按_____键。

2.3 在 Windows 中,通过_____可以恢复被误删除的文件或文件夹。

2.4 在 Windows 中,要弹出某一文件夹的快捷菜单,可以将鼠标指向该文件夹,然后按鼠标_____键。

2.5 在 Windows 中,"回收站"是_____中的一块区域。

2.6 用鼠标在非最大化窗口的标题栏上拖动,可以使窗口_____。

2.7 在 Windows 中的文件名长度最长不能超过_____个字符。

2.8 在 Windows 中,用鼠标在窗口的控制菜单按钮上双击,可以使窗口_____。

选择题

2.9 在 Windows 的窗口中,操作滚动条可以( )。
  A. 滚动显示菜单项　　　　　　　　　B. 滚动显示窗口正文
  C. 滚动显示状态栏信息　　　　　　　D. 改变窗口在桌面上的位置

2.10 Windows 中的"剪贴板"是( )。
  A. 硬盘中的一块区域　　　　　　　　B. 软盘中的一块区域
  C. 高速缓存中的一块区域　　　　　　D. 内存中的一块区域

2.11 当选定文件或文件夹后,不将文件或文件夹放到"回收站"中,而直接删除的操作是( )。
  A. 按 Delete(Del)键
  B. 鼠标直接将文件或文件夹拖放到"回收站"中
  C. 按 Shift+Delete(Del)键
  D. 用"计算机"或"资源管理器"窗口中"文件"菜单中的删除命令

2.12 在 Windows 中,能打开"资源管理器"窗口的操作是( )。
  A. 用鼠标右键单击"开始"按钮
  B. 用鼠标左键单击"任务栏"空白处
  C. 用鼠标左键单击"开始"菜单,从级联菜单中选择"Windows 资源管理器"项
  D. 用鼠标右键单击"计算机"图标

2.13 在使用 Windows 的过程中,若出现鼠标故障,在不能使用鼠标的情况下,可以打开"开始"菜单的操作是( )。
  A. 按 Shift+Tab 键　　　　　　　　B. 按 Ctrl + Shift 键
  C. 按 Ctrl+Esc 键　　　　　　　　　D. 按空格键

2.14 在 Windows 的"计算机"窗口中,若已选定了文件或文件夹,为了设置其属性,可以打开属性对话框的操作是( )。
  A. 用鼠标右键单击"文件"菜单中的"属性"命令
  B. 用鼠标右键单击该文件或文件夹名,然后从弹出的快捷菜单中选"属性"项
  C. 用鼠标右键单击"任务栏"中的空白处,然后从弹出的快捷菜单中选择"属性"项
  D. 用鼠标右键单击"查看"菜单中"工具栏"下的"属性"图标

2.15 在"Windows 资源管理器"窗口中,如果想一次选定多个分散的文件或文件

夹,正确的操作是(　　)。

  A. 按住 Ctrl 键,用鼠标右键逐个选取

  B. 按住 Ctrl 键,用鼠标左键逐个选取

  C. 按住 Shift 键,用鼠标右键逐个选取

  D. 按住 Shift 键,用鼠标左键逐个选取

2.16 在 Windows 中,若已选定某文件,不能将该文件复制到同一文件夹下的操作是(　　)。

  A. 用鼠标右键将该文件拖动到同一文件夹下

  B. 先执行"编辑"菜单中的"复制"命令,再执行"粘贴"命令

  C. 用鼠标左键将该文件拖动到同一文件夹下

  D. 按住 Ctrl 键,再用鼠标右键将该文件拖动到同一文件夹下

简答题

2.17 简述在 Windows 中如何对窗口进行移动、改变大小、最大化、最小化操作。

2.18 Windows 中启动和退出应用程序的方法有哪些?

2.19 关闭窗口可通过哪些操作实现?

2.20 在 Windows 操作系统中的多任务指的是什么?

2.21 在"Windows 资源管理器"中,如何移动、复制、删除文件和文件夹?

2.22 通过"Windows 资源管理器",说明如何在一个指定的驱动器上实现建立一个新文件夹,在一个指定的文件夹中如何创建一个文本类型的文件的方法。

2.23 在 Windows 中,如何设置文件夹的只读、隐藏、共享等属性?

2.24 如何使用"回收站"进行文件和文件夹的还原及永久删除?

第 3 章 Office 办公软件

3.1 MS Office 综述

在众多的办公自动化软件中,Microsoft Office 是目前世界上最畅销的。究其原因是因为它与其他办公自动化软件相比功能强大、使用方便、稳定性好。后面将分章节介绍其中部分组件的使用。

3.1.1 MS Office 简介

微软的 Office 软件是一套实现办公室自动化的软件组合。Microsoft 使其智能型的应用软件轻易地与强大的网络相融合,可以更快、更有效地完成工作。所谓"工欲善其事,必先利其器",选择具有高度集成性的 Office,可以简化许多原本很复杂的工作,不论是文字编辑、分析销售成本、管理与联系客户,还是行销管理文件、会计账务处理,Office 都提供了个性化的操作界面与强大的功能;同时,为适应全球网络化需要,它融合了最先进的 Internet 技术,具有更强大的网络功能。Office 是一个庞大的办公软件和工具软件的集合体,它不仅是日常工作的重要工具,也是日常生活中电脑作业不可缺少的得力助手。

MS Office 最初进入我国是伴随着 Windows 95 的全面使用开始的。经过二十多年的发展,MS Office 已经有了很大改进。目前公开发布的最新版本为 MS Office 2013。

Microsoft Office 是世界领先的桌面效率产品。本书将以 Office 2010 为例,讲解文字处理、电子表格、演示文稿和数据库基础方面的内容。

尽管现在的 Office 组件越来越趋向于集成化,但在 Office 中,各个组件仍有着比较明确的分工。一般说来,Word 主要用来进行文本的输入、编辑、排版、打印等工作;Excel 主要用来进行有繁重计算任务的预算、财务、数据汇总等工作;PowerPoint 主要用来制作演示文稿和幻灯片及投影片等;Access 是一个桌面数据库系统及数据库应用程序。

1. Microsoft Word 文字处理

Microsoft Word 系列程序的主要功能是用于文件的编辑,包括了一般书面式文件的编写、画面排版,甚至应用在网页的编辑上。虽然它看起来没有其他编辑软件花哨,但功能却相当齐全(涵盖宏可以提供的功能在内)。微软提出了自动化文件的设计概念,就是利用宏将功能作程序化的整合,可以简化软件编写的过程、节省时间,更可以制作对话式的程序接口,引导使用者不论在本机或网络环境,都可以完成普通或复杂的文件撰写及报表版面安排的工作。

2. Microsoft Excel 电子表格

Microsoft Excel 系列程序的主要功能在于各种商用试算报表的统计、图表、数据分析等,在各种计算、格式表示上都有相当强大的功能;在数据分析的进阶操作设计上,也支持类似数据库的数据来源查询功能。要以 Microsoft Excel 来构成简易数据库的想法早已不再是空谈,将它与 Microsoft Word 相互搭配,还有许多好用的功能及用途。在 Microsoft Office 所提供的文件制作管理的完整解决方案上,Microsoft Word 和 Microsoft Excel 可称做左辅和右弼,在使用 Microsoft Office 的办公室里,它们都是必备的文件管理工具。

3. Microsoft Office PowerPoint

它是 Office 演示文稿图形制作程序。通过用户界面方面的改进和"Smart Tag"(智能标记)的支持,PowerPoint 使演示文稿的查看和创建变得更容易,还可以轻松地将 PowerPoint 文件保存到光盘上,而同 Microsoft Windows Media Player 的集成允许用户在幻灯片放映中播放流式音频和视频。

4. Microsoft Access 数据库管理系统

Microsoft Access 系列程序的主要功能是数据的储存及管理,也是数据电子化环境的核心角色。诸如管理书籍数据的图书馆管理数据库,或是出入帐/进出货管制的进销存管理数据库等,都是它在办公室系列软件中的基本功能。配合动态服务网页(Active Service Page)的功能,再加上如电子签章等认证安全机制,它也可以发展为电子商务系统的前端数据库。

3.1.2　MS Office 基本操作

Microsoft Office 并不是一个单一的应用程序,虽然其各个组件的数据可以方便地相互引用,但仍是相互独立的。因此,使用 Office 时应该进行选择,因为每个 Office 组件都擅长一种与其他组件不同的任务,如 Word 最擅长编辑文字,Excel 用来处理数据,Access 专门管理关系数据等,所以应当学会选择和使用最擅长处理当前面临问题最好的组件为工具。所有 Office 组件有许多共有的操作特征。例如:
① 打开、保存、关闭方法一致。
② 界面菜单、工具栏使用方法一致。
③ Office 助手使用方法一致。
④ 嵌入式对象的使用一致。
下面将以 Word 为例说明操作方法。

3.1.2.1　启动中文 Office 组件

1. 从"开始"菜单上启动 Office
先单击屏幕左下角的"开始"按钮,指针指向"所有程序"项,然后指向并单击菜单上的 Microsoft Word 2010。另外,单击"开始"菜单上"文档"子菜单上最近创建的文档或硬盘上其他文件夹中的某个文档,都可以直接启动相应组件并打开该文档。

2. 直接从桌面上启动 Office 组件

直接单击 Office 组件在桌面上的快捷图标,也可以启动相应组件,不过在此之前,需要手工为每个 Office 组件创建其快捷图标。

3.1.2.2 文件操作

1. 新建 Office 文档

(1) 单击桌面上的 Microsoft Word 2010,标题栏上自动创建一个名为"文档 1"的新文档。

(2) 若想创建其他文档,则在右侧的"新建文档"窗格中进行。例如,可以新建空白文档、空白 Web 页,或者使用通用模板来创建一个新文档等,如图 3.1 和图 3.2 所示。

图 3.1 "新建文档"任务窗格

图 3.2 "可用模板"对话框

（3）如果要创建有特殊要求的文档,则可根据模板或向导创建文档。方法是单击图 3.1 所示的"新建文档"任务窗格中的"根据模板新建"下的"通用模板",即可显示如图 3.2 所示的"可用模板"对话框,再进行相应的选择就可以了。

2. 保存 Office 文档

当输入或编辑文档的工作告一段落时,可及时地把输入的数据或修改的内容保存起来。具体操作如下。

（1）单击"文件"菜单,选择"保存"命令,也可以单击窗口左上方标题栏的"保存"按钮,若是已命名文档,保存工作结束;若是新建的未命名文档,则会出现"另存为"对话框,如图 3.3 所示。

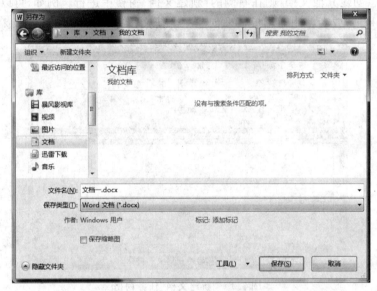

图 3.3 "另存为"对话框

（2）若想保存在默认文件夹中,则直接在该对话框下部的"文件名"下拉列表框中输入文件名,然后单击"保存"按钮。若是对已命名的文件进行修改或继续输入文字,则工作告一段落时可直接单击窗口左上方标题栏的"保存"按钮,来保存新输入的文字。

（3）若要在不同位置或以不同格式保存文档,即把当前编辑的文档另外保存,可在"文件"菜单上打开"另存为"对话框,如图 3.3 所示,并在"文件名"框中输入文件的新名称,再单击"保存"即可。

（4）为了在 Word 2003 的低版本或其他文字处理软件上使用 Word 2010 文档,Word 2010 提供了把该类文档保存成其他文件类型的功能。具体操作是:单击"保存类型"下拉列表右边的下拉箭头,并选择需要的文档类型,如保存为 Word 的以前几种版本或 RTF 格式等。

为避免由于突然断电或其他致命故障致使数据丢失,可使用自动保存功能。方法如下。

① 单击"文件"菜单中的"选项"命令,出现"选项"对话框。

② 单击该对话框中的"保存"项,如图 3.4 所示。

图 3.4 "保存"选项卡

③ 选定"自动保存时间间隔"复选框,并在右侧的文本框中选择具体时间间隔(单击文本框右侧的上、下小箭头就可改变数字),本例选择的保存时间间隔为 10 分钟。

启动 Word 后,首次打开"打开"和"另存为"对话框时,My Documents 文件夹是活动的文件夹——它是所有 Office 程序的缺省工作文件夹。由于很多文档都缺省保存到 My Documents 文件夹中,不便于分类管理,所以最好更改文件保存位置,将其缺省保存到该文件夹。更改 Word 缺省工作文件夹的操作步骤如下。

① 打开"工具"菜单中的"选项"命令,选择"保存"项,如图 3.4 所示。

② 单击"默认文件位置"后的"浏览"按钮,打开"修改位置"对话框,如图 3.5 所示。

③ 若要选择将已有的文件夹作为缺省工作文件夹,在文件夹列表中定位并单击所需文件夹。若要创建一个新的文件夹,并将其作为缺省工作文件夹,单击"新建文件夹",然后在"名称"框中键入新文件夹的名称。

④ 选中要设置的文件夹后单击"确定"按钮,回到"保存"项,可以看到"默认文件位置"已经为修改后的文件夹了,此时再单击"确定"按钮即可完成。

3. 打开 Office 文档

在 Office 中,最近操作的文档一般会保存在"文件"菜单中。因此,如要打开最近操作过的文档,可直接单击"文件"菜单中的文档名称。否则选择"文件"菜单中的"打开"命令,然后通过"打开"对话框选择要打开的文档,如图 3.6 所示。显然,用这种方法打开文档时,要知道文档的名字及所在的驱动器和文件夹。

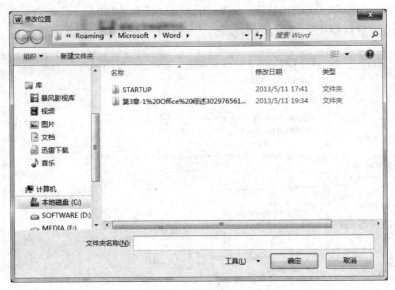

图 3.5 "修改位置"对话框

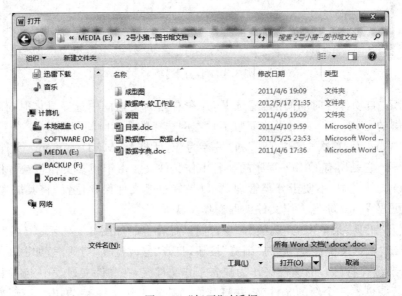

图 3.6 "打开"对话框

在位于"打开"对话框中间区域的文件和文件夹列表中双击某个文档名称,可打开该文档,若双击文件夹,则可打开该文件夹的下一级列表。通过单击菜单栏下拉列表框,可以选择其他文件夹,如图 3.7 所示。通过单击"文件名"后面的"文件类型"下拉列表,可设置在"打开"对话框中列出的文件。例如,选择"所有文件(＊．＊)",表示列出当前文件夹中的所有文件。

此外,该对话框还提供了一些其他按钮,利用这些按钮可以快速切换到文档保存的位置、改变文档的列表方式,按钮名称及其功能如表 3.1 所示。

图 3.7　利用"查找范围"下拉列表框选择文件夹

表 3.1　"打开"对话框中的按钮名称及功能

按　钮	名　称	功　能
	后退	返回到上一次打开的文件夹中
	搜索	在相应的文件夹下进行搜索
	帮助	打开"Windows 帮助和支持"
新建文件夹	新建文件夹	建立一个新的文件夹
	视图	从列表中选择文件的显示方式及排列方式
工具(T)	工具	从中选择管理文档的方式,如查找、删除

　　在默认情况下,"打开"对话框中显示的是"我的文档"文件夹中的内容。此外,系统还在"打开"对话框中提供了"最近访问位置"、"桌面"、"收藏夹"和"下载"等其他几个常用的文件夹按钮,还包含了关于计算机的所有盘符。利用这些按钮,用户可以方便地打开所需文件。各文件夹按钮的意义如下。

　　①"最近访问位置"文件夹。对每个打开的文档,Office 都会在"最近访问位置"文件夹中设置一快捷方式,以记录对这个文档的操作过程。如果要打开的是不久前使用过的文档,应首先在历史文件夹中查找,从而节省时间。

　　②"我的文档"文件夹。该文件夹是大多数 Windows 应用默认的文件夹。

　　③"桌面"文件夹。所有放在桌面上的文件夹均位于该文件夹中。

　　④"收藏夹"文件夹。该文件夹用于保存通过 IE 浏览器浏览网页时收藏的网页。

　　⑤"下载"文件夹。该文件夹主要用于保存那些从网上下载的文档(网页)。

4. 关闭 Office 文档

关闭 Office 文档有 3 种操作方法。

（1）选择"文件"菜单中的"关闭"命令。

（2）若只打开一个文档，则直接单击菜单栏最右端的"关闭"按钮；若想同时关闭多个打开的文档，则连续单击标题栏最右端的"关闭"按钮。也可以右击任务栏上关于同一类型的文档，从弹出的快捷菜单中选择"关闭所有窗口"命令。

（3）使用 Alt＋F4 组合键，直接关闭。

若在退出之前没有保存文档，则会出现一个对话框，询问是否要保存对该文档的修改。若单击"是"按钮，则保存这些修改；若单击"否"按钮，则放弃对文档的修改。

5. 摘要信息的建立

文档摘要记录了所创建文档的基本信息，包括标题、主题、作者、关键词与备注等内容。这些信息是日后查找文档的检索条件，创建文档后，最好填写相关项目。

操作方法如下

单击"文件"菜单，页面右侧有关于该文档的属性和摘要。

3.1.3 MS Office 通用的编辑操作

3.1.3.1 复制、剪切数据

1. 利用剪贴板复制剪切数据

"剪贴板"是复制或剪切数据的最基本工具。不管使用哪一个软件，都通过使用"开始"选项卡中的"复制"或"剪切"命令，将数据存入剪贴板，再通过"粘贴"命令完成操作，如图 3.8 所示。

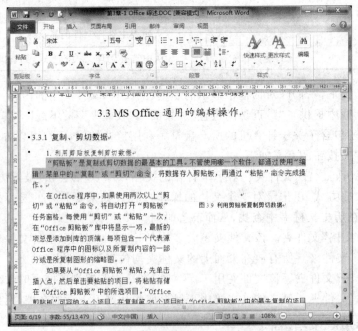

图 3.8 利用剪贴板复制剪切数据

大学计算机应用基础(第 2 版)

在 Office 程序中,如果使用两次以上"剪切"或"粘贴"命令,将自动打开"剪贴板"任务窗格。每使用"剪切"或"粘贴"一次,"Office 剪贴板"库中将显示一项,最新的项总是添加到库的顶端。每项包含一个代表源 Office 程序中的图标以及所复制内容的一部分或是所复制图形的缩略图。

如果要从"Office 剪贴板"粘贴,先单击插入点,然后单击要粘贴的项目,将粘贴存储在"Office 剪贴板"中的所选项目。"Office 剪贴板"可容纳 24 个项目,在复制第 25 个项目时,"Office 剪贴板"中最先复制的项目将被删除。

如果不选择"Office 剪贴板",而单击"粘贴"按钮或按快捷键 Ctrl＋V,则只粘贴最后一次放入剪贴板中的内容。

如果要打开关闭的"剪贴板"任务窗格,可单击"开始"选项卡中剪贴板右下角的图标,即可打开"剪贴板"任务窗口。

需要注意的是,复制到剪贴板中的数据是带格式信息的,如果直接粘贴,就会将格式信息也带到目标位置。如果只想粘贴数据,不想粘贴其他信息,应该右击,从快捷菜单中的"粘贴选项"中选择"只保留文本"。

2. 拖拉式编辑法

拖拉式编辑法的用途,其实也是剪切或复制数据,只不过不需要剪贴板。

选中对象直接拖动,即为移动,按下 Ctrl 键再拖动即为复制。

3.1.3.2　撤消与恢复

编辑文档时,经常要改变文档中的内容,若文本改变后发现"今不如昔",则可用撤消功能把改变后的文本恢复为原来的形式。如果又发现原来的内容是正确的,则可以再恢复。Word 支持多级撤消和多级恢复。

1. 撤消误操作

在标题栏上单击"撤消"按钮,可取消对文档的最后一次操作。多次单击"撤消"按钮,依次从后向前取消多次操作。单击"撤消"按钮右边的下箭头,将显示最近执行的可撤消操作的列表,可选定其中某次操作,一次性恢复此操作后的所有操作。撤消某操作的同时,也撤消了列表中所有位于它上面的操作。

2. 恢复操作

单击"恢复"右边的下箭头,也可一次性恢复最后被取消的多次操作。如果不能重复上一项操作,"恢复"命令将变为"无法恢复"。

3.1.3.3　查找和替换

如果文本内容很长,人工要查找其中的某个或某些相同字句是非常麻烦的,而且容易遗漏。使用 Word 却很容易实现,Word 可以查找和替换文字、格式、段落标记、分页符和其他项目,也可以使用通配符和代码来扩展搜索。

1. 查找文本

(1) 单击"开始"选项卡中的"编辑"菜单中的"替换"命令,打开"查找和替换"对话框中的"查找"选项卡。在"查找内容"框内键入要查找的文本,如图 3.9 所示。

图 3.9 "查找"对话框

(2) 若要一次选中指定单词或词组的所有内容,单击"阅读突出显示"列表,选中"全部突出显示"项,然后通过在"在以下项中查找"列表来选择要在其中进行搜索的文档部分。

(3) 单击"查找下一处"继续。按 Esc 键可取消正在执行的搜索。

2. 替换文字

(1) 单击"开始"选项卡中"编辑"菜单中的"替换"命令,打开"查找和替换"对话框中的"替换"对话框,如图 3.10 所示。

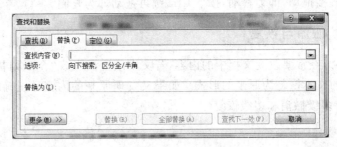

图 3.10 "替换"对话框

(2) 在"查找内容"框内输入要搜索的文字,在"替换为"框内输入替换文字。

(3) 单击"查找下一处"、"替换"或者"全部替换"按钮继续。同样,按 Esc 键可取消正在执行的搜索。

利用替换功能可以删除找到的文本。方法是在"替换为"一栏中不输入任何内容,替换时会以空字符代替找到的文本,等于执行删除操作。

3. 使用通配符搜索

可使用通配符简化文本或文档的搜索。例如,使用通配符"?"来查找任意单个字符,查找"cat"和"cut",可搜索"c?t";用星号" * "通配符搜索任意个字符,使用"s * d"将找到"sad"和"started"等单词。

(1) 单击"开始"选项卡中"编辑"菜单中的"替换"命令。

(2) 单击"更多"按钮,进入"搜索选项"。

(3) 选中"使用通配符"复选框,这时只查找与指定文本精确匹配的文本。

(4) 在"查找内容"框中输入通配符,执行下列操作之一。

———————— 大学计算机应用基础(第 2 版)

① 从列表中选择通配符,单击"特殊字符"按钮,再单击所需通配符,在"查找内容"框内键入要查找的其他文字。

② 在"查找内容"框中直接键入通配符。

③ 如要查找被定义为通配符的字符"＊"和"?",在该字符前键入反斜杠"\",例如,要查找问号,可键入"\?"。

(5) 如果要替换该项,在"替换为"框内键入替换内容。

(6) 单击"查找下一处"、"替换"或"全部替换"按钮。按 Esc 键可取消正在执行的搜索。

3.1.3.4 拼写和语法检查器

使用拼写和语法检查器可以检查出输入文本中的拼写和语法错误。Office 提供了一个内部使用的语言词典,当输入的单词与词典中已有的单词不同时,系统就会给输入的单词加一条红色的波浪形下划线,可以忽略、修改或把它添加到词典中。Office 中内置了多种语言词典,所以可以对不同的语言进行拼写和语法检查。例如,可以检查英文、中文等的拼写和语法错误。

1. 输入文本时自动检查拼写错误

输入文本出现带红色波浪形下划线的单词时,可右击该单词,其快捷菜单如图 3.11 所示。下面介绍该菜单上各项的作用。

(1) 建议的替用单词,在快捷菜单顶部的几行单词为系统建议采用的一些单词,可根据当前文本的意思和语法要求选择其中一个来代替带波浪线的单词。

(2) 全部忽略,若该菜单顶部列出的单词都不能用,而且带波浪线单词无需修改,则单击本命令。此后再检查到这类单词时,系统不再为它添加波浪线。

(3) 添加到词典,若带波浪线的单词是正确的,则单击本命令,把它添加到词典中。这样,以后再碰到这类单词,系统就不再给出错误提示。

图 3.11　检查拼写错误快捷菜单

(4) 自动更正,带波浪线单词正确且想把它添加到自动更正词条库中时,使用该命令。

(5) 语言,本项用于选择当前所用语言,例如,可选定中文或英文(美)等单击本命令。

(6) 拼写检查,单击本命令会出现"拼写"对话框(该对话框的用法在稍后详细介绍)。

输入文本时,出现红色波浪线的为单词拼写错误,出现绿色波浪的为语法错误。若想在输入上述错误单词或句子时不出现波浪线,则在图 3.12 中不要选定"键入时检查拼写"和"键入时标记语法错误"项。

2. 使用拼写和语法检查来检查文本错误

有时为了集中精力输入文本,不想让系统自动标出出错标记。在输入完全部文本之后进行统一的拼写和语法检查,为此需按下述操作步骤进行。

图 3.12 "拼写和语法"对话框

(1) 单击工具栏中"审阅"选项卡中的"拼写和语法"命令,出现其对话框,如图 3.13 所示,单击"选项"按钮,出现如图 3.12 所示的选项。

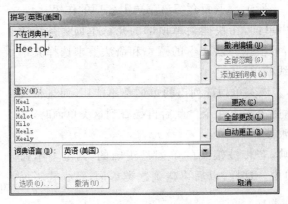

图 3.13 "选项"对话框

(2) 若想暂时关闭系统的自动检查错误功能,则选定图 3.12 中的"只隐藏此文档中的拼写错误"和"只隐藏此文档中的语法错误"项,也可以根据需要确定是否选定其他选项。

(3) 单击"确定"按钮,关闭该对话框,此后即输入错误单词,也不会出现错误提示。

(4) 输入完文本后,若想进行拼写和语法检查,单击工具栏中"审阅"选项卡中的"拼写和语法"命令。

(5) 出现如图 3.13 所示的"拼写和语法"对话框,其上一些选项的作用如下。

① 忽略一次。忽略第一个反白显示的带波浪形下划线的单词并继续检查。

② 添加到词典。把反白显示的单词添加到词典中,这样在以后的拼写检查中就不会

把它作为错误处理。

③ 更改。用"建议"列表框中选定的单词替换反白显示的单词。

④ 全部更改。用"建议"列表框中选定的单词代替反白显示单词出现的所有地方。

⑤ 自动更正。把反白显示单词添加到自动更正词条库中,以后不把它当做错误处理。

⑥ 检查语法。选定本复选项,系统会同时检查语法错误。

⑦ 选项。单击本按钮,会出现类似于图3.13所示的拼写和语法选项。

⑧ 撤消。用于撤消最近进行的操作。

⑨ 词典语言。在此下拉列表中可选择不同语言的词典。输入文本时出现红色波浪线的为单词拼写错误,出现绿色波浪线的为语法错误。若想在输入上述错误单词或句子时不出现波浪线,就不要选定"键入时检查拼写"和"键入时标记语法错误"项。

3.1.4 插入图形

在 Word、Excel、PowerPoint 中,都可以用相似的方法插入图片。图片包括用绘图工具绘制的图形、来自外部的图形文件、艺术字、数学公式、文本框等。

3.1.4.1 绘制简单的图形

1. 绘制直线、箭头线和矩形、椭圆

在绘图之前,首先要单击工具栏上"插入"选项卡的"形状"按钮的列表,随后出现形状菜单,如图3.14所示,通过该工具栏可以绘制直线、矩形、椭圆等简单图形。

在按住鼠标左键并拖动鼠标来绘制矩形或椭圆的同时按下 Shift 键,此时绘制出的不是矩形或椭圆,而是一个正方形或圆形。

2. 使用不规则图形

"绘图"工具栏上的"自选图形"菜单中有许多类图形,如线条、基本形状、流程图元素、星与旗帜及标注等,如图3.14所示,自选图形的实例如图3.15所示。

若想在绘好的图形上增加文字,则右击该图形,在弹出的快捷菜单上单击"添加文字"命令,然后就可以在图形上输入文字。

3. 编辑图形

(1) 选定图形

对图形进行任何修改或其他操作之前,必须首先选定它。把鼠标指针指向图形的轮廓线,在鼠标指针变成一个大箭头后单击,若选定,则其四周将出现一些小圆圈。若想同时选定多个图形,则必须在按住 Shift 键的同时单击要选定的每个图形。

(2) 移动、复制或删除图形

先选定要移动的一个或多个图形,然后用鼠标拖动图形,则所有选定的图形都随之移动。若只让图形在水平或垂直方向移动,则在拖动时按住 Shift 键。

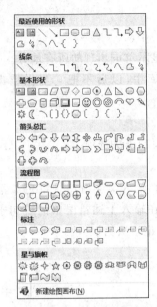

图 3.14 "绘图"工具栏及自选图形

图 3.15 自选图形实例

选定图形,按住 Ctrl 键同时拖动鼠标,可实现图形的复制。

在选定图形之后按 Delete 键,即可删除图形。

（3）转动图形

选定要转动的图形,单击工具栏上"格式"选项卡的"旋转"下拉列表,如图 3.16 所示。用"旋转"菜单中的选项,既可以自由旋转图形,也可以水平或垂直翻转图形。假若选定"其他旋转选项"命令,此时所选定的图形轮廓上会出现多个彩色圆圈（图形调控点）,当把鼠标指针指向某个圆圈并拖动,图形轮廓虚线将随鼠标的拖动而左右旋转,旋转到合适角度后松开鼠标左键即可,图 3.16 显示了图形可以进行的操作。当选定某个图形之后,单击其上方的绿色小圆圈,也可以像前述那样旋转图形。

（4）层叠图形

当在文档同一个位置插入多个图形对象时,它们会层叠起来,并且上面的对象可能部分或全部遮盖下面的对象。为了能观察到或选定较下层的图形对象,就必须改变它们的层叠顺序。

当多个图形对象层叠在一起时,只能看到最顶层的整个矩形标注图形,而在其下面的两个图形被部分挡住,如图 3.17 所示。为了能看到最底层的云形标注图形,必须把它移到顶层。移动之前选定它,可以使用 Tab 键轮换选定层叠的图形。右击,从快捷菜单中选择"叠放次序"项,出现如图 3.17 所示的菜单命令。当要把选定的图形放在最顶层,以便观察和修改时,单击"置于顶层"命令,此时选定的云形标注图形就被放到顶层上了;当图形与文字层叠时,可以选择"浮于文字上方"或"衬于文字下方"等命令。

（5）改变线条的线型和颜色

绘完图形之后,允许改变图形轮廓线的线型、粗细和颜色。

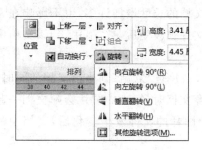

图 3.16 "旋转"菜单项

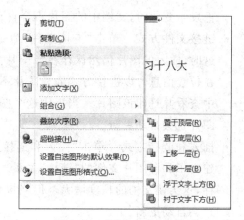

图 3.17 "叠放次序"菜单项

① 改变线条的线型和粗细
- 选定要改变线型的图形。
- 在工具栏"格式"选项卡中的"形状样式"单击"形状轮廓"按钮右侧的小箭头,在快捷菜单中单击"虚线"子菜单中出现各种线型,有虚线、点划线等,单击自己需要的线型,此时原来的线型变成选定的线型。
- 在工具栏"格式"选项卡中的"形状样式"中单击"形状轮廓"按钮右侧的小箭头,在快捷菜单中单击"粗细"子菜单中出现的一列不同粗细的线型,选择合适粗细的一条,选定图形线条的粗细也随之变了。

② 改变线条的颜色
- 选定要改变线条颜色的图形。
- 在工具栏"格式"选项卡中的"形状样式",单击"形状轮廓"按钮右侧的小箭头,出现许多种颜色。
- 在该菜单中选定颜色,所选定图形的线条颜色全部变成选定的颜色。

3.1.4.2　图片操作

不同的绘图软件包、扫描仪或图形工具总是以各自独有的方式生成图像文件。因此,来源不同的图形对象常常具有不同的文件格式。在 Office 中可插入多种格式的图片文件。

1. 添加图片
① 单击要插入图片的位置。
② 在工具栏上"插入"选项卡中单击"图片"按钮,打开"插入图片"对话框,如图 3.18 所示。
③ 定位到要插入的图片。
④ 单击"插入"按钮中的下三角标志,在打开的下拉列表中选择一种插入方式。
- 插入方式　单击"插入"命令,图片被"复制"到当前文档中,成为当前文档中的一部分。当保存文档时,插入的图片会随文档一起保存。以后当提供这个图片的文

件发生变化时,文档中的图片不会自动更新。

- 链接文件方式 单击"链接文件"命令,图片以"链接方式"被当前文档所"引用"。这时,插入的图片仍然保存在源图片文件中,当前文档只保存了这个图片文件所在位置信息。以链接方式插入图片不会使文档的长度增加许多,也不影响在文档中查看并打印该图片。当提供这个图片的文件被改变后,被"引用"到该文档中的图片也会自动更新。
- 插入和链接方式 单击"插入和链接"命令,图片被"复制"到当前文档的同时,还建立了和源图片文件的"链接"关系。当保存文档时,插入的图片会随文档一起保存,这会使文档的长度增大。但当提供这个图片的文件发生变化后,文档中的图片会自动更新。

利用 Microsoft 剪辑管理器可以插入绘图、照片、声音、影像和其他形式的媒体文件。

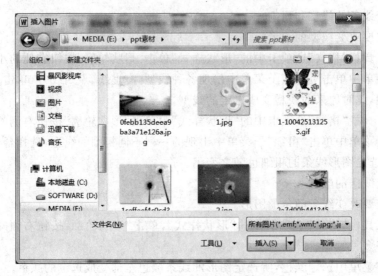

图 3.18 "插入图片"对话框

2. 添加剪贴画

在 Office 中,可以从不同渠道来插入图片。例如,可以从剪贴画、图形文件、网络站点、扫描仪或相机等上插入各种图片,而且 Office 还提供了一个专门用于对插入的图片进行编辑的工具栏。

下面以从剪贴画中插入图片为例介绍图片的插入过程。

① 单击要插入媒体剪辑的位置。

② 在工具栏的"插入"选项卡中单击"剪贴画"按钮,打开"剪贴画"任务窗格。

③ 在"剪贴画"任务窗格中的"搜索文字"框中键入描述所需剪辑的单词或短语,或键入剪辑的完整或部分文件名。例如,在"搜索文字"编辑框中输入"动物",在"搜索类型"下拉列表中选中"所有媒体文件类型"复选框,然后单击"搜索"按钮,可搜索与动物相关的剪贴画,如图 3.19 所示。此时,在任务窗口中单击欲插入的剪贴画,可将其插入。

图 3.19　"图片工具"工具栏

④ 若要清除搜索条件字段并开始新搜索,在"搜索文字"框中重新输入。

如果不知道准确的文件名,可使用通配符代替一个或多个字符;用星号" * "代替文件名中的零个或多个字符;用问号"?"代替文件名中的单个字符。

注意:剪辑与剪贴画是不同的。所谓剪贴画,实际上是 wmf 格式的图形文件,而剪辑包含了各种类型的图像文件、声音文件及电影文件,也就是说,剪贴画实际上是剪辑的子集。因此,可使用剪辑管理器向文档中添加更多的内容。

3. 调整图片

对于插入到 Office 文档中的图片、图形,可以在 Office 文档中直接调整,使之与文档完美配合,工具栏上的"格式选项卡"是专门用来调整图片的。通常情况下,选中一幅图片时,工具栏上的"格式"选项卡会自动弹出,如图 3.20 所示。

图 3.20　搜索剪贴画

(1)选中图片

单击文档中的图片,图片边框会出现 8 个控点,表示已选中该图形,可以对此图形进行编辑。

(2)调整图片大小和形状

如果要粗略调整图片的大小,操作步骤如下。

① 将鼠标指针置于其中的一个尺寸控点之上,鼠标指针变为双向指针。

② 拖动尺寸控点,直至得到所需的形状和大小。

③ 若要在一个或多个方向上增加或缩小大小,拖动鼠标,使其距中心或远或近,同时执行下列操作之一。

* 若要使对象的中心保持在相同的位置,拖动鼠标的同时按下 Ctrl 键。
* 若要保持对象的比例,拖动鼠标的同时按下 Shift 键。
* 若要使对象的中心保持在相同的位置并且比例不变,拖动鼠标的同时按下 Ctrl 和 Shift 键。

如果要精确编辑图片,应该在"设置图片格式"对话框中设置如下内容。

在工具栏"格式"选项卡中单击"大小"项中右下角的斜箭头按钮,或右击图片,从快捷菜单中选择"设置图片格式"。将显示"设置图片格式"对话框,再单击"大小"选项卡,如图 3.21 所示,即可以设置图片尺寸或缩放比例。

(3)剪切图片

使用"裁剪"命令,可裁剪除动态 GIF 图片以外的任意图片。若要裁剪动态 GIF 图片,可在动态 GIF 编辑程序中修剪图片,然后再插入该图片。

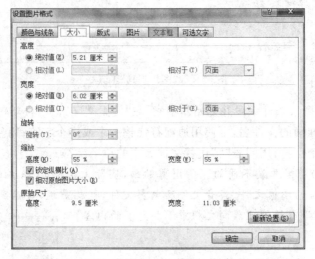

图 3.21 "设置图片格式"对话框的"大小"选项卡

① 选取需要裁剪的图片。

② 在工具栏上"格式"选项卡中,单击"大小"项中"裁剪"按钮。

③ 将裁剪工具置于裁剪控点上,再执行下列操作之一。

• 若要裁剪一边,向内拖动该边上的中心控点。

• 若要同时相等地裁剪两边,在向内拖动任意一边上中心控点的同时,按下 Ctrl 键。

• 若要同时相等地裁剪四边,在向内拖动角控点的同时按下 Ctrl 键。

④ 在工具栏上"格式"选项卡的"大小"项中再次单击"裁剪"按钮,可关闭"裁剪"命令。

保存图片之前可以随时撤消裁剪操作,也可在"设置图片格式"对话框中的"图片"选项卡中精确裁剪图片,如图 3.22 所示。

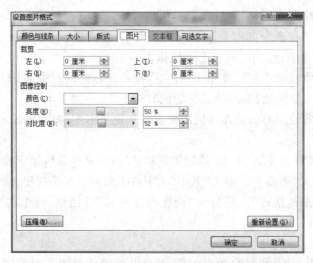

图 3.22 "设置图片格式"对话框的"图片"选项卡

（4）更改图片的亮度或对比度

① 选取要更改的图片。

② 在工具栏"格式"选项卡的"调整"项中单击"对比度"按钮和"亮度"按钮,可以调整图片的对比度和亮度。

也可在"设置图片格式"对话框的"图片"选项卡中调整,如图 3.22 所示。

（5）撤消对图片进行的所有更改

"重设图片"命令将撤消对图片的对比度、颜色、亮度、边框或大小等因素进行的所有更改。

① 选取要还原的图片。

② 在工具栏"格式"选项卡的"调整"项中单击"重设图片"按钮。如果以前从"压缩图片"对话框中选中了以下选项之一:"Web/屏幕"、"打印"或"删除图片的剪裁区域",则无法还原图片。

4. 更改图片或图形对象的文字环绕方式

环绕图片或图形对象的操作步骤如下。

① 如果图片或对象在绘画画布上,选择该画布。如果不在画布上,直接选择图片或图形对象。

② 在工具栏的"格式"选项卡中单击"大小"项中右下角的斜箭头按钮,或右击图片,从快捷菜单中选择"设置图片格式",则打开对应对象类型的设置格式对话框,然后单击"版式"选项卡,如图 3.23 所示。

图 3.23 "版式"选项卡

③ 单击要应用的环绕类型。这里单击"版式"选项卡中的"高级",然后单击"文字环绕"选项卡,即可得到关于环绕方式、文本排列方向、对象与文本间距离的更多选项。

3.1.4.3 艺术字的使用

艺术字是由用户创建的、带有现成效果的对象,对这些效果可以应用其格式设置选项。通过使用工具栏上"插入"选项卡的"艺术字"按钮可插入装饰文字,创建带阴影的、扭曲的、旋转的、拉伸的文字,也可以按预定义的形状创建文字。因为特殊文字效果是图形对象,还可以使用工具栏上"格式"选项卡中的其他按钮来改变效果,例如用图片填充文字效果。

1. 添加艺术字

① 在工具栏上"插入"选项卡的"艺术字"按钮,弹出"艺术字"菜单,如图 3.24 所示。

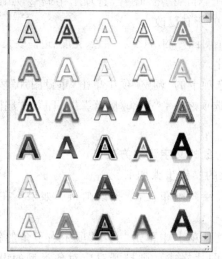

图 3.24　艺术字形状库

② 选择所需的艺术字效果。

③ 输入所需的文字。

④ 若要更改字体类型,在"字体"列表中选择一种字体。若要更改字体大小,在"字号"列表中选择一种字号。若要使文字加粗,单击"加粗"按钮。若要使文字倾斜,单击"倾斜"按钮。

⑤ 单击"确定"后,将按要求生成艺术字图形对象。

⑥ 如果对艺术字样式不满意,单击生成的艺术字,在工具栏"插入"选项卡的"艺术字"项中选择其他艺术字形状。

⑦ 单击"排列"项中"位置"按钮下拉列表,设置环绕方式。如果艺术字为嵌入型,将不能设置环绕方式和自由旋转。

⑧ 单击"艺术字"项中的其他按钮,设置不同效果。

对于插入文档中的艺术字,可以与剪贴画、自选图形一样,作为图形对象对待。

2. 更改艺术字中的文字

① 右击要更改的艺术字对象,从弹出的快捷菜单中选择"编辑文字"命令,或者单击"格式选项卡"的"编辑文字"按钮。

② 在"编辑艺术字文字"对话框中更改文字,再单击"确定"。

3.1.4.4　文本框

文本框是可移动、可调大小的文字或图形容器。如果在一页上放置数个文字块,或使文字块按与文档中其他文字块不同的方向排列,就要使用文本框。文本框主要用于设计复杂版面。

1. 插入文本框

插入文本框的操作步骤如下。

① 在工具栏"插入"选项卡中单击"文本框"按钮列表。

② 在文档中需要插入文本框的位置单击或拖动。当插入文本框时,会在其周围显示绘图画布,但是如果需要,可以将文本从画布上拖出,不在画布中使用文本框。可以使用"格式"选项卡中的选项来增强文本框的效果,操作方法与处理其他任何图形对象没有区别。

③ 使用"剪切"和"粘贴"命令,将所需项目插入到文本框中。

④ 设定该文本框在文档中的格式。右击文本框,从快捷菜单中选择"设置文本框格式",在"设置文本框格式"对话框(此对话框与"设置图片格式"对话框类似)中设置"版式"、"颜色与线条"等项目。

如果要更改文本框内文字的方向,可单击工具栏上"格式"选项卡的"文字方向"按钮,选择把横排的文本框变成竖排文本框,或者相反。

要修改文本框的外观(比如去除或改变边框,或者添加背景颜色或纹理),可选中该文本框,再选择"格式"选项卡中"文本框样式"项中的"形状填充"和"形状轮廓",然后选择所需的选项。要选定多个文本框,按下 Shift 键再选定各个文本框。

2. 链接文本框

一篇文档中可以有多个文本框,通过建立文本框链接,文字可以从一个文本框流动到文档中的另一个文本框中,即使这两个文本框不相邻或不在同一页上。例如,在报纸排版时,可以将文章的一部分排在一个版面上,而将文章其余部分排在另一个版面上。即用链接文本框将文字部分排至文档的另一位置。按下面步骤操作。

(1)单击第一个文本框(此时系统会自动打开"绘图工具"选项卡)。

(2)在"绘图工具"选项卡中单击"文本"工具栏中的"创建链接"命令,此时鼠标指针变为茶杯状。

(3)将直立的杯形鼠标指针移动到需要创建链接的下一个空文本框中时,会变为倾斜的形状,在该文本框中单击。

(4)重复上述操作,可在多个文本框之间建立链接关系。

(5)在第一个文本框中键入或粘贴所需文字。如果该文本框已满,文字将排入已经链接的其他文本框。

要断开一个文本框和其他文本框之间的链接关系,首先要选中这个文本框,然后单击"文本"工具栏中的"断开链接"按钮,原先的链接关系从此文本框处断开,变成了相互独立的关系。

删除有链接关系的一个文本框后,其内部的文字会自动转入剩下的链接文本框中。

3.1.4.5　公式编辑器的使用

利用公式编辑器，只要选择工具栏上的符号并键入数字和变量，就可以建立复杂的数学公式。建立公式时，公式编辑器会根据数学方面的排字惯例自动调整各元素的大小、间距和格式，还可以在工作时调整格式设置，并重新定义自动样式。

1. 插入公式

① 单击要插入公式的位置。

② 在工具栏"插入"选项卡上单击"公式"按钮列表。

③ 从弹出的"公式"菜单中单击选择需要的公式即可。

④ 工具栏上自动弹出"公式工具设计"选项卡，如图 3.25 所示。

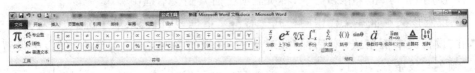

图 3.25　公式编辑器

⑤ 从"公式工具设计"选项卡上选择符号，键入变量和数字，以创建公式。"公式工具设计"选项卡有 150 多个数学符号可以选择，也有众多的样板或框架（包含分式、积分和求和符号等）可以选择。

若要返回 Word，单击 Word 文档中非公式的其他地方。

2. 编辑公式

① 单击要编辑的公式。

② 直接在公式框中编辑公式。

③ 若要返回 Word，单击 Word 文档其他位置。

3.2　文 字 处 理

由于西方文字的特点，早在一百多年前，西方就使用打字机打印文稿和书信了，用打字机已成为人们写作的习惯。因此，有了电脑之后，用电脑写作也就普及得非常快了。使用电脑写作速度快、效率高，版面设计方便，其优越性是显而易见的。

但是在我国，由于汉字结构的复杂多样，汉字与打字机键盘之间几乎找不到什么直接的联系。虽然各种机械式的汉字打字机也相继推出，但因为汉字数量庞大，键入一个汉字需要较多的查找时间，效率很低，从而只有少数经过专业培训的打字员使用打字机。

电脑和相关软件——文字处理软件的出现以及汉字输入法的发明，为用普通的计算机键盘输入汉字奠定了基础；文字处理软件所提供的编辑排版功能更是打字机不可比拟的。快捷、高效的写作方式已不再局限于西文了。人们现在可以充分体会到使用电脑写作所带来的方便及高效。如今,文字处理已经成为办公自动化的必要组成部分。

3.2.1　文字处理简介

3.2.1.1　文字处理与文字处理系统

所谓文字处理,就是对各种文章、文件、书信等的内容进行编写、修改、编辑等的处理过程。借助计算机的各种文字处理软件,可实现文字及表格的输入、存储、整理、修改、排版、输出等操作。其主要特点如下。

① 速度快、效率高。用手工写作时,由于修改是在纸上进行的,会使文稿凌乱不整洁。利用文字处理软件,只是将初稿"写"进电脑,之后进行修改、删除、添加等操作时,文字处理系统会自动调整版面,做到不留任何修改的痕迹;另外,利用 Windows 的剪贴板可以方便地实现内容的任意复制或移动,所以同样的内容在其他地方引用时,就不用再重复输入了。

② 版式美观。利用文字处理软件提供的轻松编辑环境能够排出丰富多彩的版面。一般的文字处理软件有多种字体、字号和格式,可图文混排,各种文件类型,诸如信封、标签、信函、报表、插图、书刊、报纸等的编排与打印都能实现。

③ 保存、共享与传递方便。利用文字处理软件编排的文档,可以保存在各种计算机存储介质上,需要时可方便地调用,比在纸张上存放更安全、更便于查阅、更利于实现内容的交流。另外,利用计算机的网络功能,还可进行文档内容的相互传递与共享。

目前流行的文字处理系统有 Word 系列、金山、普华、永中等,它们对文字的处理工作大多遵循共同的规则。例如,都必须首先创建文档,然后输入文本,之后对文本的文字、段落及页面等进行格式化并插入对象,最后进行打印。

Word 是随着可视化操作系统 Windows 的推出而诞生的,且近年来 Microsoft 公司对 Word 的功能不断改进,充分利用 Windows 良好的图形界面特点,将文字处理和图表处理功能结合起来,实现了真正的"所见即所得",成为当今办公室工作人员和高校师生等各方面的人员最乐于使用的文字处理软件。

本章以 Word 2010 为例,对文字处理系统使用中所需要的基本知识进行简单介绍。

3.2.1.2　文字处理的基本知识

1. 页面格式的设置

(1) 外形尺寸与开本

图书、报纸和刊物等印刷出版物的大小都有一定的标准尺寸,通常用"开数"来表示,也叫开本。从造纸厂生产出来的纸叫全张纸或全开纸,开数是以一张标准纸张裁切成多少张小纸来定义的,如一全张纸裁成 16 张,就叫 16 开。

印刷出版物的国际通行标准有 A、B 两种纸张系列,采用标准全张纸的对折次数来表示开本大小。如 A 系列全张纸为 A0,对折一次为 A1,对折两次为 A2,依此类推。B 系列纸张也同样可分为 B0、B1、B2、B3、……这种 A、B 幅面系列既是印刷出版物的开本规格，又是国际上定义设备规格系列的标准，如 A3 复印机、A4 激光印字机、A2 绘图机、A0 幅面胶印机等。

出版物的外形尺寸是按开本来划定的，我国于 1987 年制定了《图书杂志开本及幅面尺寸》国家标准，代号为 GB 788—78，如表 3.2 所示。

表 3.2　标准开本及尺寸

系列	未裁切单张纸尺寸(mm)	裁 切 开 本		
		开数	规格代号	公称尺寸(mm)
A	880×1230	16	A4	210×297
	880×1230	32	A5	148×210
	880×1230	64	A6	105×144
	900×1280	16	A4	210×297
	900×1280	32	A5	148×210
	900×1280	64	A6	105×144
B	1000×1400	32	B5	169×239
	1000×1400	64	B6	119×165
	1000×1400	128	B7	82×115

（2）版心尺寸及设定

版心一般是指每页多少行、每行多少字。版心参数有正文字号、每页行数、每行字数、行间距离 4 项内容。给出了这 4 个基本参数后，版心大小也就确定了。版心尺寸受开本大小限制，相互之间有一定的对应关系。

在文字处理中，在没有设定版心参数的情况下，系统会自动提供一组版心参数，叫"缺省值"。如果排版时要改变版心的大小，只需改变几个参数即可，非常方便快捷。但在实际操作中，不应随心所欲地确定版心大小，以破坏版面大小规范化。

除了以上所讲的纸张大小和版心设置外，一般文字处理软件对页面的设置还可加入页眉和页脚，用以说明页码、日期、公司徽标、文档标题或文件名、作者名等。图 3.26 说明了一页纸中各种设置的分布情况。

2. 字体与段落格式的编排

（1）印刷文字的字体与字号规定

① 字体。

字体，是指字的各种不同形状，也有人说是笔画姿态。常见基本汉字字体有宋体、仿宋体、楷体、黑体、书宋体、报宋体、隶书体、美黑体、广告体、行草体等。

② 字号规格。

印刷文字有大、小变化，文字处理软件中汉字字形大小的计量目前主要采用印刷业专用的号数制、点数制和级数制。尺寸规格以正方形的汉字为准，对于长或扁的变形字，则

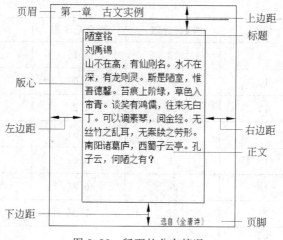

图 3.26　版面的分布情况

要用字的双向尺寸参数。

- 号数制。汉字大小定为九个等级,按初、一、二、三、四、五、六、七、八排列,在字号等级之间又增加一些字号,并取名为小几号字,如小四号、小五号等。号数越高,字越小。号数制是目前表示汉字字形规格最广泛的方法。
- 点数制。是国际上通行的印刷字形的一种计量方法。这里的"点"不是计算机字形的点阵,而是传统计量字大小的单位,是从英文 Point 的译音来的,一般用小写 p 表示,俗称"磅"。其换算关系为:

$$1p = 0.351\,46mm \approx 0.35mm \quad 1 英寸 = 72p$$

在文字处理中,点数制与号数制并存使用,互为补充,两者之间有对应的折算关系,可以通过查表 3.3 得到。计算机处理汉字时,由于字大小可以灵活地变化,且对于一些大字,号数制有限的号数无法计量,所以计量单位比较小的点数制更适合文字处理系统对字形的计量。

- 级数制。实际上是手动照排机实行的一种字形计量制式。它是根据这种机器上控制字形大小的镜头的齿轮确定,每移动一个齿为一级,并规定 1 级 = 0.25mm,1mm = 4 级。有些电子排版系统在字形大小上也支持级数制。我国对于级数制有国家标准,即 GB 3959-83。
- 制式换算。号数制、点数制与级数制之间的换算关系如表 3.3 所示。

表 3.3　印刷字号、磅数和级数一览表

字号	磅数	级数(近似)	折合毫米数	主要用途
八号	5	5	1.75	排角标
七号	5.5	8	1.84	排角标
小六号	7.78	10	2.46	排角标、注文
六号	7.87	11	2.8	脚注、版权注文

字号	磅数	级数（近似）	折合毫米数	主要用途
小五号	9	13	3.15	注文、报刊正文
五号	10.5	15	3.67	书刊报纸正文
小四号	12	18	4.2	标题、正文
四号	13.75	20	4.81	标题、公文正文
三号	15.75	22	5.62	标题、公文正文
小二号	18	24	6.36	标题
二号	21	28	7.35	标题
小一号	24	34	8.5	标题
一号	27.5	38	9.63	标题
小初号	36	50	12.6	标题
初号	42	59	14.7	标题

（2）字体、字号及行距的选择

① 排版用字的基本原则。

• 开本幅面大小——用字大小与出版物幅面成正比。

• 排版内容——重要的内容用字大一些。

• 篇幅长短——用字大小与篇幅长短成反比。

② 正文的字体与字号

我国目前印刷出版业中正文字体字号的常见用法如表 3.4 所示。

表 3.4　正文字体字号的常见用法

名称	正文字体	正文字号
图书	书宋（宋体）	五号（10.5p）、小五号（9p）
工具书	书宋（宋体）	小五号（9p）、六号（7.87p）
报纸	报宋	小五号（9p）、六号（7.87p）
公文	仿宋	三号（15.75p）、四号（13.75p）
期刊杂志	书宋、细等体	五号（10.5p）、小五号（9p）、六号（7.87p）

③ 标题排版中常用的字号与字体。

版面标题字大小选择的主要依据是标题的级别层次、版面开本的大小、文章篇幅长短和出版物的类型及风格 4 个方面。

• 图书标题的字体与字号。

图书标题字大小主要根据标题级别来选择，常见的大字标题选择范围如下。

16 开版面的大字标题可选用小初号(36p)、一号字(27.5p)和二号字(211p)；

32 开版面的大字标题可选用二号字(21p)和三号字(15.8p)；

64 开版面的大字标题可选用三号字(15.8p)和四号字(14p)。

图书排版中,标题往往要分级处理,因此标题字一般要根据级别的划分来选择字号大小和字体变化。一级标题选用字号最大,而后依次递减排列,由大到小。图书标题的字体一般不追求太多变化,多是采用黑体、标题宋体、仿宋体和楷体等基本字体,不同级数用不同字体。

- 期刊杂志标题的字体与字号

期刊杂志非常重视标题的处理,把标题排版作为版面修饰的主要手段。标题的字体变化更讲究,用于期刊杂志的排版系统一般要配十几到几十种字体,才能满足标题用字的需要。期刊杂志的标题无分级要求,字形普遍要比图书标题大,字体的选择多样,字形的变化修饰更为丰富。期刊杂志标题的排法要能够体现出版物特色,与文章内容 、栏目内容等风格相符。

- 报纸标题的字体与字号

报纸标题的用字非常讲究,标题字大小要根据文章内容、版面位置、篇幅长短进行安排,字体上尽量追求多样化。编排报纸的文字处理系统非常注重字体的品种数量,字体要配齐全,否则不能满足编排报纸的需要。

- 公文标题的字体与字号

公文的标题用字主要有两部分,一是文头字,二是正文标题字。文头就是文件的名称,多用较大的标题字,如标宋体、大黑体、隶书、美黑体或者专门的手写体字;正文大标题多采用二号标题宋体或黑体,小标题采用三号黑体或标题宋体。公文用字比较严谨,字体变化不多,但需要注意的是,公文中的标题字不要用一般宋体,而应当使用标题宋体,如小标宋体,否则排出的版面不美观,标题不突出,显得"题压不住文"。

④ 正文排版中的行距。

文字的行与行之间必须留出一定的间隔才方便阅读,这种行与行之间的空白间隔就叫"行距"。版面正文之间的行距应当选择适当。行距过大显得版面稀疏,行距过小则阅读困难。行距一般是根据正文字号来选定,可以参考如下的经验数据。

- 公文行距　正文文字的 2/3～1。
- 图书行距　正文文字的 1/2～2/3。
- 工具书、辞书行距　正文文字的 1/4～1/2。
- 报纸行距　正文文字的 1/4～1/3。

一般排版的行距参数都在此范围之内选择。

(3) 正文的基本排列形式

① 文字的密排、疏排与紧排。

在传统排版中,正文有密排(正常排)和疏排之分。在电子排版中,还增加了一种特殊的排法——紧排。三种排法产生不同的效果。

- 密排是正常的排法,就是字与字之间无间隔挨着排列。在一些系统中,字与字之间的距离可以通过参数设定,密排时字间距为零。

- 疏排就是字与字之间有均匀的间隔。常用于儿童读物、小学课本等特殊出版物。在电子排版软件中，只要指定字间距参数，就可方便地实现文字的疏排。
- 紧排就是让字与字之间的排列有一点重叠，是电子排版的特殊功能。紧排可能造成字与字之间笔画的相连。一般这种排法多用于报刊排版中，正文剩下少量文字排不下时的"挤版"，或者按正常排显得过于稀疏的外文字符的特殊处理。

② 横排与竖排。

印刷品排版中有横排和竖排之分，竖排也叫直排。我国历史上的出版物都是采用竖排方式，横排方式则是后来从国外引进的。在文字处理中，横排、竖排只是排列方式不同，横排与竖排之间的转换非常方便，往往一个操作或命令就可以实现全部或局部的竖排。就版面而言，竖排与横排之间相当于坐标系顺时针旋转 90 度，行间距与字间距之间刚好颠倒。

竖排时，有许多排版规则和标点符号的使用与横排不同。如文章竖排时标题一般不居中，标点符号自动换成竖排。横排转竖排的这种转换一般由文字处理软件自动进行，但对有些功能不全的系统，也要注意检查。一些由国外引进的文字处理软件或者排版软件往往不支持竖排，或者排出来的结果常常不符合要求，使用中要注意。竖排中如果有中西文混排，要注意外文字母和阿拉伯数字的排法。按我国大陆的规定，应当是竖放，即"头朝右、脚朝左"，而在我国的港、台地区，也有横放的形式。

③ 字行左齐、居中、右齐与撑满。

横排文字都是左边对齐排。文字转到下一行(也叫回行)，有换行与换段之分——换行则文字回行后靠左边顶头排；换段则文字回行后左边空两个字排，也叫"缩头排"。西文排版的换段形式比较多样，有些缩进一个或两个字符排版，也有换段后空一行顶格排的。除此之外，字行的排列还有右齐、居中和撑满的形式。

- 字行居中。字行排在一行的中央位置，叫"居中"。排版中的标题、表格中的数据一般都居中排。在科技公式排版时，居中排也是一条基本原则。居中有左右居中和上下居中两种形式。
- 字行右齐。有时文字内容需要靠右边对齐排，叫"右齐"，如目录的页码等内容。
- 字行撑满。"撑满"排也叫"匀空排"，就是字与字之间均匀拉开距离，字行占满指定的宽度，如 4 个字占 8 个字的宽度。数量不相等的两行字，当需要左右对齐排列时，往往就需要撑满排。

④ 基线对齐与中线对齐。

在电子排版中，大小不同的字排列在一行时，有下线对齐排列(基线对齐)和中线对齐排列两种方法。

- 基线对齐。"基线"是指一行字横排时下沿的基础线。大多数情况下，文字都是沿基线排列，竖排时，基线在字行的右侧。
- 中线对齐。编排数学公式、化学公式时，各种符号应当采用沿中线对齐排列，整体结构上也应当沿中线排列。

⑤ 通栏与分栏。

排版时正文文字的行长与版心的宽度相等，称为"通栏"。

分栏就是将版面分割成两部分（双栏）或多部分（多栏）。分栏的目的是为了方便阅读、丰富版面的变化或节省版面，是报纸、期刊及工具书中常见的文字排列形式。分栏时，栏与栏之间要空几个字，叫"栏空"。栏空处加一分隔线叫"栏线"。分栏的形式大多为等距分栏（栏与栏之间宽度一致），也有少量不等距分栏。分栏排版时，应力求各栏最后"拉平"，防止结束时各栏行数不一致。

3.2.2　文档的基本操作

众多的文字处理软件都有相似的操作方法和操作界面。本章将以 Word 2010 为例来具体讲解。

Word 2010 窗口由标题栏、菜单栏、工具栏、文档窗口、状态栏等部分组成，如图 3.27 所示。

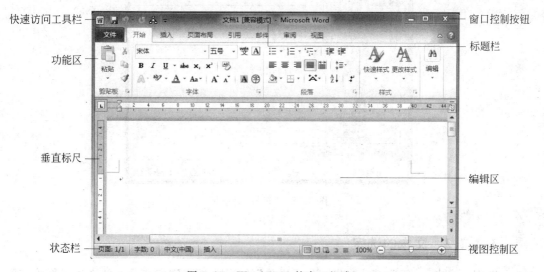

图 3.27　Word 2010 的窗口组成

3.2.2.1　文档的输入

启动 Word 时会自动打开一个名为"文档 1"的空白文档，闪烁的垂直光标"|"就是插入点，输入的文本都是从插入点开始的。此时就可以像在白纸上写字一样，通过各种输入方法输入内容了。

如果打开的是已有文档，在添加或修改内容前，首先要确定插入点，因为输入的内容总是出现在插入点上。如果在文稿区没有找到闪烁的插入点光标，一是说明当前窗口没有激活，只需用鼠标单击文稿区的任何位置即可；二是可能用滚动条移动文稿到其他页面了。

如果键盘上没有要输入的符号，可使用"插入"选项卡中的"符号"命令，打开"符号"对话框进行选择即可，如图 3.28 所示。

图 3.28 "符号"对话框

3.2.2.2 文本的选定

在 Word 中,一般要遵从"先选定,后操作"的原则,即先选定待操作的文本或图形,然后再执行操作命令。文本选定的方法如下。

① 选定任意数量的文本。拖过这些文本即可。

② 选定一整句。按住 Ctrl 键,而后单击该句任意一点。

③ 选定一整段文本。三击该段文本中任一点。

④ 选定整篇文本。用组合键 Ctrl+A 或在文本任一行的最左端三击,也可以使用"编辑"菜单的"全选"命令。

⑤ 选定一个矩形块。按下 Alt 键后,再拖过文本即可。

⑥ 选定词组。双击该词组。

⑦ 选定多段文本。按住 Ctrl 键,再用鼠标拖动逐项选择。

⑧ 选定一大块文本。单击要选定内容的起始处,然后滚动到要选定内容的结尾处,再按下 Shift 键同时单击。

3.2.3 文档的排版

3.2.3.1 字符排版

字符排版是以文字为对象进行的格式化设置。这里的字符包括汉字、字母、数字、符号及各种可见字符，当它们出现在文本中时，允许设置字体、字号和颜色等。设置字符格式可以用两种方法：一是先选定要修改的文本块，再进行设置，它只对该文本块起作用；二是未输入字符前设置，其后输入的字符将按设置的格式一直不变。

可通过单击"开始"选项卡的"字体"选项组右下角的"字体"按钮，或者使用快捷键Ctrl＋D 设置字体、字符间距和文字效果，如图 3.29 和图 3.30 所示。

图 3.29 "字体"选项卡

图 3.30 "字符间距"选项卡

3.2.3.2 段落排版

在 Word 中，用回车键代表段落的结束，每一段末尾用一个弯曲的箭头表示段落的结束。段落结束符中含有该段中的段落格式信息，复制段落结束符就可把该段的段落格式应用到其他段落。Word 的段落排版命令总是适用于整个段落，如果要对一个段落排版，只需把光标移到该段落中的任何位置。如果要对多个段落排版，则需要同时选中这几个段落。Word 提供了 5 种常见的对齐方式，包括两端对齐、居中、左对齐、右对齐、分散对齐，这些对齐方式分布在"开始"选项卡的"段落"选项组中，如图 3.31 所示。

图 3.31 "段落"选项组中的对齐方式

1. 文本对齐方式

如果一行中含有大小不等的英文、汉字,该行就有多种字体对齐方式,如按"左对齐"、"居中"方式,使得该行整齐一致。操作步骤如下。

(1) 选定文本,单击"开始"选项卡"段落"选项组右下角的"段落"按钮,打开"段落"对话框,如图 3.32 所示。

(2) 单击"对齐方式",选择所需的对齐方式。

2. 设置段落缩进

段落缩进与设置左右页边距是不同的。页边距决定主文档区域(版心)到页面边缘的距离,而缩进段落决定段落到左或右页边界的距离。增加或减少缩进量时,改变的是文本与页边界之间的距离。缺省状态下,段落左、右缩进量都是零。一个段落或一组段落的缩进是可以增加或减少的。

段落缩进类型有首行缩进、悬挂缩进、左缩进和右缩进 4 种,如图 3.33 所示。

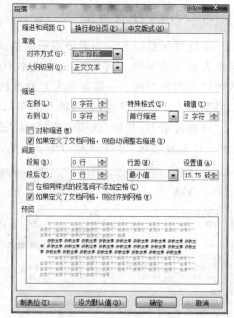

图 3.32 "段落"对话框

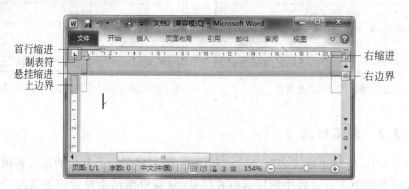

图 3.33 标尺及各缩进标志的作用

① 首行缩进。拖动该滑块可调整首行文字的开始位置。

② 悬挂缩进。拖动该滑块可调整段落中首行以外各行的起始位置。

③ 左缩进。拖动该滑块时,可同时调整首行和其余各行的开始位置。

④ 右缩进。拖动该滑块时,可调整段落的右边界。

利用"开始"选项卡"段落"选项组中的"减少/增加缩进量"按钮,也可以调整段落的缩进量。

3. 设置行距或段落间距

缺省时段落间距和行距都是统一的"单倍行距",可以更改行距及段前或段后的间距。

（1）更改行距。行距是从一行文字的底部到另一行文字顶部的间距。Word 会自动调整行距，以容纳该行中最大字号的字和最高的图形。

单击"开始"选项卡"段落"选项组右下角的"段落"按钮 ，打开"段落"对话框的"缩进和间距"选项卡，如图 3.32 所示。在"行距"列表中选择行距如"固定值"或"最小值"，在"设置值"框中输入所需的行间距。如果选择了"多倍行距"，则在"设置值"框中输入行数。

（2）更改段前或段后间距。选择要更改间距的段落，单击"开始"选项卡"段落"选项组右下角的"段落"按钮 ，打开"段落"对话框的"缩进和间距"选项卡，如图 3.33 所示，在"间距"的"段前"或"段后"框中输入所需的间距。

4. 设置制表位

在文档中，经常需要将一列或几列垂直的多行文本对齐，实现无线表格的效果，这时就要使用制表位。制表位在水平标尺上的位置指定文字缩进的距离或一栏文字开始之处。它能够向左、向右或居中对齐文本行，或者将文本与小数字符或竖线字符对齐，也可在制表符前自动插入特定字符，如句号或划线。每按一次 Tab 键，光标将从当前位置移到下一个制表位的位置。缺省状态下，每 0.75cm 有一个制表位，也可以自行设置制表位。

单击"开始"选项卡"段落"选项组右下角的"段落"按钮 ，打开"段落"对话框，对话框的左下端有一个按钮为制表符按钮，如图 3.32 所示，单击它可以选择制表位的类型。如图 3.34 所示，Word 2010 中使用的制表位主要有以下几种。

① 左对齐制表位。使文本在此制表位处左对齐。

② 居中制表位。使文本在此制表位处居中对齐。

③ 右对齐制表位。使文本在此制表位处右对齐。

图 3.34 "制表位"对话框

④ 小数点对齐制表位。使文本的小数点在此制表位处对齐。在没有小数点的情况下，相当于右对齐。

⑤ 竖线制表位。在该制表位处画出一条竖线。

（1）用"制表位"命令设置制表位

如要精确设置制表位，或设置带前导字符的制表位，可使用"制表位"命令来完成。

① 将插入符放置在要设置制表位的位置。

② 单击"开始"选项卡"段落"选项组右下角的"段落"按钮 ，单击"段落"对话框左下方的"制表位"按钮，打开如图 3.34 所示的对话框。

③ 在"制表位位置"编辑框中输入一个制表位位置。

④ 在"对齐方式"选项区指定此制表位上文本的对齐方式。

⑤ 如果要填充制表位左侧的空格，可以在"前导符"选项区选择前导字符。

⑥ 单击"设置"按钮，完成一个制表位的设置。

⑦ 重复②至⑥,可设置其他制表位。

（2）用标尺设置制表位

① 单击"段落"对话框左下方的"制表位"按钮,选中需要的制表符类型。

② 单击标尺中想要设置制表位的位置,设置一个制表位。

③ 重复步骤①至②,直到完成所有制表位的设置。

（3）调整和取消制表位

直接在标尺上拖动制表位符号,就可以调整制表位的位置。要删除某个制表位,只要把该制表位符号拖离水平标尺即可。

5. 边框与底纹

利用"开始"选项卡"段落"选项组中"下框线"选项的"边框和底纹"命令,给选定的文字或段落添加边框和底纹。

（1）选中要添加边框或底纹的文本。

（2）选择"段落"选项组中的"边框和底纹"命令,打开其对话框,如图 3.35 所示。

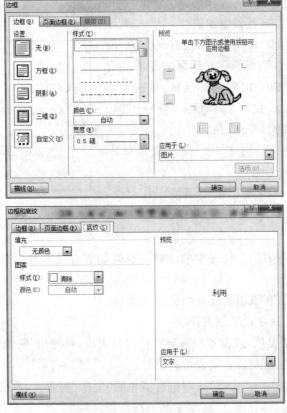

图 3.35 "边框和底纹"对话框

（3）对其中的项目进行设置后,单击"确认"即可。

利用"边框和底纹"选项卡,还可为整篇文档、当前节、当前节的首页、当前节除首页以外的所有页面设置边框。

6. 设置首字下沉格式

（1）使用首字开头的段落在段首不能有空格。

（2）单击"插入"选项卡中"文本"选项组的"首字下沉"命令，打开"首字下沉"对话框。单击"下沉"或"悬挂"选项，选择其他所需选项。如果要取消首字下沉格式，先单击包含"首字下沉"格式的段落，后选择"格式"菜单中的"首字下沉"命令，在"首字下沉"对话框中单击"无"即可。

3.2.3.3　项目符号和编号

Word 2010 可以在键入文本的同时自动创建项目符号和编号列表，也可在文本的原有行中添加项目符号和编号。

1. 在键入文本的同时自动创建项目符号和编号列表

（1）键入"1"，开始一个编号列表；或键入" ＊ "，开始一个项目符号列表，然后按空格键（或 Tab 键）。

（2）键入所需的文本。

（3）按 Enter 键，添加下一个列表项。Word 会自动插入下一个编号或项目符号。

（4）若要结束列表，按 Enter 键 2 次，或通过按 Backspace 键删除列表中的最后一个编号或项目符号，结束该列表。

如果项目符号或编号不能自动显示，在"工具"菜单上，单击"自动更正选项"，再单击"键入时自动套用格式"选项卡。选择"自动项目符号列表"或"自动编号列表"复选框。

2. 为原有文本添加项目符号或编号

（1）选定要添加项目符号或编号的文本。

（2）单击"开始"选项卡"段落"选项组中的"符号"或"编号"按钮。

在"插入"选项卡中"符号"选项组设置"编号"，可以选择不同的编号格式。可以使整个列表向左或向右移动，方法是单击列表中的第一个编号并将其拖到一个新的位置。整个表会随着拖动而移动，而列表中的编号级别不变。

通过更改列表中项目的层次级别，可将原有的列表转换为多级符号列表。方法是单击列表中除了第一个编码以外的其他编码，然后按 Tab 键或 Shift＋Tab 键，或单击"开始"选项卡"段落"选项组中的"增加缩进量"或"减少缩进量"按钮。

3. 项目符号或编号的删除与相互转换

（1）删除项目符号或编号

① 选定要删除项目符号或编号的文本。

② 在"开始"选项卡"段落"选项组中单击"符号"或"编号"按钮。

③ 对于没有删除的项目符号或编号，将自动调整编号列表的数字顺序。

④ 若要删除单个项目符号或编号，单击该项目符号或编号，然后按 Backspace 键。

（2）项目符号与编号的相互转换

① 选定要转换项目符号或编号的文本。

② 在"开始"选项卡"段落"选项组中单击"符号"或"编号"。

3.2.4 表格

在 Word 中,可以插入各种样式的有线或无线的表格,用于显示数字和其他项以便引用和分析。表格也可以像图形对象一样,具有嵌入或环绕方式,还可以在表格中计算和排序。

3.2.4.1 表格的建立

Word 提供了创建表格的几种方法,可根据需要选择最适用的方法。

1. 使用"插入表格"按钮创建表格

在"插入"选项卡"表格"选项组中单击"表格",出现一个表格网格。拖动鼠标,选定所需的行、列数,松开鼠标后,表格将出现在插入点,如图 3.36 所示。

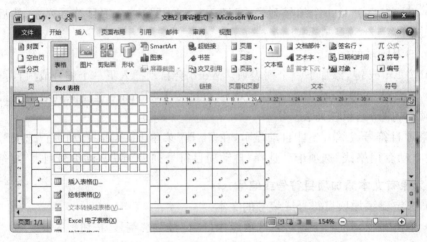

图 3.36 使用"插入表格"按钮创建表格

2. 使用"插入表格"命令创建表格

当要创建的表格比较大时,就要使用"插入表格"命令。

在"表格"选项组中单击"表格",在"表格"菜单上单击"插入表格",打开"表格"对话框,如图 3.37。在"表格尺寸"下选择所需的行数和列数。

3. 绘制表格

绘制复杂的表格,例如包含不同高度的单元格或每行包含的列数不同,可在"表格"选项组中单击"表格",再单击"表格"菜单上的"绘制表格",用鼠标指针画出一张表。

4. 绘制斜线表头

在已绘制好的表格中选中需要设置绘制斜线表头的单元格,右击,选择"边框和底纹",应用于选择"单元格"(重要),单击斜线图框,确定即可。也可用绘图工具和文本框手工绘制更复杂的斜线表头。

图 3.37 "插入表格"对话框

3.2.4.2 表格的编辑与修改

1. 选定表格

选定表格的方法如下。

① 一个单元格。移动鼠标指针到单元格左侧边框附近,指针方向变为向右时,单击。

② 一行。移动鼠标指针到表格左边界的外侧,指针方向变为向右时,单击。

③ 一列。移动鼠标指针到表格该列顶端,指针方向变为向下时,单击。

④ 整张表格。单击该表格移动控点,或拖过整张表格。

⑤ 选定多个单元格、多行或多列。拖过该单元格、行或列。

⑥ 选定不按顺序排列的多个项目。单击所需的第一个单元格、行或列,按下 Ctrl 键,再单击所需的下一个单元格、行或列。

2. 调整整个表格尺寸

① 页面视图中,将指针置于表格上,表格缩放控点将出现在表格右下角,如图 3.38(a)所示。

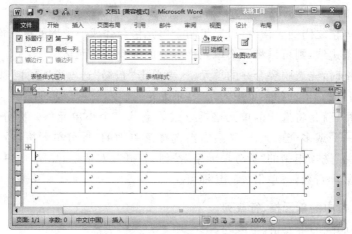

(a) 手动调整表格尺寸

(b) 精确设置表格大小

图 3.38 设置行高与列宽

② 将指针停留在表格缩放控点上,直到出现一个双向箭头。

③ 将表格的边框拖动到所需尺寸。

如果是在 Web 页或 Web 版式视图中工作,则可以将表格设置为在更改窗口大小时自动调整尺寸,以便与该窗口相适应。方法是:将光标放入表格内,右击选择菜单中的"自动调整",然后单击"根据窗口调整表格"。

3. 更改表格的列宽和行高

在 Word 中,虽然不同的行可以有不同的高度,但同一行中的所有单元格必须具有相同的高度。因此,调整某一个单元格的高度,实际上就是调整单元格所在行的高度。

直接利用鼠标拖动表格或单元格的边框,即可改变单元格的行高和列宽,这是调整表格行高和列宽的最快捷方法。

选中表格,右击选择菜单中的"表格属性"命令,可以精确设置表格的行高或列宽。"表格属性"对话框如图 3.38(b)所示。

此外,选中已绘制表格后,右击选择"平均分布各列"或"平均分布各行",可统一多行或多列的尺寸。

4. 单元格的合并与拆分

擦除相邻单格之间的表格线,可以将两个单元格合并成一个大的单元格,而在一个单元格中添加一条边线,则可以将一个单元格拆分成两个小单元格。

合并单元格时,先选中要合并的单元格,再单击"布局"选项卡"合并"选项组中的"合并单元格"按钮,或右击选择菜单中的"合并单元格"命令,就可以实现合并。

拆分单元格,就是将选中的单元格拆分成等宽的多个小单元格。拆分的方法是:先选中要拆分的一个或多个单元格,然后右击选择菜单中的"拆分单元格"命令,或单击"布局"选项卡"合并"选项组中的"拆分单元格"按钮,打开其对话框,如图 3.39 所示。在其对话框中指定列数和行数,再单击"确定"即可。

5. 删除表格中的单元格、行或列

① 选择要删除的单元格、行或列。

② 单击"布局"选项卡中的"删除"命令,然后单击"单元格"、"行"或"列"命令。

③ 若是删除单元格,打开"删除单元格"对话框,如图 3.40 所示,并选择所需的选项。

图 3.39 "拆分单元格"对话框　　　　　图 3.40 "删除单元格"对话框

6. 为表格添加单元格、行或列

① 选定要插入的单元格、行或列的位置。

② 在"布局"选项卡中指向"行和列",然后单击一个选项即可。

7. 删除表格或清除其内容

若欲删除表格及其内容,可先单击表格,再指向"布局"选项卡中"行和列"的"删除"子菜单,然后单击"删除表格"命令。

若只删除表格内容,则只要选择要删除的项,再按 Delete 键即可。

8. 修改表格框线

要修改表格框线类型,选中表格或单元格区域后,单击"设计"选项卡中的"表格样式"边框设置或"绘制表格",然后从弹出的菜单中选择适当的选项即可,如图 3.41 所示。

图 3.41　边框设置和"绘制表格"工具栏

9. 复制表格或表格内容

(1) 复制表格

① 在页面视图上,将指针停留在表格的左上角,直到表格移动控点出现。

② 将指针停留在表格移动控点上,直到四向箭头出现。

③ 按下 Ctrl 键,将副本拖动到新的位置。

还可以通过选中表格,然后复制和粘贴来复制表格。

(2) 移动或复制表格内容

① 选定要移动或复制的单元格、行或列。

- 如果只想将文本移动或复制到新位置，而不改变新位置的原有文本，则只选定单元格中的文本，而不包括单元格结束标记。
- 如果要覆盖新位置上原有的文本和格式，则选定要移动或复制的文本和单元格，结束标记。

② 执行下列操作之一。

- 要移动选定内容，将选定内容拖动至新位置。
- 要复制选定内容，按下 Ctrl 键，同时将选定内容拖动至新位置。

10. 拆分表格

① 要将一个表格分成两个表格，单击要成为第二个表格的首行的行。

② 单击"布局"选项卡中的"拆分表格"即可。

11. 自动设置表格格式

使用任何一种内置的表格格式，都可以为表格进行专业的设计。

(1) 单击创建的表格（单击表格中任一单元格）。

(2) 单击"表格工具"工具栏中的"设计"选项卡。选择"表格样式"，如图 3.42 所示，选择所需的样式。

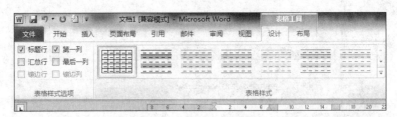

图 3.42　表格自动套用格式

还可以创建自己的表格样式，单击"表格样式"选项框右下方的选择按钮，选择"新建样式"，然后进行设置。

3.2.4.3　在表格中排序

Word 2010 可以按笔画、拼音、数字和日期等对表格中的内容进行排序。例如，按姓氏笔画递增或递减排序、按学生成绩递增或递减排序等。图 3.43 中所示的表格进行排序的具体操作如下。

① 选中表格中的任一单元格，单击"布局"选项卡菜单中的"排序"命令，出现"排序"对话框，如图 3.44 所示。

② 在"主要关键字"下拉列表中选定"英语"，在右侧的"类型"下拉列表中选定"数字"，在右侧选定"降序"，按英语课的成绩从高到低的顺序排列每个学生。

学号	英语	数学	政治
0102	88	89	90
0104	88	70	88
0103	77	66	78
0105	55	66	74

图 3.43　用于排序的学生成绩表

③ 若有的学生的英语成绩一样,则在"次要关键字"下拉列表中选定"数学",在"类型"中选定"数字",再选其右侧的"降序",即当两个学生的英语分数一样时,再根据数学的成绩排列这两个学生的顺序,若还是相等,则再在"第三关键字"中选择"政治"等。

④ 在"列表"框下选定"有标题行"单选钮,以便在排序时忽略表格顶部的标题。

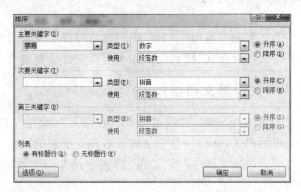

图 3.44 "排序"对话框

3.2.4.4 由表格生成图

使用图表功能可以把表格中的数据以各种类型图表的形式表示出来。具体操作如下:

① 选定表格中要转换成图表的数据,如选定学生的不同课程成绩,如图 3.43 所示。

② 单击"插入"选项卡中"插图"选项组的"图表"命令,出现图 3.45 所示的图表。

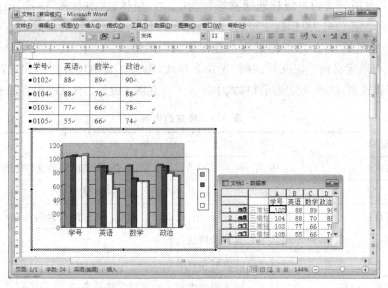

图 3.45 插入图表实例

③ 可在数据表中修改数据或增删数据,修改数据之后,单击该数据表外任一点,此时数据表消失,只剩下图形。

④ 图 3.45 下部的柱形图是系统提供的默认类型。若想使用其他类型的图,则右击该

柱形图,出现快捷菜单,单击"图表类型"命令,出现"图表类型"对话框,在此可以选择不同的图表及其子图表,并可按住"按下不放可查看示例"按钮不放,查看选定子图表的实际效果。

3.2.5 提高文档处理能力

掌握了日常文档的三大基本应用(字、表、图)后,将面临实现高效率、高质量与低成本办公问题。本节将讲述通过对样式、模板的应用来提高文档处理能力。

3.2.5.1 使用样式设置文档格式

办公文档对格式的基本要求就是"规范"。所谓"规范",就是文档各个段落(包括标题、正文及段落)有固定的格式,从而使整个文体具有相对固定的风格。

段落规格的内容主要包括字体、字号、缩进、对齐方式等。例如,一级标题格式为"二号、黑体、居中对齐"。

统一文体风格的修饰规律是,在同一篇文章中,相同级别的段落应当具有相同修饰风格。例如,一篇文章中有 3 个一级标题,每个同级标题均应修饰为"二号、黑体、居中对齐"格式。

按照传统行文方式,这一修饰过程通常都是在重复操作中完成的。这不但在行文过程中浪费了时间,而且还常常出现同级段落的格式各异现象,影响了文体风格的统一性。

Office 中提供的"样式"功能,是实现快速、规范化处理文档的重要手段。将修饰某一类段落(包括字体、字号、对齐方式等)的组合,赋予一个特定的段落格式名称,就称为"样式"。例如:普通公文的一级标题通常修饰为"二号、黑体、居中对齐"格式,改组参数组合后,通过样式为其命名为"标题 1"。于是,"标题 1"就是一级标题的样式名。使用样式名称修饰某一段落后,该段落的格式将符合与之相同的格式。

样式是可以定义的。定义样式时,先命名样式,再选择其中包含的格式选项,以后只需简单地选择样式名,就能一次应用该样式中包含的所有格式设置。样式的内容如表 3.5 所示。

表 3.5 样式的内容

类别	格式参数
字体格式	字体、字号、字形、下划线、效果、颜色、字符间距和文字效果。
语言	控制拼写和语法检查器将使用何种词典更正文字
常规段落格式	段落缩进、段落间距、段前段后间距、对齐方式、大纲级别和分页控制
制表位	段落内有效制表位的位置和类型
边框和底纹	环绕文字的边框和背景底纹
项目符号和编号	自动显示用于列表中段落的项目字符或编号

1. 应用样式

Office 提供了各种各样的样式,用于格式化字符和段落。操作时只需选定要应用样式进行格式化的字符或段落,单击"开始"选项卡的"样式"下拉列表框右侧的下拉箭头,出现文档中可使用的样式,如图 3.46 所示,从样式下拉列表中选定要应用的样式即可。快速应用样式通常可采用点名法、快捷键、格式刷等方法。

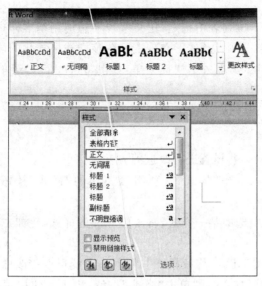

图 3.46 "样式"下拉列表

2. 新建样式

尽管 Word 2010 提供了丰富的样式,但也允许另外创建样式。具体操作如下。

① 单击"开始"选项卡中"样式"选项组右下角的"样式"按钮,出现任务窗格,如图 3.46 所示。

② 单击"样式"任务窗格左下角"新建样式"按钮,出现"根据格式设置创建新样式"对话框,如图 3.47 所示。

图 3.47 "根据格式设置创建新样式"对话框

③ 在"名称"文本框中输入要创建样式的名称,比如输入"一级标题"。

④ 在"样式类型"下拉列表中若选定"段落",则创建段落样式,若选定"字符",则是创建字符样式。

⑤ 在"样式基于"下拉列表中选定"正文",若不想应用基准样式,则选定"无"。

⑥ 在"后续段落格式"中选定"正文",表示在该样式格式化的段落之后输入文本。

⑦ 单击"格式"按钮,出现一个快捷菜单,如图 3.47 所示,菜单上列出了进一步设置新样式的格式化命令。

⑧ 单击确定后,新建的样式就保存在样式列表中。

3. 修改样式

对已创建好样式的一些设置进行改进的方法如下。

① 单击"开始"选项卡中"样式"选项组右下角的"样式"按钮 ,出现任务窗格(见图 3.46 右侧)。

② 在"样式"列表中选中某一样式,右击要修改的样式,比如右击"一级标题",会弹出一个快捷菜单。

③ 单击"修改"命令,出现"修改样式"对话框,在此可以修改样式的一些设置。

若要更改样式的其他格式,则单击"格式"按钮,出现其快捷菜单,然后就可以单击其中的"字体"、"段落"等选项,并在随之出现的对话框中选择有关选项。在"修改样式"对话框中不能修改样式类型,例如不能把段落样式改为字符样式。

样式修改完成后,在行文中已经应用了该样式的段落,将自动更改为新格式。

4. 删除样式

若确信以前创建的样式不再有用了,可按下述操作删除它。

① 单击"开始"选项卡中"样式"选项组右下角的"样式"按钮 ,出现其任务窗格(见图 3.46 右侧)。

② 右击预删除的样式,在出现的菜单上单击"从快速样式库删除"命令,即可删除样式。

若删除了正在应用的样式,系统会自动把正文样式应用于被删除了样式的段落。注意,系统内置的样式是不能删除的。

3.2.5.2 模板与文体风格的统一

根据类型的不同,文档以不同的文体风格表现。而每一类文档的文体风格又是通过该类文档的若干种固定段落格式规范的。

1. 模板的概念

模板与样式都用于格式文档,只是样式用于格式文档中的部分内容,模板则是一个文档的整体格式,其中包括所使用的样式。模板的作用就是保证同一类文体风格的整体一致性。使用模板能大大简化文档编辑的复杂程度,使大量具有相同设置或内容的文档能够快速地编辑,并且符合所规定的要求。

模板本身也是一篇文档,它存储了为某种文档制定的一系列标准,包含用于某种文档所具有的共同设置(如文档的样式和页面布局等元素),使这类文档的编辑有了共同的基础。任何文档都是以模板为基础的,模板决定文档的基本结构和文档设置,例如自动图文集词条、字体、快捷键指定、宏、菜单、页面设置、特殊格式和样式。创建文档时的缺省模板为 Normal 模板,是可用于任何文档类型的共用模板。可修改该模板,以更改缺省的文档格式或内容。

2. 根据模板或向导创建文档

如果要创建有特殊要求的文档,可根据模板或向导创建文档。操作步骤如下。

① 在"文件"菜单上单击"新建",打开"新建文档"任务窗格,打开"模板"对话框。

② 根据要创建的文档的类型,在"模板"对话框中单击相应的选项卡,然后双击所需的模板或向导的图标即可。

3. 新建模板

Word 2010 不但提供了各种各样的模板,而且还允许创建自己的模板。具体操作如下。

① 在"文件"菜单上单击"新建",打开"新建文档"任务窗格,出现"模板"对话框,出现常用模板。

② 选择需要的基准模板,若不需要则单击"我的模板"。

③ 单击位于"预览"框下方的"模板"单选钮,以便选定它。

④ 单击"确定"按钮,出现一个空白文本区,标题栏中自动出现一个默认名称,一般是"模板1"。

⑤ 为新建模板设置字体、字形、字号、缩进、间距、对齐方式、页面等。

⑥ 在全部设置完之后,选定"文件"菜单中的"另存为"命令保存即可。

新建模板的另一种方法是把一篇已经排好版的文档直接保存为模板。具体操作是:先打开该文档,然后选择"另存为"命令,在其对话框中的"文档类型"下拉列表中选定"文档模板",并在"文件名"右侧输入模板的名称,然后"保存"就可以了。

文书模板可理解为以填空方式制作的文书。其优势在于:凡制作固定格式的文书时,行文者只需要关注文章的内容。而文体格式、版面风格等设置问题,均由模板自行完成。这样就减少了行文过程中处理修饰问题的工作量。模板的合理应用减少了办公行文过程中的重复性劳动,而且保证行文格式的统一。

3.2.5.3 编辑长文档

本节将介绍长文档文件处理的手段和技巧,使文档的编排具有专业水准。

1. 文章结构与大纲编辑

衡量一篇文章的好坏,纲目结构是重要的一环。处理长篇文章时,可通过结构的控制保证行文质量。传统行文方式在处理纲目结构和写作内容时,需要分别处理。完成写作后,一旦需要对文档内容进行结构性调整,会十分麻烦。Word 提供了电子化结构与编辑功能,使其过程可以像文字编辑一样简单、方便。

文章的纲目结构是通过不同级别的标题段落加以控制的,即"样式",文档结构图清晰地展示了整篇文档的结构,如图 3.48 所示。所以,进行纲目结构的编辑,原则上应预先为

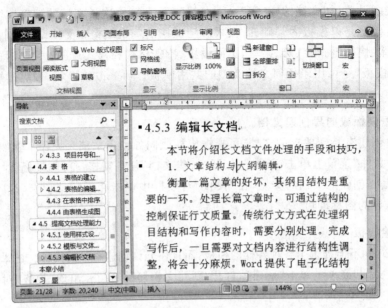

图 3.48　有文档结构图的 Word 窗口

标题段落设置"样式"。

由于纲目结构的编辑工作环境不同于普通环境，例如，标题级别的升或降、内容的展开与收缩等。因此，Word 提供了一个大纲视图，用于处理纲目结构的编辑，如图 3.49 所示。在大纲视图中，Word 能识别文稿中的各级标题样式。因此，使用大纲视图处理现有文档时，必须先为标题段落加以命名。如果段落没有命名标题样式，Word 默认每一段落为普通"正文"样式，大纲视图将无法显示标题级别。

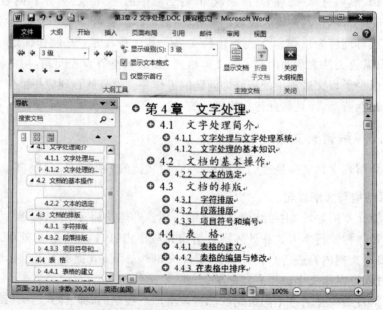

图 3.49　Word 大纲视图窗口

在大纲视图下编辑纲目结构,主要使用大纲工具栏中的按钮。通过大纲工具栏左侧的按钮可以控制文档在大纲视图中的显示方式、升级、降级或重新组织主题等,如图 3.50 所示。

① 段落的升级与降级。选中要提升或降级的段落,单击大纲工具栏中的提升按钮(或组合键 Shift＋Tab)一次,可提升标题段落一个级别;单击大纲工具栏中的降低按钮(或 Tab 键)一次,可降低标题段落一个级别。

图 3.50　大纲工具栏按钮

② 段落的移动。在大纲视图中,文字的位移有三种:一是常规位移(针对被选择对象);二是段落平移(针对整段内容的上、下移动);三是结构性位移(针对标题及所属子标题及正文段落)。常规位移指移动字、词、句等操作对象,操作方法与常用文字编辑相同,主要用于文章内容的修改。段落平移指将整段文字上下平移,以改变内容的叙述位置,可通过大纲工具栏的上移或下移按钮进行处理。结构性位移指将标题段落及所属内容一并移动,通过大纲视图中标题段落左侧的控制按钮进行处理。

③ 段落级别的展开或收缩。展开或隐藏标题段落的从属内容,以便在有限的屏幕空间内控制文章内容的宏观和微观编辑状态。通过大纲工具栏的展开或折叠按钮进行处理。

2. 为长文档创建目录

目录,原则上设置于文章扉页之后,以文章的标题为检索对象。索引,原则上设置于封底页之前,以关键词为检索对象。由于 Word 提供了一系列标题样式,制作目录的工作将十分简单。另外,科技或专业类图书中常常有大量图片、表格及公式,并添加题注,Word 可以为题注建立图表目录。

在电子文稿中创建目录和索引的优势不仅在于其快速、简单,更重要的是文稿内容修改后,通过更新即可免除目录和索引的重新制作过程。

（1）创建目录

目录就是文档中各级标题的列表,通常制作目录只用三级标题即可。Word 可以通过标题样式创建目录,方法如下。

① 在文章前部插入一个新页,在该新页首行输入"目录",并回车。确定目录的添加位置。

② 单击"引用"选项卡中"目录"选项组的"目录"命令,在子菜单中再单击"插入目录"命令,弹出"索引和目录"对话框,如图 3.51 所示。

③ 单击"索引和目录"对话框中的"目录"选项卡,显示"目录"选项卡选项内容。

④ 单击"格式"区右侧的选择按钮,显示 Word 预设置的若干种目录格式,通过"预览"区查看设置效果。

⑤ 单击对话框中"显示级别"框右侧的选择按钮,可以设置生成目录的标题级数(默认三级目录);单击对话框"制表符前导符"区的相应选项,确定目录内容与页号之间的连接符号格式。

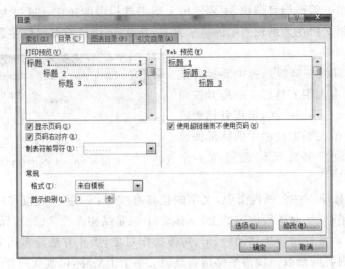

图 3.51 索引和目录对话框

⑥ 完成设置后,单击"确定"按钮,即可自动生成目录内容。

(2) 修改目录段落格式

单击"开始"选项卡中"样式"选项组右下角的"样式"按钮 ,从"样式"对话框中选择目录级别,单击"修改",可修改选中目录的格式。

(3) 更新目录

长文档进行修改后,不但目录的页号可能发生变化,结构上也会出现增删现象。这时已经生成的目录就需要重新制作。在 Word 中运用"样式"生成目录后,经过简单操作就可完成对目录的更新。更新目录的方法是:在预更新的目录上右击,在出现的快捷菜单中单击"更新域"命令项,显示"更新目录"对话框,单击"确定"按钮。

3. 为插图加题注及交叉引用

对于字、表、图混合编排的大型文稿,编辑过程中出现的图片、表格或公式等对象存在相对的连续性。在处理上通常是为其建立带编号的说明段落,即"题注"。

一旦为图表内容添加了题注,相关正文内容就需要设置引用说明。例如,创建图片题注后,相应的正文内容就需要建立引用说明,以保证图片与文字的对应关系。这一引用关系就称为"交叉引用"。

(1) 为图片添加题注

将鼠标移到图片上,右击,弹出快捷菜单,选择"添加题注"命令,显示"题注"对话框,如图 3.52 所示,题注区自动显示题注编号。"标签"可以使用"新建标签"按钮更改;题注编号格式可以通过"编号"按钮设置。如果需要添加文字说明,可在题注尾部输入文字。题注格式设置可在"样式和格式"中修改。

图 3.52 "题注"对话框

（2）添加图片的交叉引用

交叉引用可以将文档中的插图、表格类的内容与相关正文的说明内容建立对应关系，既方便阅读，也为编辑操作提供自动更新手段。交叉引用的对象包括标题、脚注、题注等。交叉引用的对象中均包含"域"，引用结果将形成变量，从而提供了自动跟踪状态。例如，一旦为插图建立带编号的"题注"，文章内容中的交叉引用将与之对应。当插图题注的编号更新后，交叉引用的编号也将随之更新。

建立交叉引用的方法是：在文档中要插入引用的位置单击，确定插入点；单击"插入"选项卡下"题注"选项组的"交叉引用"（引用子菜单中）；从弹出的"交叉引用"对话框中选择引用类型及引用内容，单击"插入"按钮，关闭对话框，如图 3.53 所示。

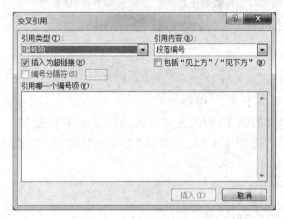

图 3.53 "交叉引用"对话框

4. 创建图表目录

图表目录的创建与目录相似，但索引对象不是"标题"样式，而是"题注"样式。

要建立图表目录，首先要确认要建立图表目录的图片、表格或图形添加有题注，如果没有添加题注，需要用下面的操作方法添加。选定图片或表格，单击"引用"选项卡，在"引用"功能区内单击"插入题注"按钮，打开"题注"对话框。在该对话框中单击"标签"下拉列表，选择一种合适的标题，然后在"位置"中选择是把题注放到图片或表格的上方还是下方。

所有的表格或图片插入题注后，即可为图表生成目录了。具体操作步骤如下。

单击"引用"选项卡，在"引用"功能区中单击"插入图表目录"按钮。在"图表目录"对话框中选中"显示页码"和"页码右对齐"；根据需要单击"制表符前导符"下拉列表，选择在页码与题注之间的前导符；单击"格式"下拉列表，选择一种风格的图表目录样式，一般选择"来自模板"；单击"题注标签"下拉列表，选择文档中使用的题注标签类型；选中"包括标签和编号"，单击"确定"按钮，生成图表目录。

5. 建立章节分隔

插入"分节符"建立章节分隔，可在文档中的不同部位设置不同的页面级格式选项。建立章节分隔，可通过"页面布局"选项卡下"页面设置"选项组中的"分隔符"命令实现。分隔符包括分页符和分节符,它的列表如图 3.54 所示,对话框中的分节符类型如表 3.6 所示。

表 3.6　分节符的类型

选项	功　　能
下一页	在插入分节符的同时插入分页符,新节开始于新页的开头,当前页剩余部分保留为空白。主要用于文档中开设新主题,或者在下一页改变页面格式
连续	插入分节符,但不插入分页符,新节在页面中紧接着插入点所在位置的上方开始,主要用于在同一页中从单栏版式切换到多栏版式
偶数页	在插入点后的第一个偶数页上插入分页符和分节符,如果选择本选项时插入点就在偶数页,Word 将跳过下一页(奇数页),将其保留为空白,然后在下一个偶数页开始新节
奇数页	在插入点后的第一个奇数页上插入分页符和分节符,如果选择本选项时插入点就在奇数页,Word 将跳过下一页(偶数页),将其保留为空白,然后在下一个奇数页开始新节

6. 创建分栏版式

(1) 文字分栏

分栏排版操作步骤如下。

① 选定要分栏排版的文字,若未选定文字,则是对整篇文档进行分栏排版。

② 单击"页面布局"选项卡下"页面设置"选项组中的"分栏"命令,弹出图 3.55 所示对话框。各选项含义如下。

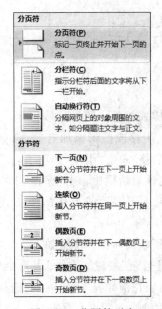

图 3.54　分隔符列表

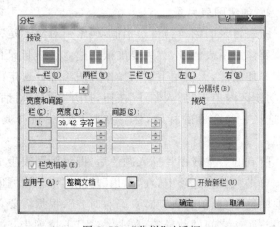

图 3.55　"分栏"对话框

- 预设。在此有 5 个分栏选项,其中的"一栏"、"两栏"和"三栏"为等栏宽分栏,而"左"和"右"是两种不等栏宽的双栏排版。
- 分隔线。若要在各栏之间增加一条分隔线,则需选定本项。
- 栏数。在文本框中输入分栏的栏数。

- 栏宽相等。选定本项是等栏宽设置。若把原为等栏宽的设置改为不等栏宽,则不要选定本项,然后在"宽度和间距"面板上为每一栏输入栏宽和间距。
- 应用于。有 5 个选项——"整篇文档"、"本节"、"插入点之后"、"所选文字"和"所选节"(只有在打开"分栏"对话框之前选定了文字才会出现后两项,同时"本节"、"插入点之后"项消失),在此可以对不同文字进行分栏。

(2)删除分栏

把光标定位在已分栏的文本中任一点,在分栏对话框上部的"预设"面板中选定"一栏"项,就可以删除分栏效果。

(3)调整栏宽和间距

在分栏对话框的"宽度"和"间距"文本框内逐栏修改各栏宽度和间距就可以了。

(4)单栏、双栏及多栏混排

可以在同一文档中将文字分成不同栏数。例如,把标题设为单栏,把正文分为多栏等。这种分栏操作很简单,只需分别选定要分栏的文字,然后分别设置不同的栏数即可。

(5)插入分栏符

在多栏排版时,若要把某些文字段落强制性地排到另一个栏内,则可以使用分栏符,插入分栏符后的段落将排到下一栏。操作的方法是先单击该处,再单击"页面布局"选项卡下"页面设置"选项组中的"分隔符"命令,然后在出现的选项中选择"分栏符"。

7. 使用页眉和页脚

页眉和页脚分别位于文档页面的顶部或底部的页边距区域中,其上包含了一些重复信息,如一本书的书名、页码、每章的标题或公司徽标等图形与符号。在页眉和页脚中插入时间、页码,就是插入了一个提供时间和页码信息的域(内容将自动更新)。

(1)添加页眉和页脚

单击"设计"选项卡下"页眉和页脚"选项组中"页眉"或"页脚"命令,出现"页眉"或"页脚"工具栏和页眉编辑区(虚线框内),如图 3.56 所示。与此同时,当前文档中的文本变暗,说明此时不能编辑文本。

图 3.56 "页眉和页脚"工具栏

该工具栏上有许多功能按钮,使用它们可以把最常见的信息插入到页眉或页脚中。

可以直接在页眉或页脚区内输入文本,比如输入"大学计算机应用基础",如图 3.56 所示。使用"插入"选项组上的按钮可以插入当前日期、时间、页码。使用"导航"选项组的按钮切换到页脚编辑区,然后在此输入页脚内容。

设置完毕之后单击"关闭页眉和页脚"按钮。

提示：使用"页眉和页脚"选项组上的"页码"和"设置页码格式"按钮可以在页眉或页脚插入不同格式的页码，也可以通过"插入"选项卡下"页眉和页脚"选项组的"页码"命令插入不同格式的页码。

（2）为奇、偶页设置不同的页眉和页脚

一般图书奇、偶页上的页眉和页脚是不相同的。奇数页的页眉上一般插入该章的名称和页码，而偶数页的页眉上插入该书的名称和页码。

按下述操作可以为奇、偶页设置不同的页眉和页脚。

① 单击"页面布局"选项卡下"页面设置"选项组右下角的页面设置按钮 ，出现"页面设置"对话框，如图3.57所示。

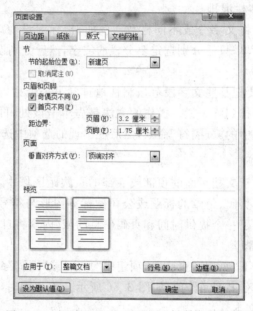

图 3.57　在"页面设置"对话框中设置页眉和页脚

② 单击"页眉和页脚"框下的"奇偶页不同"和"首页不同"两个复选框。当选定"奇偶页不同"复选框时，就可以为奇、偶页设置不同的页眉和页脚；当选定"首页不同"时，就可以使第1页的页眉和页脚与其他页不同。页眉和页脚边界的距离可以在"页眉"和"页脚"文本框内输入。

③ 单击"确定"按钮，在页面设置后单击"页眉和页脚"工具栏，则在第1页的顶部页边距区域内出现"首页页眉"区。在页眉设置后单击"在页眉和页脚间切换"按钮进入"首页页脚"区，然后设置页脚，若首页不需要页眉和页脚，则在此可不输入任何内容。

8. 脚注与尾注

脚注和尾注是对文本的补充说明：脚注一般位于页面的底部，可以作为文档某处内容的注释；尾注一般位于文档的末尾，用于列出引文的出处等。脚注和尾注由两个关联的部分组成，包括注释引用标记和其对应的注释文本。用户可让 Word 自动为标记编号或创建自定义的标记。在添加、删除或移动自动编号的注释时，Word 将对注释引用标记重新编号。

插入脚注和尾注的步骤如下。

① 将插入点移到要插入脚注和尾注的位置。

② 单击"页面布局"选项卡下"脚注"选项组右下角的"脚注"按钮，出现如图 3.58 所示的"脚注和尾注"对话框。

③ 在"位置"栏中可选择"脚注"或"尾注"选项。

④ 在"格式"栏中可设置脚注或尾注的编号格式，当添加、删除、移动脚注或尾注引用标记时重新编号。

⑤ 如果文档中有"分节符"，可以通过选择"应用更改"设定编号的适用范围。脚注或尾注的编号可以按整篇文档连续编号，也可以只在"节"内连续编号，不同的"节"内重新编号。

图 3.58 "脚注和尾注"对话框

⑥ 单击"插入"按钮后，就可以开始输入脚注或尾注文本。输入脚注或尾注文本的方式会因文档视图的不同而有所不同。

3.3 电 子 表 格

使用表格来处理数据，具有条理清晰、简洁明了的优点。所以在日常工作中，人们经常编制和处理各种表格。随着计算机软件的发展，电子表格诞生了。电子表格（Spread Sheet)是指在计算机上存放和使用的、由行和列组成的表格。电子表格的数据可方便地进行编辑、修改、排序、计算、查找和统计。

3.3.1　Excel 基本操作

Excel 的主要功能是制作各种电子表格。数据的自动填充功能方便地输入数据；自动计算功能可以自动处理数据；公式可以对数据进行复杂的运算；数据可以用各种统计图表的形式直观、明了地表现出来，还可以进行管理和分析。在对图表的格式控制方面，可以手动设置各种数据格式，也可以使用自动套用格式，最后得到满足需要的电子表格。

Excel 窗口的界面如图 3.59 所示，该窗口主要由标题栏、快速访问工具栏、功能区、工作表标签、编辑栏和状态栏等部分组成。

3.3.1.1　Excel 基本概念

1. 工作簿

Excel 中用于计算和存储表格内容的文件称为工作簿，用来组织和存放工作表。每一个工作簿可包含若干个工作表，默认情况下包含 3 个工作表。若工作需要，可随时插入和删除工作表。不过一个工作簿最多只能包含 255 个工作表。

启动 Excel 后,系统会自动打开一个新的、空白的工作簿,Excel 给它赋予一个临时的名字"工作簿 1",其扩展名为".xlsx"。保存工作簿时,可以给它赋予新的名字。

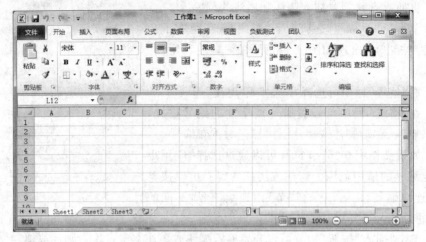

图 3.59　Excel 2010 窗口组成

2. 工作表

工作表即是工作簿窗口中由暗灰线组成的表格,它是 Excel 的基本工作界面,一切操作都在此进行。

每张工作表的行号用数字 1,2,3…表示,最多可达 65 536 行;而列标是用 A,B,C…Z,AA…IV 表示,最多可达 256 列。所以一张表格最多可有 65 536×256 个单元格。行号和列标的位置如图 3.60 所示。

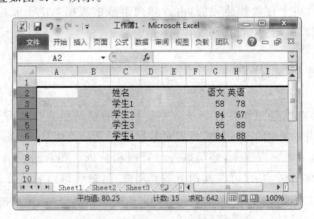

图 3.60　Excel 2010 工作簿窗口

3. 工作表标签

工作表标签位于工作簿窗口的底部,如图 3.60 所示,用来显示工作表的名称(默认情况下显示 Sheet1、Sheet2、Sheet3 等工作表名称),单击这些标签就可以在工作表之间切换。若工作簿中的工作表较多,可通过单击工作表标签行最左端的 4 个小箭头按钮来显示不可见的工作表标签。

4. 单元格

单元格是由横线和竖线分隔成的格子,是工作表最基本的存储数据的单元,每个单元格最多能保存 32 000 个字符,这足以满足各行各业的需要。

单元格的地址是由行标和列标组成的。例如,第 10 行、第 4 列的单元格地址为 D10(或 d10,但不能用 10d)。当单击某个单元格时,该单元格地址就显示在编辑栏左端的名称框内,并且该单元格成为活动单元格(带有一个粗黑框),这样就可以在其中输入或编辑数据了。

5. 活动单元格

活动单元格指当前正在使用的单元格,由黑框框住,也称"当前单元格"。参见图 3.60。

6. 编辑栏

编辑栏在工作表列标题栏的上方,是对单元格内容进行输入和修改时使用的。

3.3.1.2　工作表及单元格的选定

1. 工作表的选定

尽管一个工作簿文件包含多张工作表,但在某一时刻只能在一张工作表上工作。这意味着只有一个工作表处于活动状态,该工作表通常称为活动工作表或当前工作表,标签以反白显示。Excel 启动时,"Sheet1"为当前活动工作表,此时所有的操作都是在 Sheet1 中进行的,也可以切换到其他工作表操作。

单击工作表标签即可选定该工作表;若要同时选定多张工作表,按住 Ctrl 键,再单击这些工作表的标签;若要选定工作簿中的全部工作表,则右击任一个工作表的标签,然后在弹出的快捷菜单上单击"选定全部工作表"命令。

2. 选定单元格

在工作表中可选定单个单元格或单元格区域。在待选单元格上单击,即可选定单个单元格;用鼠标单击待选区域左上角的单元格,拖动到右下角单元格,放开鼠标,可选定一个区域;按住 Ctrl 键,用鼠标单击或拖动,可选定多个不相邻的单元格或区域;在工作表行标或列标上单击,可以选定整行或整列,拖动鼠标,可以选定连续的若干行或连续的若干列。行标和列标的交叉处(第 1 行上端、第 A 列左端的小方框),即工作表的左上角有一个空白按钮,单击它可以选定整个工作表。

3.3.1.3　输入数据

在 Excel 中可以输入两类数据。一类是常量,即可以直接键入到单元格中的数据。第二类是公式,公式是一个由常量值、单元格引用、函数、运算符等组成的序列,并从现有的值及所给公式中产生结果。

在输入数据之前,应先进入编辑状态,方法为双击要编辑的单元格,将光标插入单元格之内;或者选定单元格,在编辑栏中进行编辑。进入编辑状态后,编辑栏中的名字框之后会出现两个按钮,在编辑过程中,单击"×"取消当前操作,单击"√"确认当前操作并结束编辑状态。

1. 文本输入

包括英文字母、汉字、数字及其他符号,单元格中的默认显示为左对齐方式。注意,输入数字字符时,应先输入一个单引号,再键入数字,否则 Excel 会把它自动处理为数值型而不是字符型数据。若输入文字超出单元格宽度时,在右边单元格无内容情况下,则扩展到右侧单元格,否则截断显示,多余部分自动隐藏。

2. 数值输入

包括数字(0~9)和＋、－、＄、％、E、e 及小数点(.)和千分位(,)等特殊字符。默认显示方式是向右对齐。若输入数据超出单元格宽度时,Excel 自动以科学计数法表示,末位显示不下时,显示为四舍五入的形式。当单元格内容参与计算时,以输入数值为准,而不是以显示数值为准。

注意:如果在单元格中输入 1/2,系统会自动认为是 1 月 2 日,而不是二分之一。若想输入分数,则为了与输入的日期区分开来,必须在分数值输入之前在单元格中先输入数字 0 和空格。

3. 日期、时间数据输入

在单元格中输入可识别的日期和时间数据时,单元格的格式就会自动转换为相应的格式,而无须用户设定为日期和时间格式。Excel 常见的格式有"mm/dd/yy"、"dd-mm-yy"、"hh:mm (am/pm)",其中 am/pm 与 mm(分钟)之间应有空格分隔,否则 Excel 将当做字符处理。按组合键 Ctrl＋;可以输入系统当天的日期;按组合键 Ctrl＋Shift＋;可以输入系统当天的时间。

3.3.1.4 数据自动填充

在输入数据和公式的过程中,如果输入的数据具有某种规律,如完全相同的数据、等差数列、等比数列、日期、星期、月份等,用户不必一一输入数据,可以采用数据的自动输入功能来完成。

1. 输入序列

这种方法可以按照用户的要求输入一个序列。步骤如下。

(1) 在序列的第一个单元格输入数据作为初值。

(2) 选定序列所填充的单元格区域。

(3) 打开"开始"选项卡,执行"编辑"组中的"填充"命令,在子菜单中选择"序列"命令,弹出如图 3.61 所示的对话框;选择填充类型,填入步长值,步长为正值时,以递增方式填充,步长为负值时,以递减方式填充。如果没有选定序列所在的区域,需选择序列产生的方向,即行或列,填入终止值,以确定数据区域的范围。

(4) 单击"确定"按钮,就会在指定的区域内填充所需的内容。

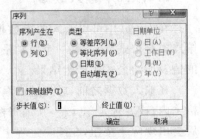

图 3.61 "序列"对话框

2. 自动填充

自动填充功能可填充标准序列、一系列数字和日期,甚至还可以是自定义的序列,但必须先告诉 Excel 在开始时如何去做。

选择某个单元格或区域后,将看到整个选定区域矩形框的右下角有一个小黑四方块,这就是填充柄。当鼠标指针指向填充柄后,它会变成一个细的黑十字。使用自动填充功能时,只需按住填充柄拖动,释放鼠标后,Excel 即会用数值填充拖过的每个单元格。至于用什么数值填充,这将取决于第一个单元格中的内容和它的变化趋势。

下面介绍自动填充序列的方法。步骤如下。

① 选定初始值。可以是一个单元格,也可以是已填好的几个连续单元格,在其中输入相应的内容。

② 拖拽填充。把鼠标移到所选区域的右下角,鼠标指针变成黑色的十字光标,向指定方向拖动鼠标到要填充的区域,放开鼠标后就完成了自动填充。如在指定单元格内输入星期一,填充完成后,填充区域将填入星期二、星期三……星期日等。

③ 拖动鼠标时按住 Ctrl 键,填充的内容则是开始拖动前所选内容的复制。

需要指出的是,在 Excel 中预先定义的系列数据总是有限的。对不同的用户,会有各自特有的常用系列数据。例如,学校可能有序列"数学、物理、化学、生物、地理……",这些数据项间并无规律可循。要自动填充这样的序列,必须遵守"先定义后使用"的原则。

3. 建立自定义的"自动填充"序列

建立自定义的"自动填充"序列步骤如下。

(1) 先将自定义序列加入到选项卡中。选择"文件"→"选项"→"高级"→"常规"→"自定义功能区"→"自定义排序",添加到选项卡,然后再从选项卡中打开,可显示自定义序列对话框,如图 3.62 所示。

图 3.62 "自定义序列"选项对话框

(2) 在自定义序列选项卡上单击"添加"按钮,光标跳到"输入序列"框中。

(3) 输入新的序列,每一序列项用回车键结束,在"输入列表框"中占一行。

(4) 新序列建好后,单击"确定"按钮。

在以后的数据输入过程中,定义过的序列就可以利用自动填充功能完成数据的输入。

4. 在不连续的单元格中输入相同的内容

这里介绍一种在不连续的单元格中快速输入相同内容的方法。例如,若想在不连续的 5 个单元格中输入"CAD"字样,则先按住 Ctrl 键来选定这些单元格,再在最后一个单元格中输入"CAD",然后按下 Ctrl+Enter 组合键。

3.3.1.5 数据编辑

1. 清除数据

选择"开始"选项卡下"编辑"选项组的"清除"命令,弹出级联菜单,选择"清除格式"、"清除内容"、"清除批注"或"清除超链接"命令,将分别只清除单元格的格式、内容、批注或超链接;选择"全部清除"命令,将单元格的格式、内容、批注、超链接全部清除,单元格本身仍留在原位置不变。若选定区域后按下 Del 键,相当于选择清除"内容"命令。

2. 移动和复制数据

数据移动和复制的多种方法如下。

(1) 剪贴板操作

先选定要移动或复制的数据,若要移动则选"剪切"命令,复制选"复制"命令,再选定和源数据区域大小相同的目的区域或目的区域的左上角单元格,然后使用"粘贴"命令,就完成了一次移动或复制的工作。复制可以进行多次,移动只能进行一次。

选定区域后,如果执行"编辑"组中的"选择性粘贴"命令,可以对单元格的多种特性有选择地粘贴,还能在粘贴的同时进行算术运算、行列转置等。"选择性粘贴"对话框如图 3.63 所示。

图 3.63 "选择性粘贴"对话框

图 3.64 移动和复制的快捷菜单

(2) 鼠标操作

更便捷的方法是直接使用鼠标拖拽的方法来实现:先选定要移动或复制的数据,将鼠标移动到区域的边界位置,待鼠标指针变成十字箭头形状后拖动鼠标,放开鼠标后,就完成了数据的移动。如在拖动的同时按下 Ctrl 键,则进行数据的复制,此时鼠标指针的右上方会出现一个小十字,表示正在做的操作是复制。

右击选定的区域,会弹出一个快捷菜单,如图 3.64 所示。该快捷菜单可以实现数据的移动、复制、选择性粘贴等操作。编辑工作表时,使用快捷菜单是一种很好的方法。

3. 插入和删除单元格、行、列

(1) 插入

① 插入行时,若在某行上方插入一行,则选定该行(若插入多行,则要选定所需的行数,如想插入 3 行,可先选定 3 行),而后单击"开始"选项卡,执行"插入"组中的"插入工作表行"命令。

② 插入列时,若在某列左侧插入一列,则选定该列(若插入多列,可选定所需的列数),而后单击"开始"选项卡,执行"插入"组中的"插入工作表列"命令。

③ 插入单元格时,若在某单元格的上方或左侧插入单元格,则先选定该单元格,然后单击"开始"选项卡,执行"插入"组中的"插入单元格"命令,出现如图 3.65 所示的"插入"对话框,该对话框中有 4 个单选项。若选定"活动单元格右移",则是在选定的单元格左侧插入单元格;若选定"活动单元格下移",则是在选定的单元格上方插入单元格;若选定"整行"或"整列",则是在选定的单元格上方或左侧插入一整行或一整列。最后单击"确定"按钮即可。

(2) 删除

执行数据清除,只能清除单元格中的数据,而单元格尚在,若要彻底删除,则要单击"开始"选项卡,执行"编辑"组中的"删除"命令,之后其他行、列或单元格的位置也相应自动变化。删除操作是插入操作的逆过程,单元格的移动方向为插入时的逆方向。"删除"对话框如图 3.66 所示。在活动单元格上右击,弹出的快捷菜单也能方便地实现上述两种操作。

图 3.65 "插入"对话框

图 3.66 "删除"对话框

与 Office 的其他组件类似,对数据的编辑过程中,可以使用快速访问工具栏中的"撤消"和"恢复"按钮,撤消或恢复以前的若干步操作。

4. 设置有效数据

当在单元格内输入数据时,有时需要限制输入的数据。如满分为 100 分的学生成绩,其值只能介于 0～100 之间,为防止输入无效数据,可设置数据的有效性来实现。步骤如下。

① 选定要增加有效检查的区域。

② 执行"数据"选项卡下"数据工具"选项组的"数据有效性"命令,弹出如图 3.67 所示的"数据有效性"对话框。

③ 在"允许"组合框中选择允许输入的数据类型,如"整数"、"时间"、"序列"等,在"数

据"组合框中选择所需操作符,如"介于"、"大于"、"不等于"等,然后在最大值、最小值栏中根据需要填入数值即可。

"输入信息"标签用于设置输入提示信息。当用户选定设置了有效数据的单元格时,该信息会出现在单元格旁边,提示用户应输入的数据或数据的范围,输入后提示信息将自动消失。"出错警告"标签用于设置出错信息,当输入的数据不符合设定值时,将出现该信息。

如在有效数据单元格中允许出现空值,可选"忽略空值"复选框。单击"全部清除"按钮,可以取消该有效数据的设置。

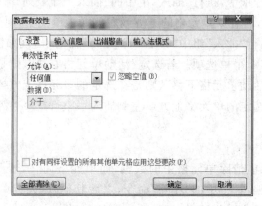

图 3.67 "数据有效性"对话框

3.3.2 工作表的编辑和格式化

3.3.2.1 工作表的插入、删除和重命名

1. 工作表的插入和删除

插入和删除工作表的操作很简单。先选定要插入或删除的工作表或工作表组,执行"开始"选项卡下"单元格"选项组的"插入"菜单的"插入工作表"命令,或"删除"菜单的"删除工作表"命令,就可以实现工作表的插入和删除。插入的空白工作表成为活动工作表,删除的工作表不能使用"快速访问工具栏"的"撤消"按钮恢复。

2. 工作表的重命名

系统默认的工作表名为"Sheet?"的形式,用户可以使用自定义的工作表名,即重命名工作表,方法为双击要改名的工作表标签,标签呈反白显示,键入一个新的名字后回车,即可完成重命名工作。

3.3.2.2 工作表的复制与移动

第一种方法是单击要移动的工作表并拖动鼠标,标签上方出现一个黑色小三角,以指示移动的位置,当黑色小三角出现在指定位置时,放开鼠标就实现了工作表的移动。如果想复制工作表,则在拖动的同时按下 Ctrl 键,此时在黑色小三角的右侧出现一个"+"号,表示工作表复制。复制后的工作表在原工作表名后增加了"序号",如 Sheet1(2)等。此方法适用于在同一工作簿中移动或复制工作表。

第二种方法是先打开源工作表和目的工作表,在源工作表中选定要移动或复制的工作表。再选择"开始"选项卡下"单元格"选项组中"格式"菜单的"移动或复制工作表"命令,弹出如图 3.68 所示的对话框,之后选择目的工作表和插入位置,如移动到某个工作表之前或移到最后。单击"确定"按钮,即完成了不同工作簿间工作表的移动,若选择"建立副本"复选框,则为复制操作。

图 3.68 "移动或复制工作表"对话框

3.3.2.3 隐藏和取消隐藏工作表

某些工作表的内容不允许他人随意查看,可以将其隐藏起来。先选定要隐藏的工作表为当前工作表,再选择"开始"选项卡下"单元格"选项组中"格式"菜单的"隐藏或取消隐藏"命令的"隐藏"子命令,这时当前工作表就从当前工作簿中消失。当需要再次查看该工作表时,单击"格式"菜单的"隐藏或取消隐藏"命令的"取消隐藏"子命令即可。

3.3.2.4 工作表窗口的拆分与冻结

工作表窗口可以拆分成几个窗口,以便在不同的窗口中显示同一工作表的不同部分。工作表窗口的上部和左部都可以冻结,不随滚动条而移动。工作表的保护可以限定其他用户使用该工作表的权限,以防他人阅读、修改工作表等。

1. 工作表窗口的拆分

如果希望比较工作表中相距较远不能在屏幕上同时显示的数据时,可将工作表拆分为最多 4 个窗口。

选择"视图"选项卡下"窗口"选项组的"拆分"命令,活动单元格的左侧和上方将出现两条粗杠形的拆分线,做到同时拆分,如图 3.69 所示。如将活动单元格选在第一行,则只作垂直拆分,选在第一列,则只作水平拆分。直接用鼠标拖动窗口中的水平或垂直拆分线,可以实现拆分窗口大小的调整。

2. 工作表窗口的冻结

如滚动窗口时希望某些数据不随窗口的移动而移动,可应用窗口的冻结操作。窗口的冻结亦分为水平冻结、垂直冻结和水平垂直同时冻结 3 种。

选择"视图"选项卡下"窗口"选项组的"冻结窗格"命令,冻结线为黑色的细线,窗口冻结后,水平冻结线上方的数据将不随垂直滚动条的滚动而移动,垂直冻结线左侧的数据将不随水平滚动条的滚动而移动。若要取消冻结,执行"视图"选项卡下"窗口"选项组的"冻结窗格"菜单下"撤消窗格冻结"命令即可。窗口冻结可以先拆分后冻结,也可以不拆分直接冻结。

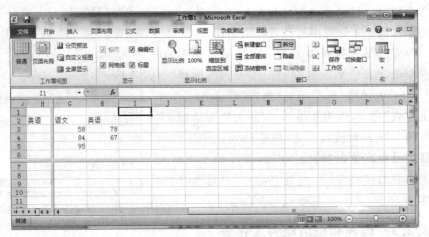

图 3.69　水平、垂直拆分窗口示意图

3.3.2.5　工作表格式化

1. 自定义格式化

自定义格式化可以通过"开始"选项卡下"单元格"选项组"格式"菜单的各按钮实现。执行"格式"菜单的"行"、"列"命令,可以调整行高或列宽。还可以将选定的行或列隐藏起来或取消隐藏。"格式"菜单的"工作表"命令可以隐藏工作表、重命名工作表以及给工作表添加背景。格式化也应"先选定后操作",执行格式化之前应先选定格式化的区域。执行"格式"菜单中的"设置单元格格式"命令,会打开"设置单元格格式"对话框,其中可以设置 6 个方面的内容:数字、对齐、字体、边框、填充和保护,如图 3.70 所示。

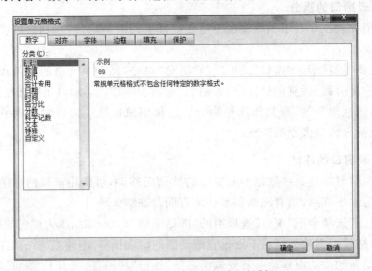

图 3.70　"设置单元格格式"对话框

对于一个完整的工作表而言,仅有数据是不够的,它还应具有层次分明、结构性强、条理清晰以及可读性好等特点。因此,适当地对工作表的显示格式、对齐方式等方面作一些修饰,可以提高工作表的美观性和易读性。

改变单元格内容的颜色、字体、对齐方式等,称为格式化单元格。对工作表的显示方式进行格式化,又称格式化工作表。

另外,Excel 提供了多种预设的制表格式,通过自动套用来格式化表格。

2. 条件格式化

在日常应用中,用户可能需要将某些满足条件的单元格以指定样式显示。例如,在学生考试成绩表中,以特殊格式显示分数高于 90 和低于 60 的单元格。为此,Excel 为用户提供了条件格式功能。条件格式功能可以根据指定的公式或数值来确定搜索条件,然后将格式应用到符合搜索条件的选定单元格中,并突出显示要检查的动态数据。也就是说,如果单元格格式(如单元格中的数字)满足指定的条件,Excel 就会自动将条件格式应用于该单元格。设置单元格的条件格式,可按如下步骤操作。

① 选定要设置条件格式的单元格或区域,如图 3.71 所示。

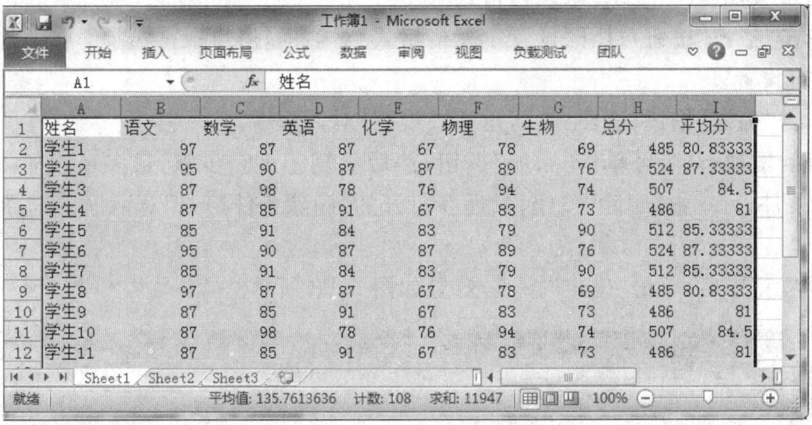

图 3.71　设置条件格式区域示意图

② 单击"单元格"选项组的"条件格式"命令,打开如图 3.72 所示的"新建格式规则"对话框。

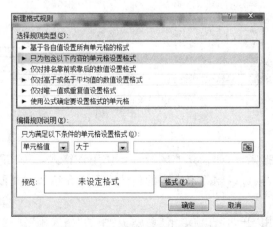

图 3.72　"新建格式规则"对话框

③ "新建格式规则"对话框中用于条件设置的选项包括条件框、运算符框和输入框。具体内容如下。

- 条件框。单击该框右侧的下拉箭头,从中选择"单元格值"选项,可对含有数值或其他内容的单元格应用条件格式(默认);选择"公式"选项,可对含有公式的单元格应用条件格式,但指定公式最后的求值结果必须能够判定真假。本例中选用"单元格值"。

- 运算符选择框和数值输入框。单击运算符框右侧的下拉箭头,可选择格式设置时所需的运算符。当选择"介于"或"未介于"时,输入框变成 2 个,用于指明范围的上限和下限。输入公式时,公式前必须加等号"＝"。本例中选用"未介于"运算符,并在后面两个编辑框中输入"60"和"90",表示对单元格数值介于 60 以下和 90 以上的单元格进行设置。

- 格式预览框。格式预览框用于显示单元格格式设置效果。开始时,由于未设置任何格式,故其中显示"未设置格式"字样。

④ 单击"格式"按钮,打开"设置单元格格式"对话框,用户根据需要,可对字体、颜色、边框等进行设置。

⑤ 单击"确定"按钮,返回到"新建格式规则"对话框中。

⑥ 若要增加条件,可单击"添加"按钮,然后重复③～⑤步骤,最多可设置 3 个条件;若要删除条件,可单击"删除"按钮,然后在打开的"删除条件格式"对话框中选择要删除的条件。

⑦ 设置完毕后,单击"确定"按钮,效果如图 3.73 所示。

图 3.73　设置条件格式后的效果

3. 复制和删除

对已格式化的数据区域,如果其他区域也要使用该格式,不必重复设置格式,可以通过格式复制快速完成,也可以删除不满意的格式。下面介绍如何复制和删除格式。

（1）复制格式

格式复制一般使用"开始"选项卡下"剪贴板"中的"格式刷"。首先选定要复制的格式区域,然后单击"格式刷"按钮,这时鼠标指针变成刷子形状。把鼠标移到目标区域,拖动鼠标,鼠标拖过的地方将复制成指定的格式。

还有一种方法可以复制格式。使用"剪贴板"中的"复制"命令确定要复制的格式,再选定目标区域,执行"剪贴板"中的"选择性粘贴"命令,或右击,从弹出的快捷菜单中选择该命令,在打开的对话框中选择"格式"单选框,这样就可以将所复制区域的格式复制过来。

（2）删除格式

选定要删除格式的区域,选择"开始"选项卡下"编辑"选项组"清除"项中的"清除格式"命令,就可删除已设定的格式,使该区域中的数据以通用格式来表示。

4. 隐藏与取消行和列

在用户建立的工作表中,有些数据可能涉及个人隐私,有些数据是机密的。为了不使其他人看见或对其操作,可以使用 Excel 提供的隐藏方法将其隐藏,需要时还可以取消隐藏。

在"开始"选项卡下"单元格"选项组的"格式"菜单的"行"、"列"子菜单中都包含了"隐藏"与"取消隐藏"这两个子命令。如果用户想隐藏某行或某列中的数据,应首先选定该行或列,然后单击"格式"菜单,选择"行"或"列"命令,打开其子菜单,并选择"隐藏"命令。

如果想恢复被隐藏的行或列,首先选定整个工作表,单击"格式"菜单,选择"行"或"列"命令,打开其子菜单,然后选择"取消隐藏"命令即可。

3.3.3　公式与函数

能够用公式来计算单元格的数据,是电子表格处理软件的特点。函数通常是公式的重要组成部分。在 Excel 中,函数功能得到进一步完善。

Excel 中的公式均以"="开头,例如"＝10＋56"。其中"＝"并不是公式本身的组成部分,而是系统识别公式的标志。函数的一般形式是"函数名（参数）",例如 SUM(A3：D8),表示把 A3 单元格和 D8 单元格所确定区域中的数据求和。

3.3.3.1　运算符

公式中使用的运算符有 4 种:数学运算符、比较运算符、文本运算符和引用运算符。

1. 数学运算符

数学运算符主要有:＋（加）、－（减）、＊（乘）、/（除）、＾（乘方）和％（百分比）。

使用这些运算符进行计算时,必须符合一般的数学计算准则,如"先乘除、后加减"等。

2. 比较运算符

比较运算符有:＝（等于）、＞（大于）、＜（小于）、＞＝（大于等于）、＜＝（小于等于）和＜＞（不等于）。使用这些运算符可比较两个数据的大小,当比较的条件成立时,为 TRUE（真）,否则为 FALSE（假）。例如,在单元格 C1 中输入公式"＝A1＞B1",当单元格 A1＝10,B1＝20 时,该公式的运算结果为 FALSE,即 C1 中的显示结果是 FALSE;但当把

A1 改为 30 并按回车键时,C1 中的显示结果自动变为 TRUE。

3. 文本运算符"&"

文本运算符"&"用于连接两段文本,以便产生一段连续的文本。例如,在单元格 A10 中输入"你",在单元格 B10 中输入"们",然后在 C10 中输入公式"=A1&B1&"好…"",则在按 Enter 键之后,单元格 C10 中显示"你们好…"字样。注意,公式中"好"两侧的引号必须在英文状态下输入,否则出错。

运算符的优先级从高到低的顺序如下:( )、%、^、* 、/、+、−、&、比较运算符。运算符优先级相同时,按从左到右的顺序计算。

3.3.3.2 函数

函数是 Excel 预先定义好的常用公式,其中包括常用函数、财务、统计、文字、逻辑、查找与引用、日期和时间、数学与三角函数等。函数的语法形式为"函数名称(参数 1,参数 2,……)",其中参数可以是常量、单元格引用、名称或其他函数。

函数是公式的组成部分,所以函数的输入可以像公式一样直接输入。键入等号后,输入函数名及各个参数,再单击"确定"。第二种方法是"粘贴函数法"——用鼠标单击"公式"选项卡下"函数库"选项组的"插入函数"按钮,或单击编辑栏的"="按钮,在出现的"公式选项板"的左侧有一个函数下拉列表框,单击向下的箭头,在函数列表中选其他函数。这 3 种操作都会打开"选择函数"列表框。如图 3.74 所示为"选择函数"列表框。

图 3.74 "选择函数"列表框

在其中选择函数类型后,出现"函数参数"对话框,如图 3.75 所示。这时就可直接在参数框中输入参数,参数可以是常量、单元格或区域。如果对单元格或区域没有把握,可单击参数框右侧"折叠对话框"按钮,以暂时折叠起对话框,显露出工作表,在工作表中选择单元格区域后,再单击"折叠对话框"按钮,来恢复"参数输入"对话框,输入完所有参数后,单击"确定"按钮,函数输入完毕。

Excel 的函数有 200 多个,分为财务、时间日期、数学与三角、统计、查找与引用、数据库、文本、逻辑、信息 9 种类型。可通过 Excel 的帮助了解函数的种类、功能及使用方法。

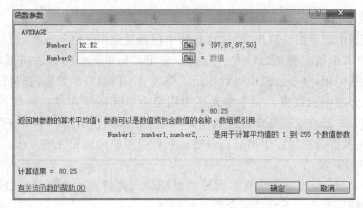

图 3.75 "函数参数"对话框

3.3.3.3 公式与函数应用

1. 自动求和

自动求和函数 SUM 是 Excel 中使用最多的函数之一。Excel 提供了自动求和功能,用以快捷地输入 SUM 函数。如果要对一个区域中的各行数据分别求和,可选择这个区域以及它下方一行的单元格,再单击"开始"选项卡下"编辑"选项组的 $\sum$ ("自动求和")

按钮。则各行数据之和显示在下方一行的单元格中。如果要对一个区域中各列数据分别求和,可选择这个区域以及它右侧一列的单元格,再单击"开始"选项卡下"编辑"选项组的 $\sum$ ("自动求和")按钮。各列数据之和显示在右侧一列的单元格中。图 3.76 中自动计算每个人的总分。

注意区域的选择,应包括数据区及其右侧的一列(或下一行)。

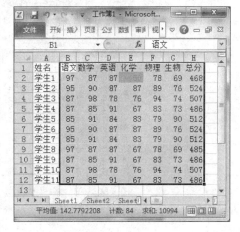

图 3.76 自动求和示意图

2. 自动计算

在状态栏右击,可显示自动计算快捷菜单。设置自动计算功能。选定单元格区域,计算结果将在状态栏中显示出来,状态栏中显示了选定区域数据值的总和。利用这一功能可以自动计算选定单元格的求和、均值、最小值、最大值、计数等。

3. 公式的自动填充

Excel 数据自动填充功能也适用于公式,当一个单元格中的数据用公式计算完成后,将鼠标移到填充柄处,拖动鼠标即可实现自动数据填充。填充结果能否自动调整,取决于开始所选择的单元格中的公式是相对引用还是绝对引用。下面介绍单元格的引用。

4. 单元格引用

公式的值是由若干值计算出来的,这些值中包括其他单元格的数据,当某个单元格的数据改变时,公式的值也将随之改变。公式中使用其他单元格的方法叫做单元格引用。通过使用单元格引用,一个公式中可以使用工作表上不同部分的数据,还可以使用同一工作簿上其他工作表中的数据。一个单元格引用是由单元格所在位置的列标和行标构成的。学会使用公式的重点就是能在公式中灵活地使用单元格引用。单元格引用包括相对引用、绝对引用和混合引用。下面分别讲述这几种引用的构成和使用方法。

(1) 相对引用

相对引用是指:当把一个含有单元格地址的公式拷贝到一个新的位置时,公式中的单元格地址会随着改变。下面举例说明。

在如图 3.77 所示工作表中的单元格 H2 中输入公式"B2+C2+D2+E2",将 H2 中的公式复制到 H3 和 H4 中,公式中的单元格地址发生了变化。为方便起见,将公式的两种显示状态都列在了图中。图 3.77 中 H 列显示的是公式的内容,图 3.76 中 H 列显示的是公式的值。实际操作时,这两组值在同一位置。可以通过切换(按 Ctrl+`)来查看这两种状态。通过上面的例子可以看出,输入公式时,单元格引用和公式所在单元格之间通过相对位置建立了一种联系。当公式被复制到其他位置时,公式中的单元格引用也作相应的调整,使得这些单元格和公式所在的单元格之间的相对位置不变,这就是相对引用。

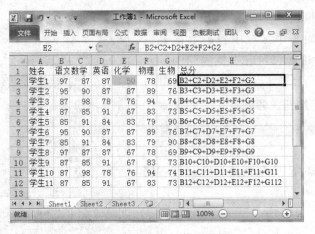

图 3.77 相对引用使用示例

(2) 绝对引用

大多数情况下,希望拷贝公式时单元格地址会跟着发生变化,但在某些时候是不需要这种变化的,这就必须使用绝对引用。绝对引用时,在列号和行号之前加上符号"$",就构成了单元格的绝对引用,如 C3、F6 等。

(3) 混合引用

在某些情况下,需要在拷贝公式时只有行或只有列保持不变,这时就需要混合引用,混合引用是指包含相对引用和绝对引用的引用。例如,$A1 表示列的位置是绝对的,行的位置是相对的,而 A$1 表示列的位置是相对的,而行的位置是绝对的。

另外,还可以引用其他工作表中的内容,其方法是在公式中包括工作表引用和单元格引用。例如,要引用工作表 Sheet3 中的 B18 单元格,就在公式中输入 Sheet3!B18,注意用感叹号"!"是将工作表引用和单元格引用隔开。另外还可以同时引用工作簿中多个工作表中的单元格。例 Sheet1:Sheet4!＄B＄18,表示对 Sheet1 到 Sheet4 的四张工作表中的＄B＄18 单元格的引用。还可以引用其他工作簿上的单元格,例如[Book]Sheet2!A9 指的是引用文件 Book 中的工作表 Sheet2 中的单元格 A9。

3.3.4 数据图表化

单元格区域中的数据代表了一定的含义,体现了值的多少,各个数据也不是孤立的,它们之间有着一定的联系。在工作中,常用图表(例如直方图、饼图等)表示工作表中的数据,称为"数据图表化",以达到直观、明了地表示数据相对值的大小、或数据间的相互比例关系。在 Excel 中,图表可以放在源工作表上,称嵌入式图表;也可以另建单独的图表工作表。嵌入式图表可以放在源工作表的任何位置上,甚至放在工作表数据的前面。

3.3.4.1 创建图表

下面以学生成绩表为例介绍创建简单图表的过程。

① 首先选择要建立图表的数据区域。

② 打开"插入"选项卡,单击"图表"选项组右下角的"创建图表"按钮。

③ 出现如图 3.78 所示"插入图表"对话框,从中选择所需的图表类型。

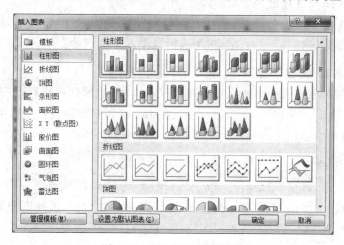

图 3.78 "插入图表"对话框

④ 选择出合适的图表形状,在屏幕任意空白处单击,即可建成简单的数据图表,如图 3.79 所示。

3.3.4.2 图表的编辑

图表的编辑就是对已经形成的图表进行修改或补充。创建好图表后,可以对图表及

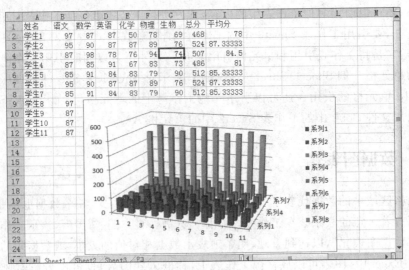

图 3.79　创建图表示例

图表对象进行编辑,比如移动图表和调整图表的大小,增加、删除数据,改变图表类型,三维图表的旋转,设置图表中文字的边框、区域、颜色、图案,坐标轴的格式以及图表背景等图表的外观形式。

单击"图表",将图表选中,就可以对图表进行编辑,这时菜单栏的内容会发生一些变化。"数据"菜单自动改为"图表"菜单,其他菜单的内容也会有些微小的变化。使用这些菜单命令可以对图表进行进一步的编辑。

一个图表由许多图表对象(图表项)组成,包括坐标轴、坐标轴标题、图表标题、绘图区、系列数据、图例、数据标记、数据表、图表区域等。编辑图表对象时应先选中它。

1. 图表的移动、复制和删除

可以把图表对象当做一个普通图形对象来对待,拖动鼠标可以移动图表;Ctrl+拖动可以复制图表;拖动方向句柄可以进行缩放;按 Del 键为删除图表。也可用"编辑"菜单和快捷键,在不同工作表和应用程序之间移动或复制图表。

2. 图表类型的改变

对已创建的图表,可以根据需要改变图表的类型。选择"图表工具"工具栏"设计"选项卡下的"更改图表类型"菜单项,打开"图表类型"对话框,可以改变图表类型和子类型。

3. 图表位置的改变

单击图表,选择"图表工具"工具栏"设计"选项卡下的"位置"菜单项"移动图表"菜单或单击,将鼠标放到图标的边角,出现方向图标时按左键拖动,打开"移动图表"对话框,可改变图表的位置,即该图表为独立图表或嵌入式图表。

4. 增加和删除图表数据

创建图表后,图表和创建图表工作表的数据区域之间建立了联系,当工作表中的数据发生变化时,图表中的对应数据也会自动更新。图表中的数据也可以删除或增加,但不影响工作表中的数据。

（1）删除数据系列

要删除数据系列时，只要选定所需删除的数据系列，按 Del 键即可把整个数据系列从图表中删除，但工作表中的数据不发生变化，相当于被删除的数据不用图表来表示，即一开始选定数据区域时没有选中该数据。

（2）添加数据系列

要给嵌入图表添加数据系列，若要添加的数据区域是连续的，只需选中该区域，然后将数据拖拽到图表位置即可。如果添加的数据区域不连续，则与独立图表添加数据系列操作相似。

选择"图表工具"工具栏"设计"选项卡下的"数据"选项组"选择数据"菜单或快捷菜单中的"选择数据"菜单项，可以重新选定数据区域，以更改图表数据系列。

5. 设置图表选项

选择"图表工具"工具栏的"图表布局"选项卡，可以编辑图表标题、坐标轴标题、选用和取消坐标轴、选取网格线、添加图例和确定其位置。还有添加数据标志和设置其显示形式，添加数据表。

3.3.4.3　图表格式化

图表对象的格式化包括设置文字和数值的格式、颜色、外观等。格式设置方法有：打开"图表工具"工具栏的"格式"选项卡，可以进行设置；或右击图表对象，打开快捷菜单，选择相应设置格式选项；或直接用鼠标双击该对象。这 3 种方法都可以打开格式设置对话框，对话框中有各种标签可供选择，最终可按需求设置出所需的格式。右击出现的快捷菜单如图 3.80 所示。

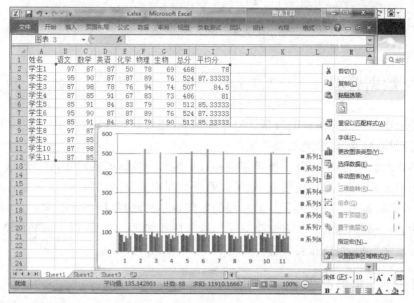

图 3.80　图表格式化的快捷菜单

① 文字。图表中的文字有图表标题、坐标轴标题、数据标识文字、图例文字、数据表、文字等。它们或为独立的图表对象，如图表标题，或分别包含在各个图表对象中，如图例文字包含在图例对象中，可以分别设置图案、字体、对齐 3 个标签内容。

② 坐标轴。坐标轴有分类轴和数值轴，可设置的格式有图案、刻度、字体、数字和对齐 5 个标签的内容。

③ 数据表。设置数据表的图案和字体。

④ 绘图区。设置绘图区的图案。

⑤ 图表区。设置图表区的图案、字体、属性。

图 3.81 所示是一个已格式化好的图表。

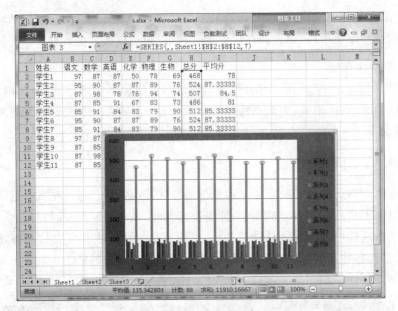

图 3.81　格式图表示例

3.3.5　数据管理

电子表格不仅具有简单的数据计算处理功能，还具有数据库管理的一些功能，它可以对数据进行排序、筛选、分类汇总等操作。

计算机对数据进行管理时，通常都是将数据组织为数据库的形式，在 Excel 电子表格中输入的数据，不必经过任何处理，就可以看做数据库来使用，其中的行称为记录，列称为字段，同一列的各单元格包含了性质相同的数据，同一行的数据彼此相关。例如：在学生成绩表中，同一列数据表示所有学生某一门课程的成绩，同一行数据表示某位学生的各科成绩。对这些数据，可以按需要进行排序、筛选和数据分类汇总。

3.3.5.1　数据清单

数据清单，也称数据表格，是包含相关数据的一系列工作表数据行，它可以像数据库一样使用。清单中的列被认为是数据库的字段,清单中的列标题被认为是数据库的字段名,清单中的每一行被认为是数据库的一条记录。建立数据清单的过程与建立工作表的过程一样。

数据清单与前面提到的工作表数据有所不同。它要求表的第一行为表头,由若干个字段名组成,不能是数字;表中不能出现空行或空列,每一列必须是性质相同、类型相同的数据。

3.3.5.2　使用记录单

一般情况下,一个实际数据清单中每个记录的字段比较多,这样必须借助滚屏方法来处理和显示数据,很不方便。Excel 提供了"记录单"的功能,它采用一个对话框展示出一个数据清单中所有字段的内容,并且提供添加、更改、删除以及查找记录的功能。

如果要使用记录单来管理数据清单,可以按照以下步骤进行(本例针对图 3.71 所示的电子表格进行操作)。

① 单击数据表中的任一单元格。

② 打开"文件"菜单,选择"选项"命令,选择"自定义功能区",然后选择所有命令,将"记录单"命令添加到自定义工具栏,单击"确定"。

图 3.82　记录单对话框

③ 单击"新建工具栏"选项卡下"记录单"命令,出现如图 3.82 所示的记录单对话框,记录单顶部显示了当前工作表的名称。记录单左边显示各个字段的名称,右边的文本框中显示该字段的记录值。记录单右上角显示当前记录是总记录数中的第几条记录。

④ 记录单中提供的几个按钮可以进行查看、添加、删除以及设置条件查找记录等操作。

3.3.5.3　数据排序

在电子表格中,可以按升序或降序对数据清单中的一列或多列数据进行排序。对英文字母按字母次序排序,汉字可按笔画或拼音排序。

1. 简单排序

只按照某一列数据排序称为简单排序。将活动单元格设置到要排序的列上,单击"数据"选项卡下的"排序和筛选"选项组的"排序"按钮,"降序"按钮是从大到小排序,"升序"按钮是从小到大排序。学生成绩表及简单排序结果如图 3.83 所示。

2. 复杂数据排序

在某些情况下,简单排序不能满足要求。如将学生成绩表按"总分"的高低排序,若总分相同,应按"数学"分来排序,若数学也相同,则按"物理"成绩排序。

复杂排序可使用"数据"选项组的"排序"命令实现。"排序"对话框如图 3.84 所示。

对学生成绩进行复杂排序的步骤如下:首先按"总分"降序排序,在"主要关键字"列

姓名	语文	数学	英语	化学	物理	生物	总分	平均分
学生1	97	87	87	50	78	69	468	78
学生8	97	87	87	67	78	69	485	80.83333
学生4	87	85	91	67	83	73	486	81
学生9	87	85	91	67	83	73	486	81
学生11	87	85	91	67	83	73	486	81
学生3	87	98	78	76	94	74	507	84.5
学生10	87	98	78	76	94	74	507	84.5
学生5	85	91	84	83	79	90	512	85.33333
学生7	85	91	84	83	79	90	512	85.33333
学生2	95	90	87	87	89	76	524	87.33333
学生6	95	90	87	87	89	76	524	87.33333

姓名	语文	数学	英语	化学	物理	生物	总分	平均分
学生2	95	90	87	87	89	76	524	87.33333
学生6	95	90	87	87	89	76	524	87.33333
学生5	85	91	84	83	79	90	512	85.33333
学生7	85	91	84	83	79	90	512	85.33333
学生3	87	98	78	76	94	74	507	84.5
学生10	87	98	78	76	94	74	507	84.5
学生4	87	85	91	67	83	73	486	81
学生9	87	85	91	67	83	73	486	81
学生11	87	85	91	67	83	73	486	81
学生8	97	87	87	67	78	69	485	80.83333
学生1	97	87	87	50	78	69	468	78

图 3.83　学生成绩表及简单排序

图 3.84　"排序"对话框

表框中选择"总分",选"降序"单选按钮。在"次要关键字"列表框中选择"数学",选"降序"单选按钮。在"第三关键字"列表框中选择"物理",选"降序"单选按钮。填写完多个排序关键字及其排序顺序后,单击"确定"按钮,即可实现指定要求功能。

单击对话框下方的"选项"按钮,打开"排序选项"对话框,如图 3.85 所示。可以设置自定义排序数据,如区分大小写、改变排序方向和方法等。

3.3.5.4　筛选数据表

数据筛选就是按一定条件从工作表中筛选出符合要求 图 3.85　"排序选项"对话框
的数据记录,而其他不符合条件的数据自动隐藏起来。这样
可以快速地寻找和使用数据表格中的数据子集。当筛选条件被删除后,隐藏的数据又恢复显示。

筛选有两种方式:自动筛选和高级筛选。自动筛选对单个字段建立筛选,多字段之间的筛选是"逻辑与"的关系。高级筛选是对复杂条件建立筛选,需建立条件区域,本书不作介绍。

1. 使用自动筛选功能筛选数据

首先要说明的是,在执行自动筛选操作时,数据表中必须有字段名。下面以学生成绩表为例说明使用"自动筛选"功能筛选数据的操作步骤。

① 在要筛选的数据清单中选定任一单元格。

② 选择"数据"选项卡下"排序和筛选"选项组中的"筛选"命令，系统自动选择"自动筛选"命令，这时的数据清单（仍以图 3.71 所示的数据表为例）就会在每个列标记右侧都插入一个下三角按钮，单击包含希望显示的数据列（如"总分"）中的下三角按钮，就可以看到一个下拉列表，如图 3.86 所示。

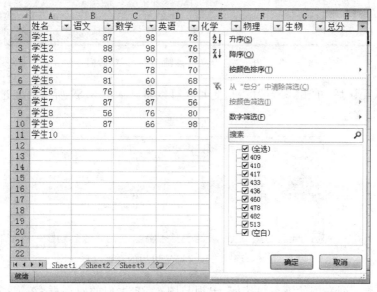

图 3.86　打开"总分"下拉列表

③ 选定需要的选项，如"最大、前 5 个"，就会看到经过筛选以后的结果。只显示"总分"最高的前五名学生的数据记录，如图 3.87 所示。

姓名	语文	数学	英语	化学	物理	生物	总分
学生1	87	98	78	76	98	76	513
学生2	88	98	76	87	56	77	482
学生3	89	90	78	67	56	98	478
学生7	87	87	56	54	87	65	436
学生10	87	66	98	66	77	66	460

图 3.87　对"总分"筛选后的结果

2. 使用"自定义自动筛选"方式

使用 Excel 的"自定义筛选"功能可实现有条件地筛选所需要的数据。例如，想查找总分大于 500 分且数学大于 95 分的学生情况，可以按照以下步骤操作。

① 在要筛选的数据清单中选定单元格。

② 选择"数据"选项卡的"筛选"命令。

③ 单击"总分"右侧的下三角按钮，出现一个下拉列表框，如图 3.86 所示。

④ 单击"数字筛选"选项，选定"自定义筛选"选项，弹出"自定义自动筛选方式"对话框，如图 3.88 所示。在上面的两个下拉列表框中设置第一个条件。单击第一个下拉列表框，可以看到下拉列表中包含了很多比较运算符，从中选择自己需要的。本例中要选择"大于或等于"，然后在其右侧的下拉列表框中输入 500。

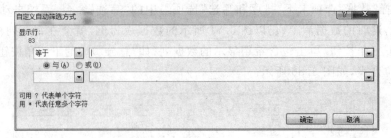

图 3.88 "自定义自动筛选方式"对话框

⑤ 确认无误后,单击"确定"按钮,此时就可以看到如图 3.89 所示的经过自定义筛选以后的数据清单。

图 3.89 经过自定义筛选以后的数据清单

再单击数学列右侧的下三角按钮,出现与图 3.88 类似的对话框,在第一个列表框中选择"大于或等于",在第二个列表框中输入 95。单击"确定"按钮,即可得到最终的筛选结果,如图 3.90 所示。

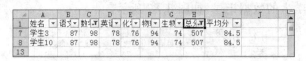

图 3.90 自动筛选的结果图

3. 取消筛选

如果想取消单列的筛选,可以单击设定条件列旁边的下三角按钮,然后从下拉列表中选择"全选",就可恢复没有筛选以前的情形。

如果想重新显示筛选以前数据表中的所有行,需要选择"数据"选项卡中的"筛选"命令。

3.3.5.5 分类汇总

分类汇总是数据库管理中的一种常见操作,是指按某个字段分类,把该字段值相同的记录放在一起,再对这些记录的其他字段进行求和、求平均值、计数等汇总运算。例如,把学生成绩单按班级分类,统计各班级的平均成绩等。

分类汇总针对的是数据清单,汇总结果是在数据清单中插入汇总行,显示出汇总值,并自动在数据清单底部插入一个总计行。执行分类汇总前,需要对分类字段进行排序,排序的目的是要把同类记录放在一起。下面分别以计算男、女生的平均成绩为例来说明如何使用分类汇总功能。

（1）本例要求以"性别"字段汇总，因此应先对"性别"字段按升序排序。在图 3.91 所示的表中增加"性别"字段。

（2）执行"数据"选项卡中"分级显示"选项组的"分类汇总"命令，出现如图 3.91 所示的对话框。其中：

① "分类字段"。选择分类的字段，本例选择"性别"。

② "汇总方式"。汇总方式有求和、均值、最大值、最小值等，本例选平均值。

③ "选定汇总项"。汇总对象可以为多个字段，本例选择"总分"。

（3）单击"确定"按钮，得到如图 3.92 所示的汇总结果。

1 2 3		A	B	C	D	E	F	G	H	I	J	K
	1	姓名	性别	语文	数学	英语	化学	物理	生物	总分	平均分	
	2	学生1	男	97	87	87	50	78	69	468	78	
	3		男 平均值							468		
	4	学生8	女	97	87	87	67	78	69	485	80.83333	
	5		女 平均值							485		
	6	学生4	男	87	85	91	67	83	73	486	81	
	7		男 平均值							486		
	8	学生9	女	87	85	91	67	83	73	486	81	
	9	学生11	女	87	85	91	67	83	73	486	81	
	10		女 平均值							486		
	11	学生3	男	87	98	78	76	94	74	507	84.5	
	12		男 平均值							507		
	13	学生10	女	87	98	78	76	94	74	507	84.5	
	14		女 平均值							507		
	15	学生5	男	85	91	84	83	79	90	512	85.33333	
	16		男 平均值							512		
	17	学生7	女	85	91	84	83	79	90	512	85.33333	
	18		女 平均值							512		
	19	学生2	男	95	90	87	89	89	76	524	87.33333	
	20		男 平均值							524		
	21	学生6	女	95	90	87	87	89	76	524	87.33333	
	22		女 平均值							524		
	23		总计平均值							500		

图 3.91 "分类汇总"对话框　　　　图 3.92 "分类汇总"示例结果

（4）如想对一批数据以不同的汇总方式进行多个汇总，如既想求成绩最高分，又想求平均成绩，则可再次进行分类汇总。填写"分类汇总"对话框，并取消"替换当前分类"复选框，即可叠加多种分类汇总。

设置分类汇总后，列表中的数据将分级显示，工作表窗口左边会出现分级显示区，列出一些分级符号，允许对数据的显示进行控制。默认数据分 3 级显示，单击分级显示区上方的"1"、"2"、"3"等按钮，可以只显示列表中的列标题和总计结果，或显示各个分类结果和总计结果，或显示所有的详细数据等。

数据的分级显示可以设置，选择"数据"选项卡下"分级显示"选项组的"取消组合"命令中的"清除分级显示"，可以设置是否需要分级显示。

使用"分类汇总"对话框（图 3.91）中的"全部删除"按钮删除分类汇总，恢复显示全部记录。

3.3.5.6 数据透视表及数据透视图

Excel 提供了一种简单、形象、实用的数据分析工具：数据透视表及数据透视图。它可以生动、全面地重新组织和统计数据清单中的数据。

数据透视表是用来分析 Excel 数据表的工具，是一种对大量数据快速汇总和建立交叉列表的交互式动态表格。数据透视表综合了数据排序、筛选和分类汇总等数据分析方法的优点，可以方便地调整分类汇总的方式，以多种不同方式灵活地展示数据的特征。

在 Excel 工作表中，创建数据透视表大致分两个步骤：第一步是选择数据来源；第二步是设置数据透视表的布局。

建立数据透视表前，需要对工作表进行处理：删除所有空行或空列，删除所有自动小计，确保第一行包含各列的描述性标题，确保各列只包含一种类型的数据。例如，一列中是文本，另一列中是数值，如图 3.93 所示。下面介绍一下创建一个按学年和学期汇总的学生成绩总计的数据透视表方法。

建立数据透视表可通过"数据"选项卡中"表格"选项组的"数据透视表和数据透视图"命令，如图 3.94 所示。默认为 Excel 表，也可以是外部数据格式。生成的报告类型默认为透视表，也可以选择透视图。完成后，新表中出现一个数据透视表布局，如图 3.95 所示。

	A	B	C	D	E	F	G	H	I	J	K
1	学号	姓名	性别	语文	数学	英语	化学	学期	学年		
2	001	李四	男	97	87	87	50	1	2012-2013		
3	002	王五	女	97	87	87	67	1	2012-2013		
4	003	张三	男	87	85	91	67	1	2012-2013		
5	004	刘二	男	87	85	91	67	1	2012-2013		
6	005	卓八	女	87	85	91	67	1	2012-2013		
7	006	高六	男	87	98	78	76	1	2012-2013		
8	007	陈戚	男	87	98	78	76	1	2012-2019		
9	003	张三	男	87	85	91	67	1	2012-2013		
10	005	卓八	女	87	85	91	67	1	2012-2013		
11	002	王五	女	97	87	87	67	1	2012-2013		
12											

图 3.93　Excel 工作表数据

图 3.94　创建数据透视表

勾选"数据透视表字段列表"中的"学年"字段。

如果看不到"数据透视表字段列表"，请在布局区域中单击。如果仍然看不到它，请单击"数据透视表"工具栏中"显示"栏的"字段列表"按钮，如图 3.96 所示。

从"数据透视表字段列表"中勾选要汇总数据的字段，如"数学"、"语文"、"外语"字段。

在图 3.95 所示的数据透视布局图中的右下角处的"数值"下面的字段下拉列表中选择"值字段设置"命令，弹出如图 3.97 所示的"值字段设置"对话框，通过该对话框可以设置数据的汇总方式，如"平均值"。图 3.98 所示为按年度显示的各科成绩平均值数据透视表。选中数据透视表，打开数据透视表工具中的"选项"选项卡，选择"工具"栏中的"数据

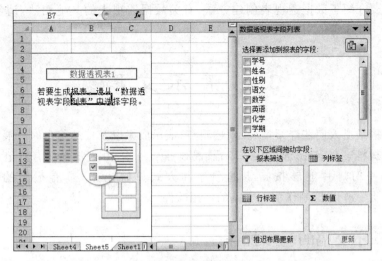

图 3.95　数据透视表布局

图 3.96　数据透视表工具栏

透视图"按钮,可以由"数据透视表"生成数据透视图。

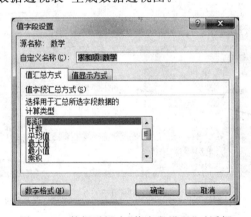

图 3.97　数据透视表"值字段设置"对话框

行标签	平均值项:数学	平均值项:语文	平均值项:英语	平均值项:化学
2012-2013	89.28571429	89.85714286	86.14285714	67.14285714
001	87	97	87	50
002	87	97	87	67
003	85	87	91	67
004	85	87	91	67
005	85	87	91	67
006	98	87	78	76
007	98	87	78	76
总计	89.28571429	89.85714286	86.14285714	67.14285714

图 3.98　年度各科平均成绩数据透视表

本节简要介绍了数据透视表创建方法,有关数据透视表的其他用法,请参阅 Offices 相关帮助。

3.4 演 示 文 稿

演示文稿是指人们在介绍情况、阐述观点、演示成果以及传达信息时所展示的一系列材料。这些材料集文字、图形、图像、声音、视频等于一体,由一张张具有特定用途的幻灯片组成。这些幻灯片能够按指定的顺序和方式放映出来,具有很好的视听效果。PowerPoint 是一个专门制作演示文稿的应用软件。

3.4.1 演示文稿的基本操作

PowerPoint 生成的文档称为演示文稿,扩展名为.ppt 或.pptx,所以也称演示文稿为ppt 文件。

图 3.99 所示为 PowerPoint 2010 的工作窗口,该窗口与 Microsoft Office 的其他套装组件窗口类似,操作也基本相同。

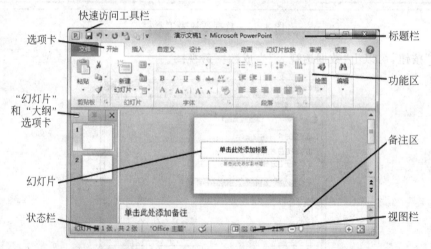

图 3.99　PowerPoint 2010 工作窗口

3.4.1.1 演示文稿的创建

PowerPoint 提供了多种创建演示文稿的方法,每种方法各具特点,可根据需要自行选择。当启动 PowerPoint 之后,会自动创建名为"演示文稿 1"的空白文档。也可以选择文件选项的"新建",在"可用的模板和主题"和"Office.com 模板"中选择所需要的文稿。下面分别介绍样本模板、主题、空白文档、我的模板和 Office.com 在线模板的创建。

1. 利用样本模板创建演示文稿

PowerPoint 2010 提供了默认的 9 个模板。这些模板形式多样,有古典型相册、宽屏演示文稿、培训、项目报告等模板,不用设置页面的布局即可快速创建美观大方的演示文稿,在很短的时间内完成文稿创建,操作简便。

利用样本模板创建演示文稿的方法如下:在"文件"选项中选择"新建"命令,选择"可用模板主题"中的样本模板。在列出的 9 个样式模板中选择需要创建的板式,单击创建按钮可快速创建。在展示的模板中修改部分内容,可快速完成演示文稿。创建过程如图 3.100 和图 3.101 所示。

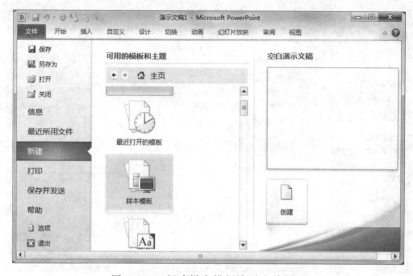

图 3.100 新建样本模板演示文稿图示

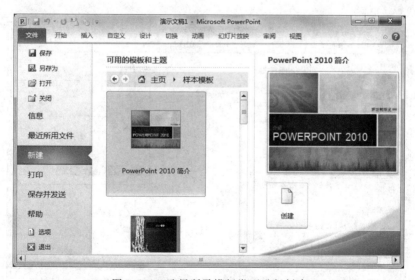

图 3.101 选择所需模板类型进行创建

2. 利用主题创建演示文稿

　　PowerPoint 提供了许多设计精美的设计主题,供快速创建演示文稿。一个主题是整个演示文稿的大背景,一个好的演示文稿都会有一个好的主题,它不仅美观大方,而且操作简便,很多板块不需要再设置,添加内容时会自动以原来设定的样式和布局直接生成。

　　利用主题创建演示文稿的过程如图 3.102 和图 3.103 所示。操作方法与使用样本模板创建演示文稿类型相似。在文件选项中选择"新建",单击主题,会列出暗香扑面、奥斯汀、跋涉等主题,选择合适的主题,根据右面的主题预览进行创建。

图 3.102　新建主题演示文稿图示

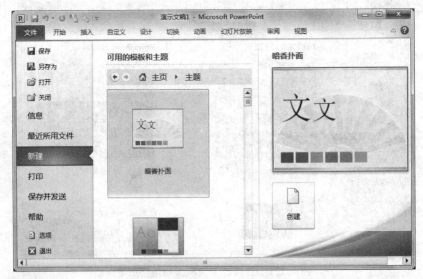

图 3.103　选择所需主题类型进行创建

大学计算机应用基础(第 2 版)

3. 创建空白的演示文稿

在有些情况下,用户希望按照自己的意愿或爱好创建演示文稿,这时可通过创建空白演示文稿来实现。在空白演示文稿中,用户可以按照自己的意愿设计和确定演示文稿,使用这种方式创建演示文稿需要具备一定的美学知识和设计能力,否则演示文稿的界面会缺乏美观。

选择"文件"选项中的"新建"命令,打开"空白演示文稿",选择"创建"选项命令,然后在"设计"选项卡中可选择一种需要的版式,如图 3.104 所示。

图 3.104　幻灯片浏览视图示例

4. 利用现有演示文稿创建演示文稿

如果以前制作过一些演示文稿,当需要再制作相同或相似类型的演示文稿时,就可以在原有演示文稿的基础上稍加修改,便可以创建新的演示文稿了。采用这种方法创建演示文稿,可以大大提高制作演示文稿的效率。

利用现有演示文稿创建新的演示文稿时,应先打开现有演示文稿,进行修改和设计,工作完成后,用"另存为"对话框输入新文件名保存文件。步骤与以上几种创建方式一样。

5. 利用 Office.com 创建演示文稿

Office 2010 给出的几种演示文稿和主题数量有限,可能满足不了需求,这就需要在 Office.com 在线模板创建演示文稿时进行搜索。Office.com 默认为用户提供了报表、幻灯片背景、报告等 19 种类别的主题模板,每个类别中的目录下包含多个主题模板,如图 3.105 所示。如果还不能满足创建模板的需求,可在搜索栏中搜索自己所需的主题模板。并可在线下载所需演示文稿。

图 3.106 所示是从在线模板中选择的一个用于创建演示文稿的主题。

图 3.105　用在线模板新建演示文稿图示

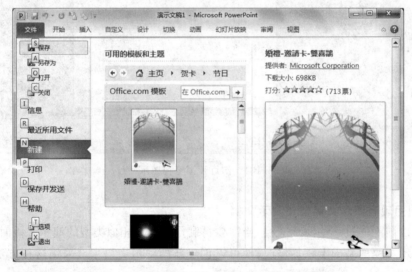

图 3.106　从在线模板中选择主题创建演示文稿

3.4.1.2　演示文稿视图

在 PowerPoint 中,视图是一个非常重要的概念。所谓视图,指的是观察幻灯片的方式。从不同的角度或侧重点来观察幻灯片,就形成了不同的幻灯片视图。PowerPoint 中主要有 5 种不同的视图方式:普通视图、幻灯片浏览视图、阅读视图、幻灯片放映视图、备注页视图。每种视图都有其各自的功能特点。各种视图可以对演示文稿进行特定的加工,在一种视图中对演示文稿所作的修改,一般会自动反映在演示文稿的其他视图中。

1. 普通视图

普通视图是 PowerPoint 的默认视图,如图 3.107 所示,该视图中可以输入文本、插入对象或设计演示文稿。该视图有 3 个工作区域(关闭右侧的任务窗格):左边是幻灯片文本的大纲(即"大纲"选项卡),或以缩略图显示的幻灯片(即"幻灯片"选项卡);右边是幻灯片窗格,用来显示当前的幻灯片;底部是备注窗格。

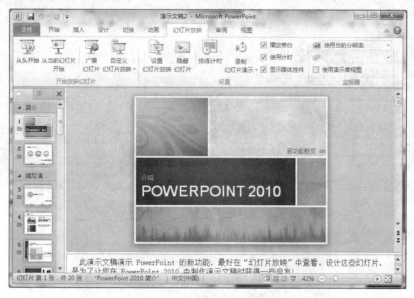

图 3.107　普通视图示例

普通视图主要是用来组织演示文稿的总体结构的,也可以编辑单张幻灯片或大纲。事实上,绝大多数工作都可以在普通视图中完成。在普通视图中对演示文稿所做的修改不会在备注页视图中显示。同样,在备注页视图中添加备注,也不会出现在普通视图中。

2. 幻灯片浏览视图

幻灯片浏览视图是一种通览演示文稿中所有幻灯片的视图,如图 3.108 所示。在该视图中,所有幻灯片以缩略图形式整齐地按行排列。在该视图中,可以对演示文稿进行一些常规处理,包括改变幻灯片的背景设计和配色方案、重新排列幻灯片、添加和删除幻灯片、复制幻灯片等,还可以向演示文稿添加切换效果和动画效果,并且可以预览这些效果。但在该视图中,不能改变和编辑幻灯片的内容。

3. 阅读视图

当完成了演示文稿的制作,需要预览、检查和最终展示工作成果时,就可以使用幻灯片阅读视图。幻灯片阅读视图可设置为占据整个计算机屏幕,如同实际用幻灯机放映幻灯片。在这种视图中播放的演示文稿就是观众实际看到的,从中可以看到演示文稿的内容,还可以看到添加到演示文稿中的所有动画效果、声音效果以及幻灯片之间的切换效果,如图 3.109 所示。

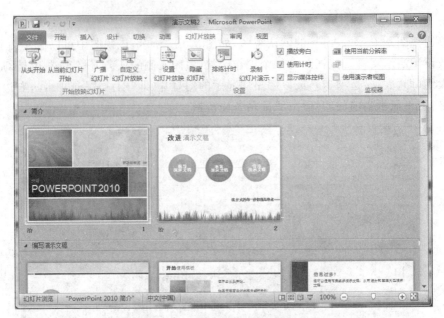

图 3.108　幻灯片浏览视图示例

图 3.109　幻灯片阅读视图示例

4. 备注页视图

在 PowerPoint 中,可以通过选择"视图"选项卡中的"备注页"命令来打开备注页视图,如图 3.110 所示。

备注页视图在窗口的上半部分显示幻灯片,下半部分可添加与幻灯片相关的说明内容。

在 PowerPoint 中,普通视图的下部有备注页窗格,可以直接添加备注内容。

5. 幻灯片放映视图

单击"视图栏"的"幻灯片放映视图"按钮,就可以进入全屏幕放映。也可以单击"幻灯片放映"选项卡,设置放映方式,再放映。按 Esc 键可结束放映。

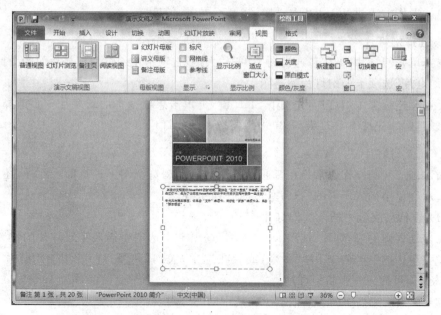

图 3.110　备注页视图示例

3.4.1.3　编辑幻灯片

演示文稿由幻灯片组成。创建演示文稿后,就可以在幻灯片中输入文字,并进行幻灯片的插入、移动、复制、删除等基本操作。

1. 占位符

占位符是被虚线框或斜线框所包围的矩形框,如图 3.111 所示。占位符是绝大多数幻灯片版式的组成部分。在占位符中可以输入标题或正文,也可以添加其他对象(如图表、图片、表格等)。

输入文本之前,占位符中有一些提示性的文字,例如"单击此处添加标题"、"单击此处添加文本"等。当单击占位符中的提示后,这些提示随即消失,而且光标的形状变成一个短竖线,这时就可以在占位符中输入文本了。

图 3.111　占位符

占位符的位置和大小均可以改变。选定占位符,当鼠标指针变成十字箭头时,可拖动占位符到适当的位置;移动鼠标到占位符边框的控制点上,当鼠标指针变成双向箭头时,拖动鼠标即可改变占位符的大小。

2. 输入文本

在普通视图中选择幻灯片后,即可以在幻灯片窗格或"大纲"选项卡中输入文本。文本输入后可进行文字格式、段落格式及项目编号等的设置,也可以添加图片、表格、文本框等对象。操作方法同 Word 基本一样,这里不再多加叙述。

3. 选择幻灯片

选择单张幻灯片,可在普通视图中单击"大纲"选项卡中幻灯片标号后面的图标,或者单击"幻灯片"选项卡的幻灯片缩略图。

要选择连续多张幻灯片,先按下 Shift 键,再单击想要选择的幻灯片。要选择不连续的多张幻灯片,先按下 Ctrl 键,再单击想要选择的幻灯片。

4. 插入幻灯片

插入幻灯片的操作通常是在普通视图和幻灯片浏览视图中进行的。此外,还可以从其他演示文稿中插入所需的幻灯片,下面分别介绍。

(1) 在同一文稿中插入新幻灯片

在普通视图的"幻灯片"选项卡或"大纲"选项卡中选定要插入新幻灯片的位置,选择"开始"菜单中的"新建幻灯片"命令,或者在选中"大纲"和"幻灯片"中的幻灯片直接按 Enter 键,即可插入一张新幻灯片。

(2) 在当前文稿中插入其他演示文稿中的幻灯片

在实际应用中,常常需要从以前建立的演示文稿中选择合适的幻灯片,并插入到当前编辑的演示文稿中,以减少重复工作量。插入其他演示文稿中的幻灯片,可选择所要插入的幻灯片,直接复制粘贴即可。

5. 删除幻灯片

如果要删除不需要的幻灯片,可在普通视图中的"大纲"选项卡或"幻灯片"选项卡中选定要删除的幻灯片,也可在幻灯片浏览视图中选定要删除的幻灯片,然后右击选择"删除幻灯片"命令,或按 Delete 键删除。

6. 复制幻灯片

如果需要添加一张与已有幻灯片内容相同或相近的幻灯片,可以通过复制操作快速完成。复制幻灯片有多种方法,这些方法与 Word 中的复制操作类似。例如,在普通视图或幻灯片浏览视图中选定所要复制的幻灯片,右击选择"复制"命令,将插入点放在要插入幻灯片的位置,然后右击选择"粘贴"命令,即可完成幻灯片的复制。

7. 移动幻灯片

当需要调整演示文稿中幻灯片的顺序时,可以通过移动幻灯片来实现,移动的方法同 Word 中的移动操作也类似。例如,在普通视图或幻灯片浏览视图中选定所要移动的幻灯片,右击选择"剪切"命令,将插入点放在要插入幻灯片的位置,然后右击选择"粘贴"命令,或者以鼠标左键拖拽,即可完成幻灯片的移动。

3.4.2 幻灯片的外观设置

一份富有感染力的演示文稿,除了应具有能表达作者观点的内容外,幻灯片外观的合理设置也是至关重要的。在 PowerPoint 中,主要通过主题的设置、背景的设置、母版的设置和模板的设置来达到控制幻灯片外观的目的。

3.4.2.1 主题的设置

新建的演示文稿为白色背景,在"设计"选项卡中可选择自带的几个主题来快速美化幻灯片。使用默认主题的实现方法如下:打开空白演示文稿后选择"设计"下的"主题"选项卡后面的下拉菜单,在多个主题中可以选择,如图3.112所示。单击其中一个主题,可用于整个幻灯片。如果只是用于某个幻灯片,可右击选择主题,在弹出的命令中选择"应用于选定幻灯片"命令。

图 3.112 "幻灯片设计主题"

如果不想用软件自带的主题,可以根据自己的需要浏览文件中保存的主题进行编辑。根据选项卡中提供的颜色、文字、效果和背景样式进行设置。

3.4.2.2 背景的设置

在PowerPoint 2010中,右击当前幻灯片,从快捷菜单中选择"设置背景格式命令",出现"设置背景格式"对话框,如图3.113所示。在其中可设置幻灯片背景的颜色、背景的填充效果等。在背景的填充效果中,可以添加色彩的浓淡变化,也可以添加纹理、图案甚至图片,从而使幻灯片产生更精美的效果。所有的这些设置都不会影响幻灯片其他部分的色彩配置。

3.4.2.3 母版的设置

母版是用来统一设置演示文稿中每张幻灯片格式的,这些格式包括标题或正文文本的大小和位置、项目符号的样式以及背景颜色和图案等。

图 3.113 "设置背景格式"对话框

母版上的任何设计元素(文本、图表等)是每张幻灯片所共有的,它们将出现在演示文稿的每张幻灯片上。例如,当我们想把一幅图片放在每张幻灯片上时,不必将其一个个地加到每张幻灯片中,只需将该图片加入到幻灯片母版上,就会自动出现在每张幻灯片中。制作演示文稿时,其他许多设计元素,如自选图形、剪贴画、页码、日期、时间、标题和单位名称等,均可添加到母版中去,从而自动显示在所有幻灯片中。

如果改变了母版中设计元素的属性(例如改变标题的颜色和大小),则所有幻灯片都会反映这种改变。利用母版对幻灯片进行格式设置,可减少大量的重复性工作,而且可使演示文稿中的所有幻灯片具有统一的外观。

PowerPoint 提供了 3 种类型的母版:幻灯片母版、讲义母版和备注母版。下面对常用的幻灯片母版作简要介绍。

幻灯片母版是最常用的母版,它能控制除标题幻灯片之外的几乎所有的幻灯片。

选择"视图"菜单中模板视图中的"幻灯片母版"命令,或者按住 Shift 键,并单击"视图栏"中的"普通视图"按钮,打开"幻灯片母版视图"。

进入幻灯片母版视图后,就可以修改或设置母版了。修改或设置母版通常包括改变占位符的大小和位置、删除占位符、改变占位符的格式、改变文本的格式、向幻灯片母版添加对象及设置母版版式等内容,如图 3.114 所示。

其中,占位符中的提示文字只是表示幻灯片中该处文本的样式,它们并不会在实际的幻灯片中显示出来,即使在占位符中输入文本,也不会在幻灯片中显示。在幻灯片中实际显示的文本(例如标题或副标题等)应在普通视图中输入,而页眉和页脚应在备注母版或讲义母版中输入,如图 3.115 所示。

图 3.114　幻灯片母版

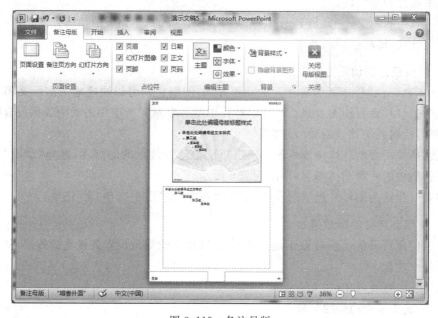

图 3.115　备注母版

3.4.2.4　设计模板

模板是一种经过特别设计的演示文稿模板文件,其中包含一种配色方案、一个幻灯片母版和标题母版以及相应的图形元素等。模板是控制幻灯片外观最快捷、最方便的一种方式,是由专业人员精心设计的,因此各个对象的搭配比较协调,颜色的调配也比较合理、悦目,能够满足绝大多数用户的需要。用户可以选择 PowerPoint 所提供的模板,如果不能满足要求,可以在这些模板的基础上进行修改,从而建立一个新的模板,甚至可以按照个人的意愿建立一个全新的、完全属于自己的模板。

设计模板可按如下方式进行。

打开新的演示文稿后,在选项卡中选择"设计"选项,或者在视图选项中选择"母版视图",进行设置。设置好后可保存为.potx 的模板文件。

3.4.3 动画、超链接和多媒体

演示文稿提供了动画、超级链接和多媒体技术,为幻灯片的制作和演示提供了较多的手段。

3.4.3.1 加入动画效果

动画效果是指让幻灯片上的文本或其他对象(图形、图片、图表等)按指定的顺序和方式逐个显示在幻灯片上。例如,可以设置每个对象逐个出现,文字一个一个地从左侧飞入等效果。适当的动画效果不但可以突出重点,控制各个对象显示的顺序,还可以增加演示文稿的生动性和趣味性。

动画效果有两类,一类是 PowerPoint 内部设计好的,即预设的动画方案;另一类是可以自己设计的,即高级动画效果。

1. 使用预设的动画方案

PowerPoint 提供了几十种预设的动画方案,使用它们可以快速地为演示文稿中的一个或多个幻灯片设置动画效果。当对幻灯片中的各个对象所应用的动画效果没有特殊要求时,便可使用系统预设的动画方案。

在普通视图或幻灯片浏览视图中选定要设置动画效果的幻灯片,选择"动画"选项卡中"动画"组中的一种动画即可,如图 3.116 所示。

如果要删除为幻灯片设置的动画方案,可在"动画"组中选择"无"选项。

2. 使用自定义动画效果

除了使用预设的动画效果外,还可以为幻灯片中的对象设置高级动画效果,从而使幻灯片更具个性化。

(1) 添加动画,如图 3.117 所示

① 选定要添加动画的对象。

② 在"高级动画"组中单击"添加动画"按钮,出现一个下拉菜单,其中有"进入"、"强调"、"退出"和"动作路径"4 个级联菜单。每个级联菜单中都有相应的多种动画类型,如图 3.118 所示。

(2) 编辑动画

设置了高级动画后,还可以根据需要,在"高级"和"计时"组中对动画作相应的设置。

在"高级动画"组中可设置动画的触发条件。

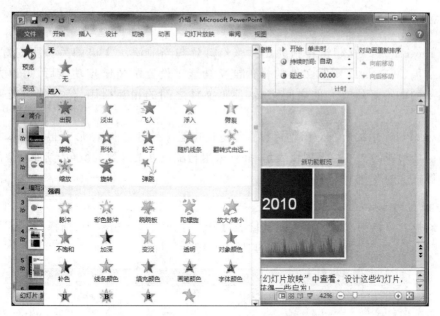

图 3.116　"动画"菜单

图 3.117　"高级动画"和"计时"栏

图 3.118　"进入"级联菜单

在"计时"组中可选择"对动画重新排序"单击"向前移动"或"向后移动",可改变放映时显示的先后顺序。

单击某个动画效果,在"开始"、"持续时间"、"延迟"下拉列表框中选择动画激发的时间、持续时间和延迟播放时间,还可以调整动画效果和添加声音等。

3.4.3.2　演示文稿的超链接

在 PowerPoint 中,超链接指的是一张幻灯片与当前演示文稿的另一张幻灯片、其他演示文稿、Web 页或其他文件的一种链接功能。设置了超链接功能后,可以方便快速地在不同的幻灯片或文件之间跳转,使得文件之间的相互引用、信息传递变得快捷容易。

PowerPoint 中的所有对象均可设置超链接功能(例如文本、图形、图片、艺术字等)。具有超链接功能的文本用下划线表示,并且采用与配色方案一致的颜色,其他对象的超链接没有形式上的变化。

1.　设置超链接

在幻灯片窗格中选定要设置超链接的对象。打开“插入”选项卡,选择“链接”组中的“超链接”命令,打开如图 3.119 所示的“插入超链接”对话框。

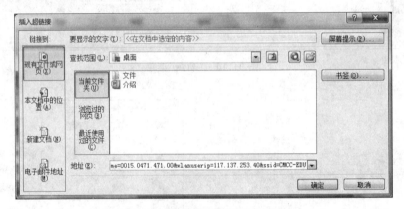

图 3.119　“插入超链接”对话框

从“链接到”选项组中选择“原有文件或 Web 页”、“本文档中的位置”、“新文档”、“电子邮件地址”4 个选项。

如果要链接到原有文件或 Web 页,则需将指定文件夹、最近浏览过的 Web 页面或近期文件作为超链接目标。

如果要链接到当前演示文稿中的指定幻灯片,则需从“链接到”选项组中选择“本文档中的位置”选项,在“请选择文档中的位置”列表框中选择所需的幻灯片。

2.　修改超链接

设置了超链接后,可以根据需要对其进行修改。例如,可以改变超链接的颜色,更改超链接的目标或删除超链接等。

(1) 改变超链接的颜色

为某些对象(如文本、图形或艺术字等)设置了超链接后,PowerPoint 为它们指定了默认的颜色,可以改变默认颜色为其他颜色。

若需改变设置了超链接对象的颜色,可通过“设计”选项卡→“主题”组→“颜色”列表→“新建主题颜色”对话框进行设置。

（2）更改超链接目标

选择超链接对象，再打开"插入超链接"对话框，进行重新设置。

（3）删除超链接

删除超链接时，有两种情况：一是取消超链接功能，并不删除设置了超链接功能的对象；另一种是取消超链接功能的同时，将对象本身一起删除。

对于第一种情况，可右击设置了超链接功能的对象，然后在弹出的快捷菜单中选择"删除超链接"命令；对于第二种情况，则先选定对象，再按 Delete 键。

3．使用动作按钮

动作按钮中有 PowerPoint 预设的一些动作。放映演示文稿时，可通过这些按钮跳转到其他幻灯片中，还可以播放声音、启动应用程序或链接到 Web 页上。

给对象添加动作前，先选中对象，再单击"动作按钮"。

要在幻灯片上添加动作按钮，可按以下操作步骤进行。

① 在幻灯片窗格中选定要添加动作按钮的幻灯片。

② 打开"插入"选项卡，从"插图"组中单击"形状"按钮，从给出的自选图形对话框中选择所需的动作按钮。

③ 在幻灯片中按住鼠标左键不放，拖出所需按钮的大小，然后松开鼠标左键，就在幻灯片上添加了一个动作按钮，并同时打开如图 3.120 所示的"动作设置"对话框，进行动作设置。

动作按钮添加到幻灯片上后，它的周围有调节尺寸、旋转按钮的控制点及调整形状的控制块，拖动它们可以改变动作按钮的大小、旋转方向和形状。

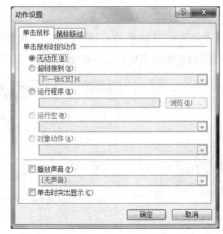

图 3.120　"动作设置"对话框

3.4.3.3　加入声音效果

向幻灯片中的对象添加动画效果可以增加演示文稿的视觉效果，向幻灯片中添加声音或音乐，则可以增加演示文稿的听觉效果，从而使演示文稿的放映效果更加完美。

声音或音乐是作为 PowerPoint 对象插入到幻灯片中的。当向幻灯片中添加声音或音乐效果后，幻灯片中就会出现一个声音图标，放映幻灯片时，单击该图标即可播放相应的声音或音乐。如果设置了自动播放，则该声音或音乐会在指定的条件下自动开始播放。

在演示文稿中加入的声音可以是"剪辑画音频"中的声音或其他声音文件的声音，也可以是 CD 音乐甚至是自己录制的声音。但要播放声音，就必须在计算机中配有声卡。

在普通视图中显示要加入声音效果的幻灯片。打开"插入"选项卡，选择"媒体"中的"音频"，下拉菜单可选择文件中的音频、剪切画音频、录制的音频。

插入声音文件后，会出现一个音频工具选项卡，包括格式和播放，格式是对音频图标的设置。在音频图标上右击，从快捷菜单中选择"设置音频格式"选项，可以设置音频图标格式，如图 3.121 所示。播放是对音频播放时间、音频的编辑等进行设置。

图 3.121　"设置音频格式"对话框

如果要设置播放声音的开始时间和停止时间,在编辑菜单中选择裁剪音频选项,选择开始时间和结束时间即可,如图 3.122 所示。

图 3.122　"剪裁音频"对话框

在"播放"选项卡中选择"循环播放,直到停止"时,音频持续播放,直到整个音频播放完之后停止;选择"放映室隐藏"时,音频播放时图标处于隐藏状态;选择"播放返回开头"时,音频播放完之后停止并返回开头,若再次单击时,继续播放。"开始"下拉菜单中的"单击时"是在单击图标时播放声音;"自动"是指在幻灯片播放到此页时自动播放音频;"跨幻灯片播放"是指接下来的幻灯片都会播放音频,如图 3.123 所示。

图 3.123　"音频选项"菜单

此外,在"音量"下拉菜单栏可以设置声音的音量。

3.4.4　文稿演示和打印

对演示文稿设置了一些放映效果后,便可以放映演示文稿了。不过,要想随意控制放映过程,还应该了解演示文稿的放映方式、放映时间的控制、幻灯片的切换效果和定位等内容。

3.4.4.1　放映演示文稿

1. 设置放映方式

根据演示文稿的用途和放映环境的需要来设置放映方式,具体操作可按如下步骤进行。

① 选择"幻灯片放映"选项卡中的"设置幻灯片放映"命令,打开如图 3.124 所示的"设置放映方式"对话框。

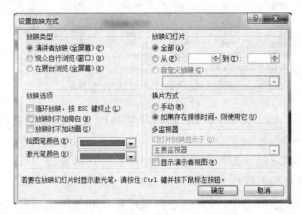

图 3.124　"设置放映方式"对话框

② 在"放映类型"选项组中选定"演讲者放映(全屏幕)"单选按钮,表示将演示文稿进行全屏幕放映,并且可以控制整个放映过程,这是最常用的一种方法;选定"观众自行浏览(窗口)"单选按钮,表示在一个窗口中进行放映,其中提供相应的命令来控制幻灯片的移动、编辑、打印等操作;选定"在展台浏览(全屏幕)"单选按钮,表示可自动放映演示文稿,并且自动设置为循环放映,按 Esc 键可终止放映。

③ "放映幻灯片"选项组中,可设置放映全部幻灯片、指定范围的幻灯片和自定义放映。

④ "开始放映幻灯片"菜单选项组中可设置是否循环放映、放映时是否加旁白和动画。

⑤ 在"换片方式"选项组中可设置手动或自动换片。

⑥ 单击"确定"按钮,即可完成放映设置。

2. 设置幻灯片的切换效果

切换效果是指幻灯片之间衔接的特殊效果。放映演示文稿,由一张幻灯片转到另一张幻灯片时,可以设置多种不同的切换效果,如"水平百叶窗"、"盒状收缩"等。设置切换效果的具体操作步骤如下。

① 普通视图或幻灯片浏览视图中,选定一张或一组幻灯片。

② 选择"切换"选项卡的"切换到此幻灯片"菜单中的下拉列表,选择一种切换效果。图 3.125 所示的切换效果任务窗格。

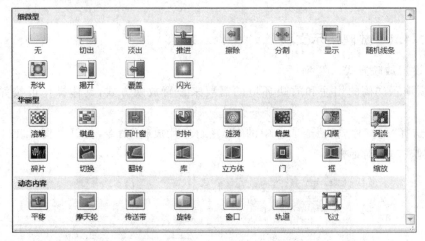

图 3.125 "幻灯片切换"任务窗格

③ 在"效果选项"下拉菜单中,可对幻灯片切换的方式进行设置,以产生不同的切换效果。

④ 在"持续时间"下拉列表框中,可选择幻灯片的切换速度。

⑤ 在"声音"下拉列表框中选择一种声音效果。

⑥ 在"换片方式"选项组中,可设置单击鼠标换片和每隔指定时间换片。

⑦ 如果将切换效果应用到演示文稿中的所有幻灯片上,单击"应用于所有幻灯片"按钮。

⑧ 单击"幻灯片放映"按钮,可放映幻灯片。

3. 放映演示文稿

当所有的前期准备工作做完后,便可以正式放映演示文稿了,放映演示文稿可用以下 4 种方法。

① 选择"幻灯片放映"选项卡中"开始放映幻灯片"菜单中的"从头开始"命令。

② 按下 F5 键。

③ 单击窗口左下角的"幻灯片放映"按钮 。

④ 按下 Shift＋F5 组合键,即从当前幻灯片开始放映。

4. 幻灯片的定位

放映演示文稿的过程中,有时需要转到上一张、下一张或其他幻灯片中,除了可以用超链接实现外,还可以用快捷菜单中的命令来实现。方法是:右击幻灯片放映视图,弹出如图 3.126 所示的快捷菜单,选择"下一张"命令或单击鼠标,可转到下一张幻灯片;选择

"上一张"命令,可转到上一张幻灯片;选择"定位"命令,选择要转到的幻灯片,可转到指定的幻灯片。

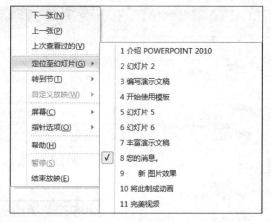

图 3.126　幻灯片放映视图的快捷菜单

3.4.4.2　演示文稿的打包

所谓"打包",是指将放映演示文稿所需的全部文件(包括当前演示文稿或其他演示文稿、链接文件以及 PowerPoint 播放器等)组装到一个文件,并存入指定的磁盘中。打包的目的是为了在其他计算机中也能放映演示文稿,即使其他计算机没有安装 PowerPoint 应用软件,也能顺利地放映。

要打包演示文稿,可以选择"文件"选项卡中"保存并发送"菜单中的"将演示文稿打包成 CD"命令,打开如图 3.127 所示的"打包成 CD"对话框。打包后的文件可以选择"复制到文件夹"或"复制到 CD"。

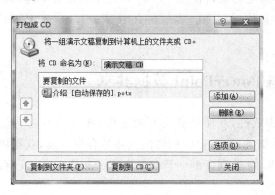

图 3.127　"打包成 CD"对话框

3.4.4.3　打印演示文稿

如果需要打印演示文稿,首先应安装打印机(参见第 2 章),然后进行页面设置。选择"文件"选项卡中"打印"菜单中"设置",如图 3.128 所示,在其中设置好幻灯片的大小和打印方向。

页面设置完成后,单击"打印"命令,便可以设置的方式打印演示文稿了。

图 3.128 "页面设置"对话框

3.5 Office 整合应用

作为一个办公自动化的系列软件,Office 各应用软件有不同的应用范围,但各软件之间也存在着密切的信息传递关系。本节将介绍 Word、Excel、PowerPoint 文档间信息的共享应用。

3.5.1 Word 与 PowerPoint 数据共享

Word 是文书处理软件,从便签到书刊的制作,在排版方面有强大的功能。Word 与 PowerPoint 之间的数据共享,可以将两者的优势结合在一起,获得更好的效果。Word 中编辑的文档结构可以传送到 PowerPoint 中,PowerPoint 中的幻灯片也可以导出至 Word 中。

3.5.1.1 将 Word 文档结构发送到 PowerPoint 中

在 Word 中,文档结构是用"样式"功能实现的。将 Word 文档结构发送到 PowerPoint 文档,要求 Word 文档中的标题内容必须是用"样式"设置的纲目结构。传递规则如下。

（1）Word 文档中的"标题 1"样式,传送后生成在 PowerPoint 页面的"标题"框中,形成页面标题。

（2）Word 文档中的"标题 2"至"标题 5"样式,传送后生成在 PowerPoint 页面的"正文"框中,形成五级正文结构。

Office 2010 需要在文件选项卡下"选项"对话框下的"自定义功能区"中添加"发送到 Microsoft PowerPoint"按钮,如图 3.129 所示。

图 3.129　从 Word 发送到 PowerPoint

发送成功后,PowerPoint 会自动打开,并新建包含一个所发送 Word 大纲的演示文稿,如图 3.130 所示。

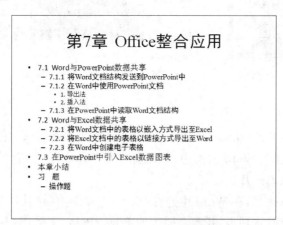

图 3.130　Word 大纲视图幻灯片

需要指出的是,Word 的文档结构,包括正文,如不是按照"样式"设置的,发送到 PowerPoint 中会出现幻灯片内容混乱的情况。无"样式"的内容会转到 PowerPoint 页面的"标题"框中。

也可以利用"剪贴板",把 Word 文档的内容粘贴到 PowerPoint 中。

3.5.1.2　在 Word 中使用 PowerPoint 文档

在 Word 中使用 PowerPoint 文档,可以利用 Word 强大的编辑功能,对其进行有关格式的美化。利用 PowerPoint 文档创建的 Word 文档常作为会议资料发放与会者,便于交流。

1. 导出法

在 PowerPoint 中,可以通过"导出法",把 PowerPoint 文档传送到 Word 中。

在 PowerPoint 2010 中,"导出法"的操作方法是把制作好的 PowerPoint 文档用"文件"选项卡中的"保存并发送"子菜单的"创建讲义"命令实现。在选择了此命令后,系统会出现一个对话框,要求选择 Word 使用的版式,如图 3.131 所示。

图 3.132 所示的是利用 PowerPoint 文档创建的表格形式的 Word 文档。表格的第一列显示幻灯片编号,第二列显示幻灯片图片,第三列可用于与会者记录会议内容。

图 3.131　选择 Word 版式

图 3.132　幻灯片转换到 Word 中的表格形式

2. 插入法

在 Word 中使用 PowerPoint 文档,还可以通过插入法将演示文稿文档作为对象的形式插入到 Word 中,且在 Word 文档中,不需要打开 PowerPoint 程序就可以直接进入"幻灯片放映视图",放映幻灯片。

插入法的操作方法是,在 Word 中选择"插入"选项卡中的"对象"命令,从"对象"对话框中选择"由文件创建"选项卡,找到要插入的 PowerPoint 文档,插入即可,如图 3.133 所示。在 Word 中插入的幻灯片只需在图片上双击,即可放映幻灯片。

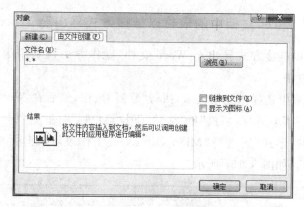

图 3.133　Word 插入对象对话框（由文件创建）

插入到 Word 中的演示文稿对象，不仅可以像其他对象一样调整大小、移动位置，还可以从鼠标右键弹出的快捷菜单中实现对幻灯片的特殊操作。

3.5.1.3　在 PowerPoint 中读取 Word 文档结构

在 PowerPoint 中，在"开始"选项卡中"新建幻灯片"的下拉菜单中选择"幻灯片（从大纲）"命令，如图 3.134 所示。从出现的"插入大纲"对话框中找要插入的 Word 文档，插入即可。

3.5.2　Word 与 Excel 数据共享

Word 用于行文，但文稿中常常会引入一些电子表格 Excel 生成的数据。有时也会将 Word 中生成的一些文书表格导出到 Excel，以便处理统计和分析工作。这些数据的导入或导出，通常可以包括嵌入与链接两种类型。

3.5.2.1　将 Word 文档中的表格以嵌入方式导出至 Excel

将 Word 文档中的表格以嵌入方式导出至 Excel 工作簿，采用的操作方法是利用编辑工具的剪切、复制、粘贴的方法。

从 Word 文档中选中一个表格，执行"复制"操作，然后在 Excel 工作簿中确定插入的位置，执行"粘贴"操作。

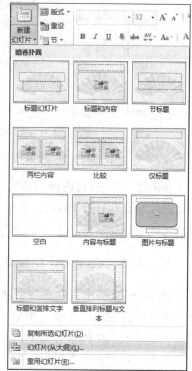

图 3.134　Word 文档插入到幻灯片

Word 表格中的斜线表头粘贴后为图形对象，不能融入 Excel 单元格中。其他内容融入电子表格后，可以直接进行编辑操作。

3.5.2.2 将 Excel 文档中的表格以链接方式导出至 Word

将 Excel 表格以链接方式导出至 Word 文档，操作方法是利用编辑工具的剪切、复制、选择性粘贴的方法。

从 Excel 工作簿中选择单元格区域，执行"复制"操作，然后在 Word 文档中确定插入的位置，单击"开始"菜单下"剪切板"里"粘贴"下拉菜单栏里的"选择性粘贴"操作，在"选择性粘贴"对话框的"形式"区选择"Microsoft Excel 工作表对象"，并单击"粘贴链接"按钮，单击"确定"按钮，如图 3.135 所示。

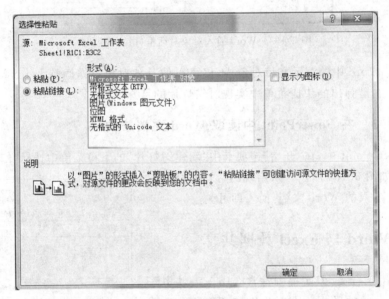

图 3.135　在 Word 中选择性粘贴 Excel 工作表

此后，Word 表格中显示的表格内容是一个以图形方式显示的对象，它同样只能改变大小和位置，不能进行内容的编辑。如果在 Excel 中已经保存了该数据表，在 Word 中双击该图片会自动打开 Excel。不同于常规的粘贴，该表格中的内容将随着 Excel 原表中内容的变更而自动更新。

3.5.2.3 在 Word 中创建电子表格

在 Word 文档中可以直接创建一个方便的电子表格。在 Office 2010 中，使用的方法是在 Word 的"插入"选项卡中的"表格"菜单中选择"Excel 电子表格"按钮进行处理，如图 3.136 所示。具体做法如下。

单击 Word"插入"菜单栏中的"表格"菜单，选择"Excel 电子表格"按钮，在表格区拖动一个表格结构。此时在 Word 中以对象方式插入一个 Excel 工作表，同时菜单和工具栏均变为 Excel 的菜单和工具栏。编辑完表格后，在表格区域外单击，恢复正常的 Word 窗口。但表格仍然以图形的形式显示于页面。

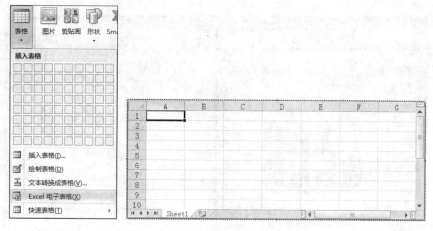

图 3.136　在 Word 中插入 Excel 工作表

3.5.3　在 PowerPoint 中引入 Excel 数据图表

在 PowerPoint 中,利用 Excel 数据或图表可快速创建工作表和图表。即对于已经存在的 Excel 工作表或图表,通过插入、导入或复制粘贴法,可方便地在 PowerPoint 中使用。

在 PowerPoint 2010 中,选择"插入"选项卡中的"图表"命令。操作方法如下:打开 PowerPoint 中的"插入"选项卡"图表"命令,弹出图标样式选择对话框,如图 3.137 所示。或者在当前幻灯片中出现一个图表图标,单击该图标后,弹出图标样式选择对话框,选择样式后,同时出现 Excel 表格窗口,如图 3.138 所示。修改 Excel 表格窗口中的数据,幻灯片中的图表会自动更新。

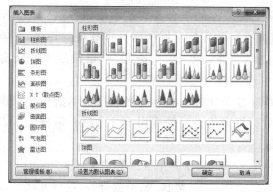

图 3.137　在 PowerPoint 中添加 Excel 图表

也可以在 Excel 文档中先制作好图表,选中后,执行"复制"操作,然后在 PowerPoint 幻灯片中执行"粘贴"操作,但此时图表将不能自动更新。

若插入 Excel 数据表,可选择"插入"选项卡中"表格"下拉菜单中的"Excel 电子表格"命令,在幻灯片中新建或插入一个已有的 Excel 工作表。操作方法与在 Word 中插入 PowerPoint 的方法相同。

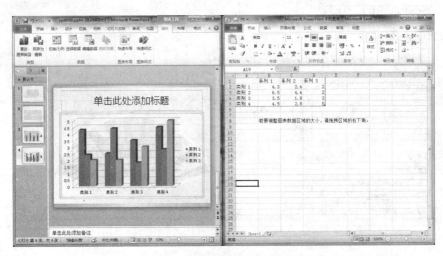

图 3.138　从 Excel 导入到 PowerPoint 的图表

本 章 小 结

本章以 Microsoft Office 2010 中的 Word、Excel、PowerPoint 为例,讲解了这些软件的基本使用方法。

首先,本章介绍了 MS Office 2010 的概况及其各组件的共性操作。Office 的共性操作主要包括文件操作、编辑操作、拼写检查、插入图形对象等。掌握 Office 的共性操作是本章的基本要求。

其次,本章以 Word 2010 为例,讲解字处理软件的概念及其基本使用方法。几乎所有使用计算机的人都要用字处理软件来写文档。掌握一个好的字处理软件的用法,对今后的学习、工作是相当有用的,特别是长文档文件的处理,在论文、书籍排版方面十分有用。

再次,本章对电子表格处理软件 Excel 进行了介绍。电子表格在日常生活中有很多应用,特别是在数据统计、实验结果计算、数据报表等方面的应用十分广泛。掌握电子表格的基本应用,为今后的实际工作打下良好的基础。

然后,本章对演示文稿的制作软件 PowerPoint 进行了介绍。利用 PowerPoint 不仅可以制作论文答辩演讲稿和电子教案,还可以制作贺卡、奖状、电子相册等,这些文稿包含文字、图像、音频、视频信息,借助超链接功能还可以创建交互式的多媒体演示文稿,并利用 Internet 在网上播放。

最后,本章介绍了 Word、Excel、PowerPoint 3 种文档间互相调用的方法。在 Word 中可以导入使用 Excel 文档,也可以导入 PowerPoint 文档,同样,在 PowerPoint 中也可以导入 Word 或 Excel 图表。这 3 个应用程序产生的文档间的相互利用,使办公软件的应用更加方便,简化了操作过程,提高了文档制作速度。

习 题 3

填空题

3.1 Word 2010 文档文件名的扩展名是_____。

3.2 "粘贴"的快捷键是_____。

3.3 在 Excel 中,选中一个单元格后按 Delete 键,这是进行_____操作。

3.4 在 Excel 中,对数据进行分类汇总前,需先对数据进行_____操作。

3.5 PowerPoint 的视图方式主要有_____种,它们分别是_____、_____、_____、_____和备注页视图。

3.6 在_____视图中不能编辑幻灯片中的内容。

3.7 PowerPoint 2010 演示文稿的扩展名是_____。

3.8 单击"切换"选项卡中的_____按钮,可以选择改变幻灯片切换的效果。

3.9 如果要终止演示文稿的放映,应按_____键。

选择题

3.10 在 Word 编辑过程中,将插入点移动到文档首部,使用的快捷键是(   )。

    A. End   B. Ctrl＋End   C. Home   D. Ctrl＋Home

3.11 在 Word 中,Ctrl＋A 等价于在文本选择区(   )。

    A. 鼠标左键双击   B. 鼠标左键三击

    C. 鼠标右键单击   D. 鼠标右键双击

3.12 在 Word 编辑状态,若鼠标指针在某行上,下列(   )操作可以选中鼠标指针所指的段落。

    A. 单击左键   B. 三击左键   C. 双击左键   D. 单击右键

3.13 要改变 Word 纸张大小,首先应该单击(   )选项卡。

    A. 开始   B. 插入   C. 页面布局   D. 引用

3.14 在 Word 中,(   )视图方式可以显示出页眉和页脚。

    A. 普通   B. 页面   C. 阅读版式   D. 大纲

3.15 在 Excel 中,计算出数据后,在单元格显示的是"＃＃＃＃＃＃",这是由于(   )所致。

    A. 单元格显示宽度不够   B. 计算数据出错

    C. 计算公式错误   D. 计算数据格式错误

3.16 在 Excel 中,单元格地址是指(   )。

    A. 每个单元格的宽度   B. 每个单元格的高度

    C. 单元格所在的工作表   D. 单元格在工作表中的位置

3.17 在 Excel 中输入日期,分隔符可以是(   )。

    A. /或－   B. .或| C. /或\   D. \或-

3.18 公式 COUNT(A1:A10)的含义是(   )。

    A. 计算区域 A1:A10 内数值的和

B. 计算区域 A1:A10 内数值的个数

C. 计算区域 A1:A10 内字符的个数

D. 计算区域 A1:A10 内数值为 0 的个数

3.19 在 Excel 中选择不相邻的单元格,可先按住(　　)键,再单击鼠标左键。

    A. Ctrl   B. Alt   C. Shift   D. Enter

3.20 PowerPoint 提供了多种(　　),它包含了相应的配色方案、母版和字体样式等。可供用户快速生成统一的演示文稿。

    A. 版式   B. 模版   C. 样式   D. 幻灯片

3.21 不可以为 PowerPoint 动作按钮设置以下动作(　　)。

    A. 链接到下一幻灯片   B. 改变当前放映类型

    C. 链接到上一幻灯片   D. 运行计算机上的可执行文件

简答题

3.22 如何将一个 Word 文档中的指定内容复制到该文档的另一位置?

3.23 Word 文档中经常会出现波浪形下划线,它表示什么含义?

3.24 在 Word 文档中,将整个文档中的指定字符用另外的字符替代,应如何操作?

3.25 什么是 Excel 的工作簿、工作表和单元格?

3.26 Excel 的工作表由多少行、多少列组成? 其中行号用什么表示、列号用什么表示?

3.27 在默认情况下,Excel 对单元格的引用是相对引用还是绝对引用? 二者的差别是什么? 在表示方法上有何不同?

3.28 什么是幻灯片版式? 什么是幻灯片模板? 它们之间有何区别与联系?

3.29 在 PowerPoint 的哪种视图方式下移动或复制幻灯片最方便? 如何操作?

3.30 在 PowerPoint 中,配色方案与背景颜色有哪些异同点?

3.31 PowerPoint 中母版的主要作用是什么? 它与模板有哪些区别?

3.32 在 PowerPoint 中,哪些内容可作为超链接目标?

操作题

Word 文档操作:

3.33 如何把页面设置成每行 25 个字、每页 20 行并显示网格?

3.34 请使用 Word 2010 提供的模板创建一篇论文。

3.35 请利用 Word 2010 提供的表格套用格式创建一个课程表,要求有斜线表头。

3.36 请使用"绘图"工具栏上的"自选图形"按钮完成下述操作。

(1) 绘制出一个八边形、一条自由曲线及一条直线。

(2) 绘制出各种各样的箭头线。

(3) 绘制一些基本图形,如三角形、圆柱形、立方体等。

(4) 绘制出一个云形标注图形并调整其大小,然后在其中输入文字"云柱标注"。

3.37 请完成以下操作:

(1) 打开 Word 并创建一个新的文档,文件名为"Word 练习1"。

（2）输入文本，要求其内包含中文、英文、特殊字符（如 § 、α、β 等）及数学公式。

（3）选中一些连续的或不连续的文本，并把这些文本复制一份。

（4）利用自动替换功能输入您所在的学校名称。

（5）设置页面的上、下、左、右边距皆为 2，并设置打印纸张为 B5。

（6）在文档中插入分页符和分节符、页眉和页脚、页码，并把一部分文本分成两栏或三栏。

（7）选定一段文本，设置成华文行楷字体，字号为五号，并为其添加着重号。

（8）选定一段文本，并将其中的行距设置为双倍行距、段前和段后间距设置为 20 磅、对齐方式为居中。

（9）选定多段文本，为其添加项目符号，然后用绘制的小图形来代替原来的项目符号，最后再将段落中的项目符号替换为编号，并改变编号的格式。

（10）在文档中插入一个文本框，然后在文本框中插入一张剪贴画。

Excel 文档操作：

3.38 建立一个有关学生信息的工作簿，学生的信息包括学号、姓名、性别、年龄、成绩等项。将工作表 Sheet1 命名为"学生信息表"，并按成绩大小的降序排列。

3.39 在第 3.38 题中删除成绩一列，输入语文、数学、英语、体育和计算机 5 门课的成绩，学生人数不少于 8 人，用公式自动计算出每位学生的平均成绩、总分和各科的及格率。

3.40 在第 3.39 题的基础上，用红色字体表示出所有不及格的成绩，同时用绿色底色表示出所有大于等于 85 的学生成绩。

3.41 在第 3.40 题的基础上筛选出平均成绩大于等于 80 分的数据。

3.42 在单元格的 A1 到 A9 中输入数字 1～9；在 A1 到 I1 中输入数字 1～9。请用公式复制的方法在 B2:I9 区域设计出乘法九九表，并简述操作步骤。

3.43 请使用图表向导，为学生信息工作表创建一个嵌入式的图表，包括姓名和各科成绩。对创建好的图表进行修饰，并简述各修饰步骤。

3.44 简述如何在图表中添加或删除数据。

PowerPoint 文档操作：

3.45 制作一份介绍自己所在院系情况的演示文稿。

3.46 制作一张贺卡。

3.47 制作一份学年论文的演示文稿。

Word、Excel、PowerPoint 文档共享：

3.48 将 Word 文档导入 PowerPoint 演示文稿。

3.49 将 Excel 图表插入到 Word 文档。

3.50 在 PowerPoint 演示文稿中插入 Excel 图表。

第 4 章 计算机网络基础

4.1 计算机网络基础知识概述

4.1.1 计算机网络的概念

计算机网络的发展几乎与计算机的发展一同起步。自从 1946 年第一台电子计算机诞生以来,计算机与通信的结合不断发展,计算机网络技术就是这种结合的结果。1952年美国半自动化地面防空系统(SAGE System)的建成,可以看做是计算机技术与通信技术的首次结合。此后,计算机通信技术逐渐从军事应用扩展到民间应用,一些研究机构、大学和大型商业组织在 20 世纪 60 年代陆续建立起一批实验研究用计算机通信网和实用计算机通信网。

计算机网络出现的历史不长,但发展的速度很快,经历了具有通信功能的单机互联系统、具有通信功能的计算机网络和体系结构标准化的计算机网络等发展阶段。现在正向高速光纤网络技术、无线数字网技术和智能网技术等方面发展。

1. 计算机网络的定义

一个网络是一个连接在一起的计算机群。网络的规模可以小到只由两台计算机组成,也可以像因特网那么大。

计算机网络就是利用通信手段将地理上分散的计算机连接在一起,遵守共同的协议,从而实现相互通信和资源共享的软硬件系统的集合。

2. 计算机网络的功能

计算机网络的功能主要体现在以下 3 个方面。

(1) 数据通信

这是计算机网络最基本的功能,主要完成计算机网络中各个结点之间的系统通信。用户可以在网上传送电子邮件、发布新闻消息、进行电子购物、电子贸易、远程教育等。

(2) 资源共享

所谓的资源,是指构成系统的所有要素,包括软、硬件资源,如计算处理能力、大容量磁盘、高速打印机、绘图仪、通信线路、数据库、文件和其他计算机上的有关信息。由于受经济和其他因素的制约,这些资源并非(也不可能)所有用户都能独立拥有,所以网络上的计算机不仅可以使用自身的资源,也可以共享使用网络上的资源。因而增强了网络上计算机的处理能力,提高了计算机软、硬件的利用率。

（3）分布式处理

一项复杂的任务可以划分成许多部分,由网络内各计算机分别协作并行完成有关部分,使整个系统的性能大大增强。

3. 计算机网络的分类

目前计算机网络的形式多种多样,对网络的分类方法也有很多种。

（1）按照网络的地理分布范围的大小,网络可以分为以下 3 种

① 局域网（Local Area Network,LAN）。是相对集中（如同一建筑物内、同一实验室内）的地域内的专用网络。该类网络的资源有限,但便于管理和使用。

② 城域网（Metropolitan Area Network,MAN）。基本上是一种大型的 LAN,通常使用与 LAN 相似的技术。它可能大到覆盖一个城市。

③ 广域网（Wide Area Network,WAN）。是一种跨越大的地域（如省市间、国家间）的网络。该类网络的资源丰富、信息量大,网络组织形式多种多样,网络应用丰富多彩,但网络费用较高、网络技术复杂。

（2）按传输速率分类

网络的传输速率有快有慢,网络传输速率的单位是 b/s（每秒比特数,英文缩写为 bps）。一般将传输速率在几兆 bps 以下的网络称低速网,在几兆 bps 到几十兆 bps 范围的称中速网,百兆以上的称为高速网。

网络的传输速率与网络的带宽有直接关系。带宽是指传输信道的宽度,单位是 Hz（赫兹）。按照传输信道的宽度可分为窄带网和宽带网。一般将 kHz～MHz 带宽的网称为窄带网,将 MHz～GHz 的网称为宽带网,也可以将 kHz 带宽的网称为窄带网,将 MHz 带宽的网称为中带网,将 GHz 带宽的网称为宽带网。通常情况下,高速网就是宽带网,低速网就是窄带网。

（3）按传输介质分类

传输介质是指数据传输系统中发送装置和接收装置间的物理媒体,按其物理形态可以划分为有线和无线两大类。

① 有线网。传输介质采用有线介质连接的网络称为有线网。主要用同轴电缆、双绞线、光纤作传输介质。

② 无线网。采用无线介质连接的网络称为无线网。目前无线网主要采用 3 种技术:微波通信、红外线通信和激光通信。

4.1.2 计算机网络的拓扑结构

所谓网络的拓扑结构,是指网络中的通信结点与网络通信链路的连接形式。通俗地讲,就是网络从总体构成上的分布形式。

网络的拓扑结构有如下几种基本形式。

1. 总线型

网络中的计算机通过一条公用的数据传输介质进行连接,彼此共享网络的带宽。该

类网络属于广播型网络,即连接到总线上的任一结点发送的信息,都可以被总线上的其他结点所接收。

总线型网络的拓扑结构如图 4.1 所示。

2. 星型

网络中的每个结点都通过单独的通信线路与中心结点相连,任何一对结点间的通信都必须通过中心结点的交换才能实现。该类拓扑结构简单,便于采用集中式管理。但中心结点的负载过大,通信线路浪费严重;且可靠性分布不均匀(中心结点的故障将导致网络的整体瘫痪;而边界结点的故障则只影响出现故障主机的通信)。

星型网络拓扑结构如图 4.2 所示。

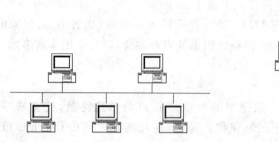

图 4.1　总线型拓扑结构

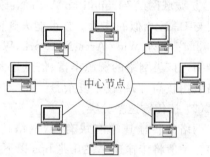

图 4.2　星型拓扑结构

3. 环型

网络中的各结点通过一条共享传输介质形成一个闭合的回路,数据沿环单向传输,也属于广播型通信。该类拓扑结构简单,常用于主干线路的光纤连接,传输速度快,性能可靠,不受电磁的干扰。但任何一个连接点出现故障都会引起整个主干线路的通信故障。

环型网络拓扑结构如图 4.3 所示。

4. 树型

树型拓扑可以看做星型拓扑结构的扩充,拓扑图如图 4.4 所示。在该类拓扑结构中,信息的交换通常只在上下层结点间进行,上层结点可以访问下层,而下层结点不能随便访问上层结点。一般在政府、银行、军队等部门使用。

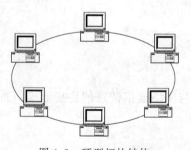

图 4.3　环型拓扑结构

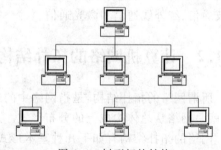

图 4.4　树型拓扑结构

除了这4种基本的拓扑结构以外,还有网状、扩展星型、混合型等其他拓扑结构。

4.1.3　计算机网络协议

实现计算机间的通信需要解决一系列的问题,如数据的格式是怎样的,以什么样的控制信号联络,具体传送方式是什么,发送方怎样保证数据的完整性、正确性,接收方如何应答等。其中最重要的一点是,不同的计算机系统之间必须有"共同的语言"。交流什么、怎样交流,都必须遵循某种彼此都能接受的规则。这些为进行计算机网络中的数据交换而建立的规则、标准或约定的集合就称为网络协议。网络协议主要由下列3个要素组成。

① 语法。涉及数据及控制信息的格式、编码及信号电平等。

② 语义。涉及用于协调与差错处理的控制信息。

③ 规则。包括时序控制、速率匹配和定序。

常见的网络协议有 IPX/SPX、TCP、IP 等。

4.1.4　计算机网络组成

计算机网络系统是一个集计算机硬件设备、通信设施、软件系统及数据处理能力为一体的,能够实现资源共享的现代化综合服务系统。计算机网络系统的组成可分为3个部分,即硬件系统,软件系统及网络信息系统。

1. 硬件系统

硬件系统是计算机网络的基础,由计算机、通信设备、连接设备及辅助设备组成,如图4.5所示。硬件系统中设备的组合形式决定了计算机网络的类型。

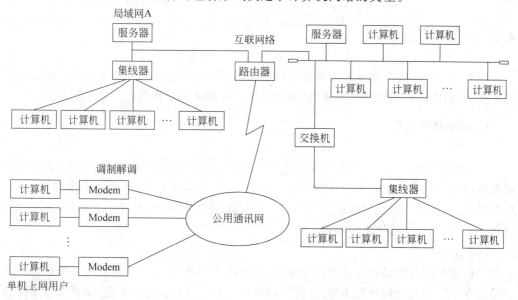

图 4.5　局域网与互联网络

2. 软件系统

计算机网络中的软件按功能可划分为数据通信软件、网络操作系统和网络应用软件。

（1）数据通信软件

数据通信软件是指按网络协议的要求完成通信功能的软件。

（2）网络操作系统

网络操作系统是指能够控制和管理网络资源的软件。网络操作系统的功能作用在两个级别上：在服务器机器上，为在服务器上的任务提供资源管理；在每个工作站机器上，向用户和应用软件提供一个网络环境的"窗口"。这样向网络操作系统的用户和管理人员提供一个整体的系统控制能力。网络服务器操作系统要完成目录管理、文件管理、安全性、网络打印、存储管理、通信管理等主要服务。工作站的操作系统软件主要完成工作站任务的识别和与网络的连接。即首先判断应用程序提出的服务请求是使用本地资源还是使用网络资源，若使用网络资源，则需完成与网络的连接。常用的网络操作系统有NetWare 系统、Windows NT 系统、UNIX 系统和 Linux 系统等。

（3）网络应用软件

网络应用软件是指网络能够为用户提供各种服务的软件。如浏览查询软件、传输软件、远程登录软件、电子邮件软件等。

3. 网络信息系统

网络信息系统是指以计算机网络为基础开发的信息系统，如各类网站、基于网络环境的管理信息系统等。

4.2 网 络 设 备

4.2.1 硬件设备

网络中的硬件设备可分为网络终端设备和网络通信设备。网络终端设备是网络通信的主体，它们提供和使用信息服务，而网络通信设备完成通信功能。

1. 网络终端设备

（1）服务器

通常服务器是一台速度快、存储量大的计算机，它是网络系统的核心设备，负责网络资源管理和用户服务。服务器可分为文件服务器、远程访问服务器、数据库服务器、打印服务器等，是一台专用或多用途的计算机。在互联网中，服务器之间互通信息，相互提供服务，每台服务器的地位是同等的。

（2）工作站

工作站是具有独立处理能力的计算机，它是用户向服务器申请服务的终端设备。用户可以在工作站上处理日常工作，并随时向服务器索取各种信息及数据，请求服务器提供各种服务（如传输文件、打印文件等）。

（3）网卡

网络接口卡简称网卡，一般指插在计算机总线扩展槽中或某个外部接口上的扩展卡。网卡的作用是连接计算机与通信介质，控制主机在网络上信息的发送与接收。

网卡按总线类型可分为 EISA、PCI、PCMCIA、USB 和并行接口等。根据网络介质访问方式不同，网卡分为以太网卡、令牌环网卡、ATM 网卡等，目前最常用的是以太网卡。以太网卡的工作速率有 10Mbps、100Mbps、1000Mbps 和 10M/100Mbps 自适应等几种。网卡提供的介质接口类型有 AUI 接口（为粗同轴电缆）、BNC 接口（为细同轴电缆）和 RJ-45 接口（为双绞线）以及光纤接口。

2. 网络通信设备

（1）调制解调器（Modem）

当远程的计算机联网时，为它们设置专用的通信线路往往是不现实的，此时一般利用已有的公用通信网络。现在最大的公用网络是公用电话网。但是常规电话系统上使用的电话线路是为模拟信号传输人类话音而设计的，不能直接用来传输计算机内部的数字信号。

调制解调器是一种信号转换装置，如图 4.6 所示。它可以把计算机的数字信号"调制"成通信线路的模拟信号，将通信线路的模拟信号"解调"回计算机的数字信号。使用调制解调器将计算机与公用电话线相连接，解决了计算机通过公用电话网

图 4.6　调制解调器

通信的问题，使得现有网络系统以外的计算机用户能够通过拨号的方式，利用公用电话网访问计算机网络系统。

调制解调器传送数据的速度称为"吞吐率"，用每秒比特数（bps）度量。现在常用的 56Kbps 调制解调器，最快可以达到 56Kbps 的下行（接收数据）速率和 33.6Kbps 的上行（发送数据）速率。

一种调制解调器是内置式的，插在计算机总线扩展槽中；一种是外置式的，作为一个独立的设备，通过线缆连接到主机的串行口或 USB 口。

（2）集线器（Hub）

集线器是局域网中使用的连接设备。它具有多个端口，可连接多台网络设备。局域网常以集线器为中心，用双绞线将所有分散的工作站与服务器连接在一起，形成星型拓扑结构的局域网系统。在网上的某个结点发生故障时，这样的网络连接不会影响其他结点的正常工作。

工作时，数据帧从一个站点发送到与之相连的集线器的端口上，然后数据帧就被中继到集线器的其他所有端口。集线器的传输速率有 10Mbps、100Mbps 和 10Mbps/100Mbps 自适应的。

（3）交换机（Switch）

交换机也是局域网使用的连接设备，如图 4.7 所示，交换机的作用是扩展网络的距离，减轻网络的负载。在局域网中，每条通信线路的长度和连接的设备数都是有最大限度的，如果超载就会降低网络的工作性能。对于较大的局域网，可以采用交换机，将负担过重的网络分成多个网络段，当信号通过交换机时，交换机会将非本网段的信号排除掉（即

过滤)。使网络信号能够更有效地使用信道,从而达到减轻网络负担的目的。由交换机隔开的网络段仍属于同一局域网,网络地址相同,但分段地址不同。

(4)路由器(Router)

路由器是互联网中使用的连接设备,如图4.8所示。它可以将两个网络连接在一起,组成更大的网络。被连接的网络可以是局域网,也可以是互联网,连接后的网络都可以称为互联网。路由器不仅有交换机的全部功能,还具有路径的选择功能。它可根据网络上信息拥挤的程度自动选择适当的线路传递信息。

图 4.7　交换机

图 4.8　无线路由器

在互联网中,两台计算机之间传送数据的通路会有很多条,数据包(或分组)从一台计算机出发,中途要经过多个站点才能到达另一台计算机。这些中间站点通常是由路由器组成的,路由器的作用就是为数据包(或分组)选择一条合适的传送路径。用路由器隔开的网络属于不同的局域网地址。

4.2.2　传输介质

网络硬件设备之间需要通过网络介质相互连接。当前的传输介质可分为有线和无线两种。

1. 有线传输介质

① 粗同轴电缆。型号为 RG-11 或 RG-8(10Base5 标准),使用 AUI 接口与计算机相连,主要用于干线连接建设。

② 细同轴电缆。型号为 RG-58A/U(10Base2 标准),使用 BNC 接口与计算机相连,但组建的网络可靠性差,已经逐渐被双绞线替代。

③ 双绞线。双绞线分屏蔽双绞线(STP)和非屏蔽双绞线(UTP)。目前常用的 UTP 双绞线分为 5 类和 3 类两种规格,都使用 RJ-45 接口与计算机相连。3 类双绞线能达到 10Mbps 的传输速率,而 5 类双绞线可达 100Mbps。5 类双绞线是目前组建局域网最常采用的传输介质之一。另外,还有超 5 类双绞线,传输速率更快。

④ 光纤。分单模光纤和多模光纤两类,采用玻璃或其他透明材料传输光纤信号,主要用于干线建设,或在强电磁干扰环境下使用(如工厂中的车间网络)。光纤连接困难,技术难度大,需专业人员用专门工具安装。

大学计算机应用基础(第 2 版)

2. 无线传输介质

① 红外线。需专门的红外线传输设备,若采用激光红外,可得到很高的保密性,但易受雨雪等天气的影响,常用于不易布线的环境。

② 微波。需大功率的无线电发射装置,传输距离远,适用于卫星传输等。

4.3 Internet 技术简介

20 世纪 80 年代 Internet 的诞生,在信息技术领域成为一个新起点,工业化社会从此开始了加速向信息化社会发展的时期。在科学技术发展的历史上,Internet 作为一种计算机网络通信系统和一个庞大的技术实体,它所起的作用和产生的影响,也许是独一无二的。

4.3.1 Internet 概述

什么是 Internet? 事实上,目前很难给出一个准确的定义来概括 Internet 的特征和全部含义。从结构上看,Internet 实际上是由世界范围内众多计算机网络连接而成的一个逻辑网络。它并非一个具有独立形态的网络,而是由计算机网络汇合成的一个网络集合体。从技术上看,Internet 并不是一个计算机网络,而是一个网络的网络。世界各地的网络通过电话线、光纤、微波传输以及轨道上的卫星连接在一起。但有关数据如何从 Internet 上的一台计算机传送到另一台计算机的细节,对于用户来说是不可见的。

Internet 采用 TCP/IP 协议作为共同的通信协议,将世界范围内许许多多计算机网络连接在一起,成为当今最大的和最流行的国际性网络,也被人们称为全球信息资源网。目前,Internet 正在迅速向世界各地延伸,不断增添网络新成员,并入各种越来越多的网络,很快成为覆盖全球的计算机超级网络,如图 4.9 所示。

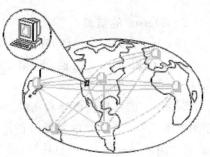

图 4.9　全球 Internet

1. Internet 的发展史

Internet 的基础建立于 20 世纪 70 年代发展起来的计算机网络群之上,其前身是美国国防部高级研究计划局(ARPA)于 1969 年建立的军用实验网 ARPANET(Advanced Research Projects Agency Network)。20 世纪 70 年代末和 80 年代初,又陆续建立起来一些面向学术界和企业界的网络,如 CSNET(美国国家科学基金会的计算机科学网),1985 年美国科学基金会(NSF)建立了为科学教育服务的美国国家科学基金会网络(NSFNET)。

Internet 的真正发展从 NSFNET 的建立开始。20 世纪 80 年代是网络技术取得巨大进展的年代,不仅大量涌现诸如以太网电缆和工作站组成的局域网,而且奠定了建立大规模广域网的技术基础。1988 年底，NSF 把在全美国建立的五大超级计算机中心用通信干线连接起来，组成全国科学技术网 NSFNET，并以此作为 Internet 的基础，实现同其他网络的连接。采用 Internet 的名称是在 MILNET（由 ARPANET 分离出来）实现和 NSFNET 连接后开始的。

Internet 的出现使用户不再被局限于分散的计算机上，也使他们脱离特定网络的约束，在世界范围内实现资源共享。Internet 所具备的这种特性与能力，使它赢得全球几乎所有的计算机用户，并得到飞速发展。Internet 在推动人类社会进步与经济发展方面具有划时代意义，它正在改变人类社会的面貌以及人们的工作、学习和生存方式。

2. 中国互联网络发展

1987 年 9 月 14 日从北京计算机应用技术研究所发出的中国第一封电子邮件 "Across the Great Wall we can reach every corner in the world(越过长城，走向世界)"，揭开了中国使用互联网的序幕。1990 年 11 月 28 日，钱天白教授代表中国正式注册登记中国的顶级域名 CN。1991 年，中国科学院高能物理所以专线方式实现同 Internet 的连接，并开始为全国科学技术与教育界的专家提供电子邮件服务。1994 年 4 月 20 日，"中关村地区教育与科研示范网络"通过美国 Sprint 公司连入 Internet 的 64K 国际专线开通，实现了与 Internet 的全功能连接。从此，中国被国际上正式承认为真正拥有全功能 Internet 的国家。自 1994 年起，中国教育和科研计算机网（CERNET）、中国公用计算机互联网（CHINANET）、中国科技网（CSTNet）以及其他一些计算机网先后开通并实现同 Internet 的连接。

近几年来，中国的互联网发展迅速。2013 年 7 月 17 日，中国互联网络信息中心（CNNIC）在京发布第 32 次《中国互联网络发展状况统计报告》，报告显示，截至 2013 年 6 月底，我国网民规模达到 5.91 亿，互联网普及率为 44.1%。

3. Internet 的资源

Internet 作为一个整体，在使用者面前体现出的重要价值就在于它所提供的越来越完善的信息服务。人们通过 Internet 想要寻求的主要东西就是信息，信息资源是 Internet 最重要的资源。

Internet 的信息资源分布在世界各地计算机系统的服务器和数据库中。信息内容几乎无所不包：有科学技术领域的各种专业信息，也有与大众日常工作、生活息息相关的信息；有严肃主题的信息，也有体育、娱乐、旅游、消遣和奇闻轶事一类的信息；有历史档案信息，也有现实世界的信息；有知识性和教育性的信息，也有消息和新闻的传媒信息；有学术、教育、产业和文化方面的信息，也有经济、金融和商业信息等。信息的载体涉及几乎所有媒体，如文档、表格、图形、影像、声音以及它们的合成。

Internet 的另一种资源，是计算机系统资源，包括并入 Internet 的各种网络上的计算机的处理能力、存储空间（硬件资源）以及软件工具和软件环境（软件资源）。

Internet 还有一种不容被忽视的资源，是"人"的资源，他们至少是同计算机一样重要的可用资源。在 Internet 上可以找到能够提供各种信息的人：教育家、科学家、工程技术专家、医生、营养学家、律师以及具备各种专长和爱好的人们。对于所有这些人，Internet

提供与其他人进行讨论和交流的渠道。Internet 用户可以就任何问题寻求网上专家或其他用户的帮助,从他们那里获得咨询信息。不仅如此,只要愿意,每个用户也能成为信息提供者。

4.3.2 Internet 的工作原理

Internet 是一个由本地、地区、国家和国际区域内的计算机网络组成的网络,这些网络又各自有许多计算机接入。为了使用户能够方便快捷地找到互联网上信息的提供者,或信息的目的地(两者都称"主机"),必须首先了解 Internet 的工作方式及网上主机的识别问题。

1. Internet 的工作方式

客户机/服务器系统(Client/Server Systems)是一种新型的计算机工作方式,Internet 采用客户机/服务器方式访问资源。这里的"客户机"和"服务器"分别是指请求服务的计算机和可提供服务的计算机,其上分别运行相应的程序。一个程序在服务器中,提供特定资源;另一个程序在客户机中,它使客户机能够使用服务器上的资源。

例如,用户坐在网吧的一台 PC 前,通过 WWW 浏览器来阅读中央电视台 CCTV 网站发布的"新闻频道"。在这种情况下,用户的 PC 作为 WWW 客户机,它运行着一个浏览程序,而北京的一台超级计算机作为 WWW 服务器,它运行着另一个服务程序。

所有的 Internet 服务都使用这种客户机/服务器关系。要懂得怎样使用 Internet,事实上就意味着懂得怎样使用每个客户机程序。因此,为了使用 Internet 服务,必须了解:学会启动这种服务的客户机程序;学会使用客户机程序;知道连接哪台服务器。

用户的任务是启动客户机,并使它执行程序。客户机的任务是连接上相对应的服务器,并确保指令正确执行。而服务器接到客户机的有关命令则按照此请求提供相应的服务,如图 4.10 所示。

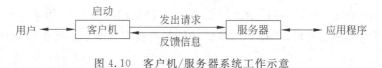

图 4.10　客户机/服务器系统工作示意

2. Internet 的网络协议

Internet 是由众多的计算机网络交错连接而形成的网际网。作为它的成员的各种网络在通信中分别执行自己的协议。TCP/IP 是 Internet 使用的通用协议,事实上,它们是在 Internet 出现之前制定的网络协议。其中传输控制协议 TCP(Transfer Control Protocol)是规定一种可靠的数据信息传递服务;IP(Internet Protocol)协议又称互联网协议,是支持网间互联的数据报协议。

除 TCP/IP 协议外,Internet 还采用各种其他协议。在习惯上,人们把 Internet 的通信协议笼统地称为 TCP/IP 协议簇,也有人把 Internet 称为 TCP/IP 网或 TCP/IP Internet 网。

4.3.3 Internet 的网络地址

1. 网络地址

每一个 Internet 上的主机在它连接的子网内都有唯一的一个网络地址,每一个网络地址都有它的物理地址和其对应的 IP 地址或域名。

(1) 物理地址

每一个物理网络中的主机都有其真实的物理地址,也称 MAC(Media Access Control)地址,这是网卡制造商制作在网卡上的无法改变的地址码。物理网络的技术和标准不同,其网卡地址编码也不同。例如,以太网网卡地址用 48 位二进制数编码。通常用 12 个十六进制数表示一个以太网网卡物理地址,每 2 个十六进制数之间用冒号隔开,如 08:00:20:0A:8C:6D 就是一个 MAC 地址,其中前 6 位十六进制数 08:00:20 代表网络硬件制造商的编号,它由 IEEE(Institute of Electrical and Electronics Engineers,电气与电子工程师协会)分配,而后 6 位十六进制数 0A:8C:6D 代表该制造商所制造的某个网络产品(如网卡)的系列号。每个网络制造商必须确保它所制造的每个以太网设备都具有相同的前三字节以及不同的后三个字节。这样就可保证世界上每个以太网设备都具有唯一的物理地址。

(2) IP 地址

由于目前物理网络地址规范五花八门,Internet 为避免与众多物理地址规范打交道所带来的复杂性,确保 Internet 上的主机地址的唯一性、灵活性和适应性,Internet 要对每一台主机进行统一编址,因此产生了 IP 地址。

Internet 的地址是指并入 Internet 的结点计算机的 IP 地址。Internet 上的主机都有一个唯一的 IP 地址,它和网卡上的物理地址之间的相互转换依靠 IP 协议提供的 ARP(Address Resolution Protocol,地址解析协议)和 RARP(Reverse Address Resolution Protocol,逆向地址解析协议)两个子协议。ARP 协议的功能是将 Internet 逻辑地址(IP 地址)转换成物理网络地址,RARP 协议的功能是将物理网络地址转换成 Internet 逻辑地址(IP 地址)。

目前所使用的 IP 协议版本(第 4 版)规定:IP 地址的长度为 32 位。占用 4 个字节,用以下"点分十进制"格式表示。

点分十进制:X. X. X. X,每一个 X 为 8 位二进制数,为方便起见,一般写成十进制数,对应十进制数范围是 0～255。一组数字与另一组数字之间用圆点"."作为分隔符。

IP 地址其实是 Internet 主机的一种数字型标识,它结构上分为两部分,一部分是网络标识(NeID),另一部分是主机标识(HostID)。如图 4.11 所示。

图 4.11　IP 地址结构

2. IP 地址分类

IP 地址按结点计算机所在网络规模的大小可分为五类（A～E 类），常用的是 A、B、C 类。每一类网络中 IP 地址的结构即网络标识长度和主机标识长度都有所不同。

（1）A 类

A 类地址分配给规模特别大的网络使用。A 类网络用第一组数字（第一组 8 位）表示网络本身的地址（编号），后面三组数字（24 位）作为连接于网络上的主机的地址（编号），如图 4.12 所示。

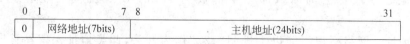

图 4.12　A 类 IP 地址

凡是第一个二进制位以 0 开始的 IP 地址均属于 A 类网络。

（2）B 类

B 类地址分配给一般的大型网络。B 类地址用第一、二组数字表示网络的地址，后面两组数字代表网络上的主机地址，如图 4.13 所示。

图 4.13　B 类 IP 地址

凡是以二进制位 10 开始的 IP 地址均属于 B 类网络。

（3）C 类

C 类地址分配给小型网络，如大量的局域网和校园网。C 类网络用前三组数字表示网络的地址，最后一组数字作为网络上的主机地址，如图 4.14 所示。

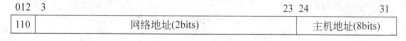

图 4.14　C 类 IP 地址

凡是以二进制位 110 开始的 IP 地址均属于 C 类网络。

（4）D 类

D 类 IP 地址的结构如图 4.15 所示。

图 4.15　D 类 IP 地址

凡是以二进制位 1110 开始的 IP 地址均属于 D 类网络。

（5）E 类

E 类 IP 地址的结构如图 4.16 所示。

凡是以二进制位 11110 开始的 IP 地址均属于 E 类网络。

01234	5	
11110		保留用于实验和将来使用(27bits)

图 4.16　E 类 IP 地址

(6) 用做特殊用途的 IP 地址

凡是主机标识全部设为"0"的 IP 地址称之为网络地址,如 129.45.0.0,表示网络本身。

广播地址　凡是主机标识部分全部设为"1"的 IP 地址称之为广播地址,如 129.45.255.255。

保留地址　网络标识不能以十进制"127"作为开头,此类地址保留给诊断用。如 127.0.0.1 用于回路测试。同时,网络标识的第一个 8 位组也不能全置为"0",全"0"表示本地网络。

还有两个特殊地址,全"0"的 IP 地址(0.0.0.0)对应于当前主机,全"1"的 IP 地址(255.255.255.255)是当前子网的广播地址。

以上各类第一个字节前几位固定的二进制位是 IP 地址类型标识位,其中 A、B、C 类为基本 IP 地址,D 类是多播地址,有特殊用途,E 类保留为将来使用。用户可根据需要申请不同的 IP 地址。由于网络结点的剧增,现有 IP 地址已经远远不够分配,因此网络国际组织正在研究扩充 IP 地址。

3. A、B、C 类 IP 地址空间及特点

A 类网络 IP 地址的网络标识长度为 7 位,主机标识的长度为 24 位;B 类网络 IP 地址的网络标识的长度为 14 位,主机标识长度 16 位;C 类网络 IP 地址的网络标识长度为 21 位,主机标识长度为 8 位。这样大家可以容易地计算出 Internet 整个 IP 地址空间的各类网络数目和每个网络地址中可以容纳的主机数目,如表 4.1 所示。

表 4.1　Internet 的 IP 空间

分类	第一组数字	网络地址数	网络主机数	主机总数
A 类网络	1～126	126	254×254×254	126×254×254×254
B 类网络	128～191	64×254	254×254	64×254×254×254
C 类网络	192～223	32×254×254	254	32×254×254×254
总计		2 080 894		3 638 028 208

注:每个字节中的全 0 和全 1 不分配。

各类地址特点如下。

① A 类。网络地址数少,每个网络上容纳主机数多,这种编址适用于网上含有大量主机的大型网络。通常,大多数网络没有那么多主机,因此,该类编址用于由众多子网所构成的网络。例如,某些国家将大量的网络互连起来连接到 Internet 上。

② B 类。网络地址数和每个网上容纳主机数适中,这种编址适合用于一些国际性的大公司和政府机构等中等规模的网络。

③ C类。网络地址数多,每个网络上容纳主机数少,这种编址特别适用于一些小公司或其他研究机构等主机数不多的小型网络。

4.3.4　Internet 的域名系统

前面讲到,IP 地址是一种数字型网络标识和主机标识,数字型标识对计算机网络来讲自然是最有效的。但是对使用网络的人来说不便记忆,同时也不易于维护和管理,为此人们研究出一种字符型标识,这就是域名。

Internet 建立的域名管理系统 DNS(Domain Name System)用分层的命名方法,对网络上的每台计算机赋予一个直观的唯一标识名,即设置一个与其 IP 地址对应的用字符组成的域名。例如,中华人民共和国教育部 WWW 服务器设置的域名是 www. moe. edu. cn。

与 IP 地址相反,域名书写范围由小到大,其结构一般为三到四级。

> 主机名 . 组织机构名 . 网络名 . 顶级域名

常见的 Internet 顶级域名如下。

① com。Commercial Organizations,商业组织,公司。

② edu。Educational Institutions,教研机构。

③ gov。Governmental Entities,政府部门。

④ int。International Organizations,国际组织。

⑤ net。Network Operations and Service Centers,网络服务商。

⑥ org。Other Organizations,非盈利组织。

⑦ 国家或地区域名。如 cn 表示中国,fr 表示法国,uk 表示英国。

图 4.17 是域名结构层次图。

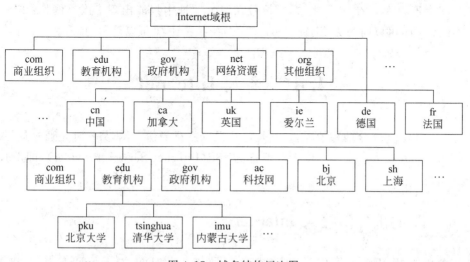

图 4.17　域名结构层次图

4.3.5 IPv6 简介

随着 Internet 规模的迅速扩大,现有的 IP 协议(版本是 4,简称 IPv4)逐渐暴露出了一些缺陷,如地址空间有限、内建安全性不足等。为了更好地适应 Internet 的发展,国际网络标准组织提出了新的 IP 版本 IPv6,它弥补了 IPv4 的缺陷,将逐步取代 IPv4。

IPv6 主要在大地址空间、简化的报头格式、更好的 QoS(Quality of Service,服务质量控制)支持等方面有了改进。IPv6 把地址长度扩展至 128 位,共计约 3.4×10^{38} 个地址,是 IPv4 地址空间的近 1600 亿倍。

1. IPv6 地址类型

不同于 IPv4,IPv6 的地址类型分为如下 3 类。

① 单播地址。单一接口的地址。发送到单播地址的数据包被送到由该地址标识的接口。

② 任意播送地址。一组接口的地址。大多数情况下,这些接口属于不同的结点。发送到任意播送地址的数据包被送到由该地址标识的其中一个接口。

③ 多播地址。一组接口的地址(通常分属不同结点)。发送到多播地址的数据包被送到由该地址标识的每个接口。

IPv6 中没有广播地址,因为这一功能已被多播功能代替。

2. IPv6 地址表示

IPv6 的 128 位地址一般表示为 X:X:X:X:X:X:X:X 的形式,即 8 个 16 位的无符号整数,每个整数用 4 个十六进制位表示,这些数之间用冒号(:)分开,例如:

$$2001:250:f007:0009:10d5:fb27:60d9:536e$$

为了简化书写,每一组数值前面的 0 可以省略,如 0009 写成 9。还可以使用":"符号简化多个连续为 0 的 16 位组,"::"符号在一个地址中只能出现一次。例如:FF01:0:0:0:0:0:0:101 可以简写为 FF01::101,0:0:0:0:0:0:0:1 可以简写为::1。

4.4 接入 Internet

连接到 Internet 分两种情况,一种是计算机以主机身份入网,另一种是通过局域网入网。而 Internet 接入服务的提供者一般称为 ISP(Internet Service Provider),即 Internet 服务提供商。

4.4.1 以主机身份接入 Internet

目前以主机身份入网常见的方式有拨号接入、ISDN 接入、xDSL 接入和 cable Modem 接入等。

拨号接入的方式是经由 ISP,通过电话拨号的方式连入 Internet。这种入网方式主要是通过两种通信协议实现用户计算机与 Internet 接入服务器之间的连接。一种协议是串行线路 Internet 协议 SLIP(Serial Line Internet Protocol),另一种协议是点对点协议 PPP (Point to Point Protocol)。用它们进行连接时,在物理上是以调制解调器和拨号电话线把用户计算机与接入服务器连接起来,这样用户计算机就成为 Internet 的一部分,访问各种网上资源。PPP 和 SLIP 的功能相近,但 SLIP 是较早的一种连接方式,已经很少采用,现在大多用 PPP 连接。此时,用户主机的 IP 地址是由 ISP 动态分配的,并且是临时的——当用户主机与接入服务器断开连接后,就不具有这个 IP 地址了。

ISDN(Integrated Services Digital Network,综合业务数字网)提供了比拨号更快速的 Internet 接入方案。典型的 ISDN 线路速率范围从 64kbps 到 128kbps,用户需要一部 ISDN 调制解调器和一个支持 ISDN 访问的 ISP。

ADSL(Asymmetrical Digital Subscriber Line,非对称用户数字线路)是 DSL 的一种,是目前个人用户接入采用最多的技术。ADSL 利用用户现有的电话线路,实现高速的 Internet 接入能力。理论上,ADSL 技术上行传输速率为 640kbps,下行(至用户)传输速率可达到 6.144Mbps,传输距离可达 6km。用户端需要一部 ADSL 调制解调器,相应地,ISP 端也要支持 ADSL 技术。

cable modem 接入也就是通常意义上的有线电视网络接入方法。由于原有的有线电视网天然就是一个高速宽带网,所以仅对入户线路进行改造,就可以提供上行 10M、下行 40M 的接入速率。但是 cable modem 采用共享结构,随着用户的增多,个人的接入速率会有所下降。cable modem 一般有两个接口,一个用来接室内墙上的有线电视端口,另一个与计算机相连。cable modem 把上行的数字信号转换成模拟射频信号,类似电视信号,所以能在有线电视网上传送。接收下行信号时,cable modem 把它转换为数字信号,以便电脑处理。

4.4.2 通过局域网连接 Internet

如果用户计算机是连接在一个局域网上,并且该局域网已经通过路由器连接到了 Internet 上,那么意味着用户的计算机也连接到了 Internet 上。通常这种情况下用户连接 Internet 时,网络为用户提供的是高速接入服务。此时,用户主机一般将获得一个固定的 IP 地址。使用网络连接时,不再需要 Modem 和电话线路,但是需要计算机上配有网卡,以及传输线缆,用于与局域网的通信。一般网卡的数据传输速度要比 Modem 高得多,因此用这种方法连接 Internet 速度是较快的。但用这种方式连入 Internet 的费用较高。

4.4.3 无线接入

无线接入是指从交换结点到用户终端部分或全部采用无线手段的接入技术。无线接入摆脱了有线方式网络线缆的束缚,具有方便、快捷、移动性好等优点,可以作为有线网的补充，或替换有线用户环路，节省时间和投资。

无线接入技术纷繁复杂，有适于主机接入的 GPRS 接入技术、CDMA 接入技术，还有无线局域网技术 WLAN、蓝牙(Bluetooth)等。

4.5 Internet 基本服务

4.5.1 WWW 服务简介

WWW(World Wide Web)是一个基于超文本(Hypertext)方式的信息查询工具，也称万维网，是建立在 Internet 上的全球性的、交互的、动态、多平台、分布式的图形信息系统，也是目前最受欢迎、最先进的服务方式之一。它的最大特点是拥有非常友善的图形界面，非常简单的操作方法以及图文并茂的显示方式。

1. WWW 系统的工作方式

WWW 系统采用客户机/服务器模式。在服务器端，定义了一种组织多媒体文件的标准——超文本标识语言(HTML)，按 HTML 格式储存的文件被称做超文本文件(Hypertext)，每一个超文本文件中通常都有一些 Hyperlink(超级链接)，把该文件与别的 Hypertxet 超文本文件连接起来构成一个整体。在客户端，WWW 系统通过 Netscape、Internet Explorer 等浏览程序(Web Browser)提供了查阅超文本的方便手段，另外，它不仅用于查询(读)信息，同时也用于建立(写)信息，与服务器端进行交互。于是，WWW 使 Internet 成为具有信息资源增值能力的系统，也是当前最具吸引力的系统。

2. Web 地址

WWW 系统中使用了一种 URL(Uniform Resource Locator，统一资源定位器)的特殊地址(即 Web 地址)，每个文件无论以何种方式存在于何种服务器，都有一个唯一的 URL 地址。因此可把 URL 看做是一个文件在 Internet 上的标准通用地址。只要用户正确地给出一个文件的 URL 地址，WWW 服务器就能准确无误地将它找到，并且传送到发出检索请求的 WWW 客户机上去。

URL 的一般格式：＜通信协议＞：//＜主机＞[:端口][/路径/文件名]

其中：＜通信协议＞ 指提供该文件的服务器所使用的通信协议(如 HTTP 协议、FILE 协议、FTP 协议等)。WWW 遵循 HTTP 协议(超文本传输协议)。

＜主机＞ 指上述服务器所在主机的 IP 地址或域名。

[:端口] 可选项，有时对某些资源的访问来说，需给出相应的服务器提供端口号。HTTP 的缺省端口是 80，如使用其他端口则写明端口号。

[路径/文件名] 指明服务器上某资源的位置(其格式与 DOS 系统中的格式类似，通常由目录/子目录/文件名这样的结构组成)。与端口一样，路径也是可选项。

例如：http://www.somesite.com:8888/next/index.html

3. WWW 浏览器

WWW 的浏览器(Web Browser)是 WWW 系统用来浏览信息的客户程序,针对不同的计算机平台、操作系统及用户界面需求,可以使用不同的浏览器。目前市面上已有几十种浏览器,功能有强有弱,它们大多为免费或共享软件,可以在 Internet 上方便地获取。代表性的浏览器有 NCSA Mosaic、Netscape Navigator、Microsoft Internet Explorer、Mozilla FireFox 等。

WWW 浏览器(Browsers)是一种 WWW 客户程序,丰富多彩的 WWW 浏览器软件的出现,使得 WWW 的使用变得较为简单。WWW 浏览器主要有两类版本:第一类是以 Lynx 为代表的面向字符操作的 WWW 客户程序,主要供不具备图像和声音功能的计算机终端或采用仿真终端方式工作的计算机用户使用;第二类是以 NCSA(美国国家超级计算中心)的 Mosaic 以及 Netscape、Internet Explorer 为代表的面向多媒体计算机工作站的 WWW 客户程序。在多窗口的界面下,用它不但可以浏览文本信息,还可以显示与文本内容相配合的图像、影视和声音。

WWW 浏览器的最基本功能在于让用户在自己的计算机上检索、查询、采掘、获取 Internet 上的各种资源。由于 Internet 正处在日新月异的飞速发展阶段,WWW 每天都被使用它的人们赋予新的含义,使得浏览器的功能也在不断扩充和更新。归纳起来,浏览器应具备以下几种基本功能:检索查询功能;文件服务功能;图表管理;建立自己的主页(Home Page);提供其他 Internet 服务(如 FTP、Gopher、WAIS、E-mail 等)。从某种意义上来说,浏览器扮演着现今操作系统的角色。也许有一天,全球信息高速公路建成后,人们在 PC 上运行的可能只有浏览器,那时它将成为一种通用的操作平台。

4. Web 页和超级链接

Web 上的页是互相连接的,单击被称为"超级链接"(简称"超链")的文本或图形就可以连接到其他页。超级链接是内嵌了 Web 地址(即 URL)的图片、图像或彩色文本(通常带下划线)。从直观上看,就是当鼠标指针移过 Web 页上的某个项目时,指针变成手形,即是一个链接。通过单击超级链接,可以跳转到特定 Web 结点上的某一页。

5. 网上"冲浪"

在 Web 上冲浪意味着用户可以随超级链接转到不同的 Web 页。在 Web 上冲浪将给用户带来无穷的乐趣,那种感觉就像一个真正的冲浪选手驾驭着自己的帆板在海上驰骋。用户可以不断地寻找自己感兴趣的话题,造访全球任何一个新的结点。

4.5.2 浏览网页

如同看电视节目要有电视机一样,要想浏览某网页的内容,也需要通过网络浏览器。目前最常用的网络浏览器是 Microsoft Internet Explorer(简称 IE)。在 Windows 中提供的网络浏览器是 Microsoft Internet Explorer,其运行后的主界面如图 4.18 所示。下面以 IE 为例介绍浏览网页内容的一般方法。

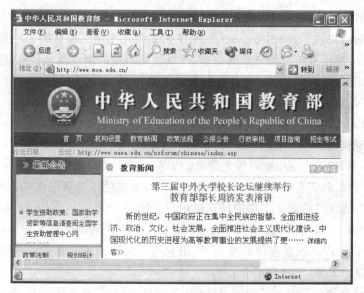

图 4.18　Internet Explorer 浏览器窗口主界面

1. 进入网页

（1）输入网址

如果要打电话，必须拨打对方的电话号码。上网与打电话类似，也需要知道对方的网络地址，输入正确的网络地址后，就有可能浏览到想要的网页。启动 IE 后，在 IE 的地址栏中输入想要浏览的网页地址，然后按回车键，网络地址可以是 IP 地址或网络域名。如果里面已经有一些文字，先要清除这些文字，再输入希望浏览的网页地址，如 http://www.moe.edu.cn，然后按回车键。

另外，在"地址"下拉列表框中保留着用户曾经访问过的 Web 站点的地址记录。你可以从地址名称列表框中选择其中的一个而不必输入网址，在列表框中选择一个 Web 站点名称，它将高亮显示。单击该名称，就可以链接到相应的 Web 站点上。

输入网址后，浏览器右上角的飞行 Windows 动画图标会动起来，这表明浏览器已经开始工作了，它正在和输入网址的服务器联系，窗口下方同时会有一个运动的进度条，表示下载网页进行的进度。

在 IE 的地址栏中键入想要浏览的网络地址时，如果以前访问过这个站点，IE 将自动启动"自动完成"功能，将在还未完全输入地址时给出一个最匹配地址的建议。例如以前访问过 www.moe.edu.cn，那么在地址栏中输入"www.m"时，地址栏中会自动补齐为"www.moe.edu.cn"。

如果还有其他的匹配，那么按键盘上的 ↑、↓ 方向键，高亮显示的部分就会逐个变换为所匹配的地址，直到所需的地址被自动完成，然后按回车键。

（2）网页中断和刷新

工具栏中的"停止"按钮可以中止当前正在进行的操作，停止与网站服务器的联系，在浏览一些速度比较慢的站点，或是网页中想要看的信息已经下载并显示出来，而浏览器还在下载网页的其他内容,为了节省时间,可以单击"停止"按钮中断操作。

有时候在传输过程中,可能会在网络的各个环节发生错误,使显示出来的网页不正确,或是没有下载完就中断了。甚至可能是自己的误操作,不小心按下了"停止"按钮,使得网页不能完全显示出来。此时可以单击工具栏上的"刷新"按钮,浏览器会再次和服务器联系,重新取得并显示当前网页的内容。

2. 浏览网页信息

当在浏览器中显示出某一网页后,便可以查看网页中的相关信息。很多网页中的信息量较大,显示信息内容往往通过超链接的方式实现。这好像一本书,刚进入的第一个网页好比是书的封面和目录,用鼠标单击某一超链接,就可以打开一个新的页面。在 IE 中,某一标题中是否包含超链接,可以通过鼠标指针的形状改变而得知。当鼠标指针指向带有超链接的文字或图片时,指针就会变成小手的形状。单击此处,就可以进入链接目标。在状态栏上会同时显示所链接目标的 URL 地址。页面上的链接目标通常都是另外一个 Web 页面。

在 IE 中从一个页面跳转到另一个页面后,可以通过工具栏上的"后退"或"前进"按钮,在访问过的页面之间进行跳转。单击"后退"按钮,可以返回上次查看过的 Web 页面;单击"前进"按钮,则可查看在单击"后退"按钮前查看过的 Web 页面。如果要查看刚才访问过的 Web 页列表,可单击"后退"或"前进"按钮旁边的向下小箭头,即可打开一个下拉菜单,其中列出了 Web 站点名称。选择菜单中相应的名称,就可以直接跳转到该页面。

有时需要在一个网页中查找某个关键字。当网页内容比较多时,人工查找会很费事。可以使用 IE 提供的在网页内查找的功能。

单击"编辑"菜单下的"查找(在当前页)"选项,则会弹出"查找"对话框,如图 4.19 所示,其使用方法和其他文字编辑软件中的查找一样,只要输入关键字,然后按回车键即可。

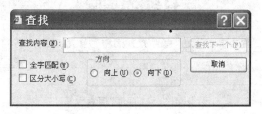

图 4.19 "查找"对话框

3. 设置 Internet 选项

在 IE 中,有关"Internet 选项"的设置有 7 项内容,要保证 IE 浏览器能够正常浏览网页,需要对其中的选项进行必要的设置。单击菜单栏中的"工具"菜单,从中选择"Internet 选项",就可以打开"Internet 选项"对话框进行设置。

4.5.3 在 Internet 上搜索信息

Internet 的信息膨胀速度如此之快,使得在 WWW 中寻找信息犹如大海捞针。用户为了快速地获得所需要的信息，可以使用一系列搜索功能，方便地在 Internet 上搜寻信息。

1. 使用 IE 搜索栏

Internet Explorer 中集成了搜索网页信息的工具。通过 IE 窗口中的搜索栏，用户可以将 Web 页中任何信息作为查找条件进行信息搜索。

单击工具栏上的"搜索"按钮，在浏览器窗口的左侧打开搜索栏。进行搜索时，先要在搜索栏中选择一个搜索类别，有"查找网页"和"以前的搜索"两种类别可以选择。"以前的搜索"将显示以前搜索过的所有字段的链接列表。选择"查找网页"选项后，需要在"查找包含下列内容的网页"文本框中输入要搜索的关键字，然后单击"搜索"按钮进行搜索。搜索的结果是包含所要搜索的关键字的 Web 页面连接列表，并按照产生的链接与查询条件的匹配程度进行排序。

部分搜索类别中，可以指定使用多个不同的搜索提供商，然后通过单击搜索栏顶端的"下一页"按钮，无须重复键入查询条件，就可以在多个搜索提供商中快速搜索。

2. 使用搜索引擎

Internet 中还有很多帮助用户查找资料的 Web 站点，提供搜索引擎服务。用户可以连接到这些 Web 站点中，在文本框中输入查找关键词进行查找，Web 站点中的搜索引擎将会尽可能完整地查找到网络中与关键词相关联的内容。其中，比较著名的搜索引擎站点包括 Yahoo、Google、百度、搜狐等，它们在提供搜索工具的同时，也为用户提供不同的分类主题目录，有利于用户在 Web 中快速查找信息。图 4.20 所示为"百度"搜索引擎。

图 4.20 "百度"搜索引擎

3. 文献检索

文献检索是指依据一定的方法，从已经组织好的大量有关文献集合中查找并获取特定相关文献的过程。随着 Internet 和 WWW 的迅速发展，在因特网上进行文献检索，正日益称为专业人员的一项必备技能。

（1）文献数据库

为方便利用计算机进行检索，Internet 上建立了许多文档型的数据库，存放已经数字化的文献信息和动态信息。用户可以按照文献的发表年份、标题、作者等关键字，从数据库中查找相关文献。一些大型文献数据库，如 IEEE、ACM、万方、维普、CNKI 等科技期刊、学术会议论文数据库在很多高校图书馆被引进。

（2）文献检索方法

利用 Google 学术检索（http://scholar.google.com），可在 Internet 上快速查找文献。Google 学术搜索的使用方法与 Google 搜索相同，如图 4.21 所示。另外，利用"学术高级搜索"中的选项，还可以按照文献的作者、关键词、刊物名称等内容进行搜索。

图 4.21　Google 搜索引擎

也可以使用专业的文献数据库检索文献。如利用"万方数据库"或"维普中国科技期刊全文数据库"检索系统进行文献检索。

在 Internet 上检索到的文献，很多是需要付费下载的，通过大多数高校的图书馆可以免费下载检索到的文献全文。

4.5.4　下载和保存资料

在用户浏览 Internet 的过程中，很可能需要将感兴趣的文字或图片内容保存到本地硬盘中。另外，很多 Web 网站和 FTP 站点提供了音乐、软件及其他文件的下载服务。使用 Internet Explorer 或一些专用下载工具，可以很方便地下载 Internet 上的各种资源。

1. 在 IE 中下载与保存资料

Internet Explorer 中提供了多种下载和保存资料的方法。

最简单的一种就是在 IE 浏览窗口中要下载的图片或文字超链上右击，选择弹出的快捷菜单中的"目标另存为"命令，将所需的文件下载并保存到本机。

如果要保存整个网页，可以选择"文件"菜单中的"另存为"命令。

如果要保存部分文字信息，可以先选中要保存的内容，利用"剪切板"的功能，将其复制到"剪切板"中，打开一个文字处理系统，如在 Word 中进行"粘贴"，再保存。

2. FTP 下载

文件传送服务 FTP 允许 Internet 网上的用户将一台计算机上的文件传送到另一台上，FTP 服务是由 TCP/IP 协议簇中的文件传送协议（File Transfer Protocol）支持的。FTP 是一种实时的联机服务，进行工作时先要登录到对方的计算机上。用这种方式可直接进行文字和非文字信息的双向传输，非文字信息包括计算机程序、图像、照片、音乐等等。还可以使用各种索引服务进行查找。

用 FTP 可以访问 Internet 的各种 FTP 服务器。访问 FTP 服务器有两种方式：一种访问是注册用户登录到服务器系统；另一种访问是用"匿名"（anonymous）访问服务器。在 Internet 网上许多数据服务中心提供这种"匿名文件传送服务"（anonymous ftp），用户登录时可以用 anonymous 作用户名，用自己的电子信箱地址作口令。

同其他 Internet 信息服务一样，FTP 也是采用客户机/服务器模式。在用户的本地计算机上需要安装 FTP 客户软件才能享用 FTP 服务。

Internet Explorer 浏览器不仅可以用 HTTP 协议进行 WWW 信息的浏览，还支持 FTP 协议，作为 FTP 客户软件使用。在 IE 地址栏内输入一个 FTP 地址，来享用 Internet 上的文件下载服务，就像操作本机 Windows 文件夹一样方便。例如，如图 4.22 所示，在 IE 浏览器地址栏中输入 ftp://ftp.imu.edu.cn，就能访问到内蒙古大学的免费 FTP 站点，下载各类免费软件、工具、学习资料。其中，"ftp://"指明连接使用的是 FTP 协议而不是 HTTP 协议。ftp.imu.edu.cn 是内蒙古大学 FTP 服务器的域名。

图 4.22 内蒙古大学 FTP 免费下载资源

3. 其他网络下载工具

在网络速度比较慢或下载文件比较大的情况下，使用 Internet Explorer 进行下载容易掉线，造成下载数据文件的丢失。随着 Internet 中下载服务的日渐增多，很多专门用于下载网络资料的工具软件出现，如迅雷、QQ 旋风、FlashGet 等，可以进行 HTTP 及 FTP 的文件下载。

4.5.5 电子邮件

1. 电子邮件概述

电子邮件 E-mail 是一种通过计算机网络与其他用户进行联系的快速、简便、高效、价廉的现代化通信手段。这是 Internet 所有信息服务中用户最多和使用最广泛的一类服务。电子邮件不仅可以到达那些直接与 Internet 连接的用户以及通过电话拨号可以进入

Internet 结点的用户,还可以同一些商业网(如 CompuServe,America Online)以及世界范围的其他计算机网络(如 BITNET)上的用户通信联系。Internet 有多种电子邮件服务程序,用于邮件传递、电子交谈、电子会议以及专题讨论等。

与普通信件类似,Internet 的电子邮件也有自己的信封和信纸,被称为邮件头(mail header)和邮件体(mail body)。邮件头主要由 3 部分组成:收信人电子邮箱地址(To:),发信人电子邮箱地址(From:)和信件标题(Subject:)。邮件体为邮件实际要传送的内容。

很多门户网站都免费提供电子邮件服务。各种电子邮件系统所提供的功能基本相同,都可以完成以下操作:

① 建立与发送电子邮件。

② 接收、阅读与管理电子邮件。

③ 账号、邮箱与联系人管理。

2. 电子邮件系统的工作方式及特点

电子邮件系统是采用"存储转发"方式为用户传递电子邮件的,当用户期望通过 Internet 给某人发送信件时,先要与为自己提供电子邮件服务的计算机联机,然后将要发送的信件与收信人的电子邮件地址输入自己的电子邮箱,电子邮件系统会自动将用户的信件通过网络一站一站地送到目的地。当信件送到目的地计算机后,该计算机的电子邮件系统就将它存到收件人的电子邮箱中,等候用户自行读取。用户只要随时以计算机联机的方式打开自己的电子邮箱,便可以查阅自己的邮件了。

使用 E-mail 需要两个服务器:发信服务器,它的功能是帮助用户把电子邮件发出去,就像发信的邮局;收信服务器,它的功能是接收他人的来信并且保存它,随时供收件人阅读和变更,就像收信的邮局。一般收发邮件是由 SMTP(Simple Mail Transfer Protocol,简单邮件传输协议)服务器负责的,用户身份的确认和邮箱的管理由 POP3 服务器负责。

POP(Post Office Protocol,邮局协议)是一个运行在邮件服务器上的信件存储转发程序。SMTP 协议规定信件必须是 ASCII 类型的文件,因此,需要使用 Internet 电子邮件扩充协议 MIME(Multipurpose Internet Mail Extensions,多用途 Internet 邮件扩展),把二进制文件附加在信件上一起发送。于是,如果通信双方都使用支持 MIME 协议的电子邮件软件,可以传送图形、声音等多媒体文件。

电子邮件系统有如下特点:方便性、廉价性和快捷性。电子邮件不仅可以传送文本信息,而且可以传送图像、声音、报表和计算机程序。

3. 电子邮件地址

用户使用 Internet 提供的电子邮件服务的前提是要拥有一个属于自己的电子邮箱,也就是 E-mail 账号。电子邮箱是由提供电子邮件服务的机构建立的,实际上是在该机构与 Internet 联网的计算机上为用户分配的一个专门用于存放往来邮件的磁盘存储区域,且这个区域是由电子邮件软件系统操作管理的。用户办理上网手续时,可以向 ISP 申请 E-mail 帐号,当然也就有了 E-mail 地址。同时还可以获得一个只有用户自己知道的密码,以后取信时会用到的。

每一个用户的电子邮件地址都是唯一的,且格式是固定的,即用一个包含"@"的两个字符串表明地址,"@"前面是用户名,"@"后面是"全称域名",各字母之间不能有空格,如图 4.23 所示。

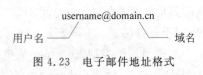

图 4.23　电子邮件地址格式

4.6　HTML 网页编程语言简介

HTML(Hyper Text Markup Language,超级文本标记语言)是一种创建 Web 网页的编程语言。HTML 使用称为标记的特殊标记,这些标记表明了 Web 浏览器应该如何显示文本和图形等网页元素。由 HTML 语言编写的程序文件称为超文本文件,其扩展名为.htm 或.html(UNIX 环境)。超文本文件采用纯文本的形式,相当于在普通文本文件中加入了 HTML 的特殊标记,这样做体现了 Internet 的开放性和可移植性的特点。超文本文件可以在任何计算机平台及任何纯文本编辑器下编辑修改。

超文本文件由 Web 浏览器(如 IE6)解释并执行,在窗口中将实际效果显示出来。使用 HTML 时,可以把它看做是一种排版语言,不同的是它不但能表示一般的文件结构形式,而且还具备"超文本"的特性,例如它可以表示电子邮件(Electronic Mail)、超媒体资料(Hyper Media)、数据库(Database Query)等。

4.6.1　HTML 网页制作实例

例 4.1　以下是用 HTML 语言制作的一个简单网页。

```
<html>
<head>
<title>欢迎订购和使用</title>
</head>
<body>
<p>欢迎订购和使用《计算机文化基础》教材!</p>
<p>您可以由以下地方获得此教材:</p>
<p><span lang="en-us">1.</span>清华大学出版社</p>
<p><span lang="en-us">2.</span>全国各地新华书店</p>
</body>
</html>
```

制作步骤如下。

① 打开 Windows 的记事本。

② 在记事本中输入以上内容。

③ 将内容以文件的形式保存在磁盘的某个位置(如 C:\),文件的扩展名为.htm
(index.htm)。

④ 启动 IE 浏览器,在地址栏中输入地址(C:\index.htm),查看网页效果,如图 4.24 所示。

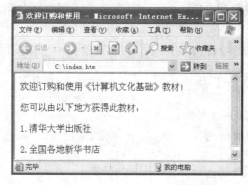

图 4.24　IE 中 HTML 文档显示效果

4.6.2　HTML 的基本元素

HTML 文档一般包含 3 个基本元素:表头(Header)、主体(Body)、主题(Title),分别用相应的 HTML 标记来标识。以下介绍一些常用的 HTML 标记。

(1).标识标签<HTML>…</HTML>

<HTML>和</HTML>分别是 Web 页面的开始标记和结束标记。一个网页的全部内容必须包含在这两个标记当中。浏览器从<HTML>开始解释,到</HTML>结束。

(2)文件头标签<HEAD>…</HEAD>

<HEAD>和</HEAD>标记设置文档标题以及其他不在 Web 页上显示的信息。可以包含 HTML 文件的头部信息、特殊功能和文件标题等,可以省略。

(3)标题标签<TITLE>…</TITLE>

<TITLE>和</TITLE>用于设定 HTML 文件标题的标签,其间的内容将显示在 IE 浏览器的标题栏中。

(4)文件体标签<BODY>…</BODY>

<BODY>…</BODY>之间包含 HTML 文件体的内容,它是必不可少的标签。

<BODY BGCOLOR=?>设置背景颜色,使用颜色名或十六进制值。

<BODY BACKGROUND="name">设置背景图片。

<BODY TEXT=?>设置文本文字颜色,使用颜色名或十六进制值。

<BODY LINK=?>设置超级链接文字的颜色,使用颜色名或十六进制值。

<BODY VLINK=?>设置已访问过的超级链接文字的颜色,使用颜色名或十六进制值。

<BODY ALINK=?>设置鼠标悬停于超级链接文字的颜色,使用颜色名或十六进制值。

颜色取值用十六进制表示的方法是:"♯"加一个 6 位的十六进制数,如♯FF0000 是红色,♯00FF00 是绿色。也可以用英文单词 RED、GREEN 等。

在具体使用时,各参数跟在"Body"后面,参数之间用空格分割。

(5) 换行标签

说明:起到文字回车换行的作用。在 HTML 语言中直接按回车键,不能够起到换到下一行的作用,而需要在换行处加
标记。

(6) 标题字标签<H>…</H>

说明:用于设置标题字的大小。

格式:<Hn> n 的取值为 1,2,…,6。n 越大,字越小。

(7) 字体设置标签<FONT>…</FONT>

<FONT SIZE=?></FONT> 设置字体大小,从 1 到 7,缺省字号为 3。

用<FONT SIZE=?> 设置的字形比用 H 设置的字号的字形笔画要粗一些。

<FONT COLOR=?></FONT> 设置字体的颜色,使用颜色名或十六进制值。颜色值同<BODY>中的一样。

<FONT FACE=字体名>…</FONT> 用于设置其间文字的字体。

<FONT>标签直接作用其后的文字,可在文中多次设置。

(8) 字形设置标签

<B>…</B>设置其间的内容为粗体字。

<I>…</I>设置其间的内容为斜体字。

<U>…</U>设置其间的内容加下划线。

<S>…</S>设置其间的内容加删除线。

(9) 段落标签<P>…</P>

<P>…</P>创建正文段落,中间存放所有的文字、图像和超级链接等,该标签可缺省</P>。

<P ALIGN=?>,参数 ALIGN 的取值可以为 LEFT、CENTER、RIGHT,分别表示靠左、居中、靠右。默认值是居中。分别表示将段落按左、中、右对齐。

例 4.2 打开 Windows 的记事本,建立如下内容的文本文件 index. html,然后在浏览器中显示效果,如图 4.25 所示。

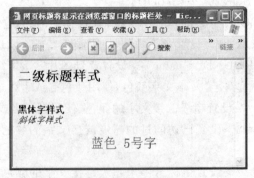

图 4.25 文字格式举例

```
<html>
<head>
<title>网页标题将显示在浏览器窗口的标题栏处</title>
</head>
<body bgcolor="#e7f9f3">
<h2>二级标题样式</h2>
<br>
<b>黑体字样式</b>
<br>
<i>斜体字样式</i>
<p align="center">
<font size=5 color="blue">蓝色 5 号字</font>
</body>
</html>
```

(10) 超级链接标签＜A＞…＜/A＞

格式 1：＜A HREF＝"URL"＞＜/A＞，表示创建一个超级链接。

格式 2：＜A HREF＝"MAILTO：Email"＞＜/A＞，表示创建一个自动发送电子邮件的链接。

例 4.3 超级链接用法，如图 4.26 所示。

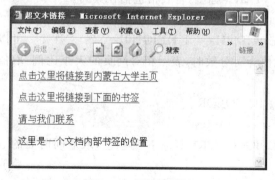

图 4.26　超链接举例

```
<html>
<head>
<title>超文本链接</title>
</head>
<body>
<a href="http://www.imu.edu.cn">点击这里将链接到内蒙古大学主页</a><br><br>
<a href="#shuqian">点击这里将链接到下面的书签</a>
<p align="left"><a href="mailto:nmgdx@ imu.edu.cn">请与我们联系</a>
<p>这里是一个文档内部书签的位置</p>
</body>
</html>
```

（11）表格标签

<TABLE>…</TABLE> 表示表格的开始与结束。

<TR>…</TR> 表示行的开始与结束。

<TH>…</TH> 表示单元格内容标题的开始与结束（一般作单元格内部标题字用）。

<TD>…</TD> 表示单元格内容的开始与结束。

<CAPTION>…</CAPTION> 定义表格的标题。

表格中常用的参数如下。

① 设置外线框参数 BORDER

格式：<TABLE BORDER=N> N=0,1,2,…

当 N 取值为 0 时,表示没有外线框,它是参数的默认值。N 值越大,线框越粗。

② 设置单元格边框线粗细参数 CELLSPACING

格式：<TABLE BORDER=N CELLSPACING=N> N=0,1,2,…

说明：这个参数必须同 BORDER 配合使用。

③ 设置表格对齐参数 ALIGN

格式：<TABLE ALIGN=LEFT 或 RIGHT>

说明：这个参数设置表格的位置没有中间位置。如果要让表格居中,可以使用<CENTER></CENTER>标签,将表格包括在其间。

④ 设置表格宽和高的参数 WIDTH、HEIGHT

格式：<TABLE WIDTH=N1 HEIGHT=N2> N1,N2 可以是自然数或百分数,可以单独设置。当取值为百分数时,表示相对网页的大小比例,取值为自然数时,表示绝对大小。

⑤ 设置颜色参数 BGCOLOR

表格背景色设置：

格式：<TABLE BGCOLOR=N> N 为颜色,取值同前面的一样（单词或♯十六进制数）。

单元格背景色设置：

格式：<TR BGCOLOR=N></TR>设置一行的颜色

　　　　<TH BGCOLOR=N></TH>设置一个单元格颜色

　　　　<TD BGCOLOR=N></TD>设置一个单元格颜色

⑥ 设置单元格间距参数

列间距参数 WIDTH

格式：<TH WIDTH=N>…</TH>　　<TD WIDTH=N>…</TD>,N 为自然数

说明：设置列宽,缺省时由单元格的长度内容决定。

行间距参数 HEIGHT

格式：<TH HEIGHT=N>…</TH>　　<TD HEIGHT=N>…</TD>,N 为自然数

说明：设置行高。

⑦ 单元格对齐方式

水平对齐：ALIGN＝LEFT、CERNET、RIGHT　在 TR、TH、TD 参数中均可使用。

垂直对齐：VALIGN＝TOP、MIDDLE、BOTTOM

例 4.4 表格实例演示如图 4.27 所示。

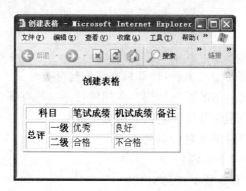

图 4.27　表格应用举例

```
<html>
<head><title>创建表格</title><head>
<body>
<table border=2 cellspacing=4 cellpadding=10>
<caption><h4>创建表格</h4></caption>
<tr>
<th colspan=2>科目</th><th>笔试成绩</th><th>机试成绩</th>
<th>备注</th>
</tr>
<tr>
<th rowspan=2>总评</th><th>一级</th><td>优秀</td><td>良好</td>
</tr>
<tr>
<th>二级</th><td>合格</td><td>不合格</td>
</tr>
</table>
</body>
</html>
```

本 章 小 结

本章对计算机网络的基础知识进行了简要介绍，重点介绍了 Internet 方面的基本知识，并对网页编程语言 HTML 的基础语法进行了介绍。Internet 正在快速进入人们的日常生活中，对 Internet 基本原理、基本应用的了解将更有利于计算机网络普及。通过本章的学习,学生应掌握如何接入 Internet、如何通过计算机网络获得各种信息资源,如何收发电子邮件等最基本应用,同时也应了解网页编程的基本语句。

习　题　4

简答题

4.1　什么是计算机网络? 其主要功能是什么?

4.2　从计算机之间的距离来看,计算机网络如何分类?

4.3　什么是计算机网络的拓扑结构? 常用的拓扑结构有哪几种?

4.4　什么是计算机网络系统? 它由几部分组成?

4.5　了解几种常用网络互联设备的功用。

4.6　Internet 提供哪些资源?

4.7　Internet 采用什么样的工作方式?

4.8　Internet 常用协议有哪些?

4.9　何谓网络地址?

4.10　何谓 DNS? 了解常见的 Internet 顶级域名。

4.11　接入 Internet 有几种方式?、

4.12　什么是 URL? 简述 URL 的完整格式。

4.13　什么是超级链接?

4.14　如何搜索 Internet 上的信息?

4.15　掌握几种常用的网络资源下载方式。

4.16　简述 E-mail 系统的工作方式及其使用的协议。

4.17　描述 E-mail 地址格式。

第 **5** 章　数据库技术基础

数据库技术是信息系统的一个核心技术,是一种计算机辅助管理数据的方法,它研究如何组织和存储数据,如何高效地获取和处理数据。它是通过研究数据库的结构、存储、设计、管理以及应用的基本理论和实现方法,并利用这些理论来实现对数据库中的数据进行处理、分析和理解的技术。数据库技术是研究、管理和应用数据库的一门软件科学。

5.1　数据库系统概述

5.1.1　数据库技术的产生和发展

数据库技术就是数据管理技术,是对数据的分类、组织、编码、存储、检索和维护的技术。数据库技术的发展是和计算机技术及其应用的发展联系在一起的。数据管理技术经历了如下 3 个阶段:人工管理阶段、文件系统阶段和数据库系统阶段。

1. 人工管理阶段

20 世纪 50 年代中期以前,计算机主要用于科学计算,当时的计算机硬件状况是:外存只有磁带、卡片、纸带,没有磁盘等直接存取的存储设备;软件状况是:没有操作系统,没有管理数据的软件,数据处理方式是批处理。

人工管理阶段的特点是:数据不保存、数据无专门软件管理、数据不共享(冗余度大)、数据不具有独立性(完全依赖于程序)、数据无结构。

2. 文件系统阶段

20 世纪 50 年代后期到 60 年代中期,计算机硬件和软件都有了一定的发展。计算机不仅用于科学计算,还大量用于管理。这时硬件方面已经有了磁盘、磁鼓等直接存取的存储设备。在软件方面,操作系统中已经有了数据管理软件,一般称为文件系统。处理方式上不仅有了文件批处理,而且能够联机实时处理。

文件阶段的数据管理特点是:数据可以长期保存、由文件系统管理数据、程序与数据有一定的独立性、数据共享性差(冗余度大)、数据独立性差、记录内部有结构(但整体无结构)。

3. 数据库系统阶段

自 20 世纪 60 年代后期以来,计算机硬件和软件技术得到了飞速发展,计算机用于管理的规模更为庞大,应用越来越广泛,数据量急剧增长,数据的共享要求越来越强。出现了内存大、运算速度快的主机和大容量的磁盘,计算机硬件价格下降,软件价格上升,为编制和维护系统软件及应用程序所需的成本相对增加。处理方式上,联机实时处理要求更多,并开始提出和考虑分布处理。

为了解决多用户、多应用共享数据,使数据为尽可能多的应用服务,文件系统已不能满足应用需求,一种新的数据管理技术——数据库技术——应运而生。

与人工管理和文件系统阶段相比较,数据库系统阶段具有以下的特点。

(1) 数据结构化

在文件系统中,各文件相互独立,文件记录内部结构的最简单形式是等长同格式记录的集合。这种思想就是数据库方法的雏形。它把文件系统中记录内部有结构的思想扩大到了两个记录之间。但这种方法还存在着局限性。因为这种灵活性只是对某一个应用而言的,而一个组织或企业包括许多应用。从整体来看,不仅要考虑一个应用(程序)的数据结构,而且要考虑整个组织的数据结构问题。整个组织的数据结构化,要求在描述数据时不仅描述数据本身,还要描述数据之间的联系。文件系统中记录内部已有了某些结构,但记录之间是没有联系的。因此,数据的结构化是数据库的主要特征之一,也是数据库与文件系统的根本区别。

(2) 数据共享性高、冗余度小、易扩充

数据的冗余度是指数据重复的程度。数据库系统从整体角度描述数据,使数据不再是面向某一应用,而是面向整个系统。因此,数据可以被多个应用共享。这不仅大大减小了数据的冗余度、节约存储空间、减少存取时间,而且可以避免数据之间的不相容性和不一致性。

由于数据库中的数据面向整个应用系统,所以容易增加新的应用,适应各种应用需求。当应用需求改变或增加时,只要重新选取整体数据的不同子集,便可以满足新的要求,这就使得数据库系统具有弹性大、易扩充的特点。

(3) 数据独立性高

数据独立性包括物理独立性和逻辑独立性。

数据的物理独立性是指当数据的物理存储改变时,应用程序不用改变。换言之,用户的应用程序与数据库中的数据是相互独立的。数据在数据库中的存储形式是由 DBMS 管理的,用户程序不需要了解,应用程序要处理的只是数据的逻辑结构。

数据的逻辑独立性是指当数据的逻辑结构改变时,用户应用程序不用改变。换言之,用户的应用程序与数据库的逻辑结构是相互独立的。

数据和程序的独立性,可以将数据的定义和描述从应用程序中分离出来。数据的存取由 DBMS 管理,用户不必考虑存取路径等细节,从而简化了应用程序的编制,大大减少了应用程序的维护和修改工作量。

(4) 统一的数据管理和控制

数据库对系统中的用户是共享资源。计算机的共享一般是并发的,即多个用户可以同时存取数据库中的数据,甚至可以同时存取数据库中的同一个数据。因此,数据库管理系统必须提供以下几个方面的数据控制保护功能。

① 数据的安全性(security)保护

数据的安全性是指保护数据,以防止不合法的使用所造成的数据泄密和破坏,每个用户只能按规定,对某种数据以某些方式进行使用和处理。例如,用身份鉴别、检查口令或其他手段来检查用户的合法性,合法用户才能进入数据库系统。

② 数据的完整性(integrity)控制

数据的完整性指数据的正确性、有效性和相容性。完整性检查提供必要的功能,保证数据库中的数据在输入和修改过程中始终符合原来的定义和规定、在有效的范围内或保证数据之间满足一定的关系。例如,月份是 1~12 之间的正整数,性别是"男"或"女",大学生的年龄是大于 15 小于 45 的整数,学生的学号是唯一的,等等。

③ 数据库恢复(recovery)

计算机系统的硬件、软件故障、操作员的失误以及人为的攻击和破坏,会影响数据库中数据的正确性,甚至会造成数据库部分或全部数据的丢失。因此,数据库管理系统必须能够进行应急处理,将数据库从错误状态恢复到某一已知的正确状态。

④ 并发(concurrency)控制

当多个用户的并发进程同时存取、修改数据库时,可能会发生由于相互干扰而导致结果错误的情况,并使数据库完整性遭到破坏。因此,必须对多用户的并发操作加以控制和协调。

5.1.2 常用术语

1. 数据库

数据库(DataBase,DB)是存储在计算机辅助存储器中的、有组织的、可共享的相关数据集合。数据库具有如下特性。

① 数据库是具有逻辑关系和确定意义的数据集合。

② 数据库是针对明确的应用目标而设计、建立和加载的。每个数据库都具有一组用户,并为这些用户的应用需求服务。

③ 各数据库反映了客观事物的某些方面,而且需要与客观事物的状态始终保持一致。

2. 数据库管理系统

数据库管理系统(DataBase Management System,DBMS)是对数据库进行管理的系统软件,它的职能是有效地组织和存储数据,获取和管理数据,接受和完成用户提出的各种数据访问请求。

数据库管理系统是位于用户与操作系统之间的一个数据管理软件,它的基本功能包括以下几个方面。

① 数据定义功能:DBMS 提供数据定义语言(Data Definition Language,DDL),用户通过它可以方便地对数据库中的数据对象进行定义。

② 数据操纵功能:DBMS 还提供数据操纵语言(Data Manipulation Language, DML),用户可以使用 DML 操纵数据,实现对数据的基本操作,如查询、插入、删除和

修改。

③ 数据库的运行管理功能：数据库在建立、运行和维护时，由数据库管理系统统一管理和控制，以保证数据的安全性、完整性，对并发操作的控制以及发生故障后的系统恢复等。

④ 数据库的建立和维护功能：它包括数据库初始数据的输入、转换功能，数据库的转储、恢复功能，数据库的重组织功能和性能监视、分析功能等。

数据库管理系统软件有多种，比较著名的有 Oracle、Informix、Sybase、SQL Server、DB2、Access 等。

3. 数据库系统

数据库系统（DataBase System，DBS）是指在计算机系统中引入数据库后构成的系统。一般由数据库、操作系统、数据库管理系统及其开发工具、应用系统、数据库管理员和用户构成。应当指出的是，数据库的建立、使用和维护等工作只有 DBMS 远远不够，还要有专门的人员来完成，这些人被称为数据库管理员（DataBase Administrator，DBA）。

典型的数据库系统如图 5.1 所示。

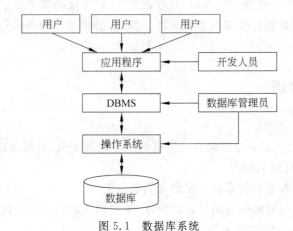

图 5.1　数据库系统

5.1.3　数据模型

模型是现实世界特征的模拟和抽象。数据模型（Data Model）也是一种模型，它是实现数据特征的抽象。数据库系统的核心是数据库，数据库是根据数据模型建立的，因而数据模型是数据库系统的基础。

目前，数据库领域中最常用的数据模型有层次模型、网状模型和关系模型。其中，层次模型和网状模型统称为非关系模型。非关系模型的数据库系统在 20 世纪 70 年代非常流行，到了 20 世纪 80 年代，关系模型的数据库系统以其独特的优点逐渐占据了主导地位，成为数据库系统的主流。

1. 层次模型

层次模型（Hierarchical Model）是数据库中最早出现的数据模型，层次数据库系统采用层次模型作为数据的组织方式。用树型(层次)结构表示实体类型以及实体间的联系是层次模型的主要特征。

2. 网状模型

在现实世界中,事物之间的联系更多的是非层次关系的,用层次模型表示非树形结构是很不直接的,网状模型(Network Model)则可以克服这一弊端。

3. 关系模型

关系模型(Relational Model)是目前最常用的一种数据模型。关系数据库系统采用关系模型作为数据的组织方式。1970 年,美国 IBM 公司 San Jose 研究室的研究员 E. F. Codd 首次提出了数据库系统的关系模型,开创了数据库关系方法和关系数据理论的研究,为关系数据库技术奠定了理论基础,由于 E. F. Codd 的杰出工作,他于 1981 年获得 ACM 图灵奖。

20 世纪 80 年代以来,计算机厂商推出的数据库管理系统几乎都支持关系模型,非关系模型系统的产品也大都加上了接口。数据库领域当前的研究工作也都是以关系方法为基础。

下面介绍关系模型的一些基本知识。

(1) 二维表

在现实世界中,人们经常用表格形式表示数据信息。但是日常生活中使用的表格往往比较复杂,在关系模型中,基本数据结构被限制为二维表格。因此,在关系模型中,数据在用户观点下的逻辑结构就是一张二维表。每一张二维表称为一个关系(relation),二维表名就是关系名。表中的第一行通常称为属性名,表中的每一个元组和属性都是不可再分的,且元组的次序是无关紧要的。

常用的关系术语如下。

① 关系。关系就是一张二维表,一个关系对应一个二维表。

② 关系模式。对关系的描述称为关系模式,其格式如下。

关系名(属性名 1,属性名 2,…,属性名 n)

一个关系模式对应一个关系的结构,它是命名的属性集合。如关系 Students 的关系模式为:

(学号,姓名,性别,出生年月,专业)

③ 记录。二维表中每一行称为一个记录,或称为一个元组。

④ 字段。二维表中每一列称为一个字段,或称为一个属性。

⑤ 值域。即属性的取值范围。

⑥ 主关键字。在一个关系中有这样一个或几个字段,它(们)的值可以唯一地标识一条记录,称之为主关键字(Key)。例如,在学生关系中,学号就是主关键字。主关键字简称主键。主键的取值不能重复,如姓名一般就不能作为主键,因为姓名有可能相同。主键可以是一个字段,也可以是多个字段的组合。

⑦ 外部关键字。如果一个表中的字段或字段集不是本表的主关键字,而是另一个表的关键字,称其为本表的外部关键字。通过外部关键字可建立表与表之间的联系。外部

关键字也称为外键。

关系模型要求关系必须是规范化的,即要求关系必须满足一定的规范条件,如表 5.1 所示。这些条件中最基本的一条就是关系的每个分量必须是一个不可再分的数据项,也就是说,不允许表中还有表。表 5.2 不符合关系模型的要求,表 5.3 符合关系模型的要求。

表 5.1　关系模型

学号	姓名	性别	出生年月	专业
001	张三	男	1994-11-20	物理
002	李四	女	1994-09-01	数学
003	王五	男	1995-01-21	化学

表 5.2　不符合关系模型的表

| 学号 | 姓名 | 计算机基础成绩 | |
		上机成绩	笔试成绩
001	张三	40	90
002	李四	38	88

表 5.3　符合关系模型的表

学号	姓名	上机成绩	笔试成绩
001	张三	40	90
002	李四	38	88

(2) 关系的种类

关系有 3 种类型。

① 基本表:基本表就是关系模型中实际存在的表。

② 查询表:查询表是查询结果表,或查询中生成的临时表。

表 5.4 是一个查询表,它的数据是从基本表中抽取的。

表 5.4　查询表

学号	姓名	课程	成绩	学号	姓名	课程	成绩
001	张三	高等数学	80	002	李四	英语	85
001	张三	英语	83	003	王五	程序设计	78

③ 视图:视图是由基本表或其他视图导出的表。视图是为满足数据查询方便、数据处理简便及数据安全要求而设计的数据虚表,不对应实际存储的数据。利用视图可以进行数据查询,也可以对基本表进行数据维护。

5.2　数据库的建立和维护

Microsoft Office Access 是微软把数据库引擎的图形用户界面和软件开发工具结合在一起的一个关系数据库管理系统。Access 有强大的数据处理、统计分析能力,利用它的查询功能,可以方便地进行各类汇总、平均等统计,并可灵活设置统计的条件。比如在统计分析上万条记录、十几万条记录及以上的数据时速度快且操作方便,这一点是 Excel 无法相比的。本节将以 Access 2010 为例,介绍数据库的建立及维护方法。

5.2.1　数据库的组成

在 Access 中,一个数据库包含的对象有表、查询、窗体、报表、宏、模块等,如图 5.2 所示。所有对象都存放在同一个数据库文件(.accdb)中。

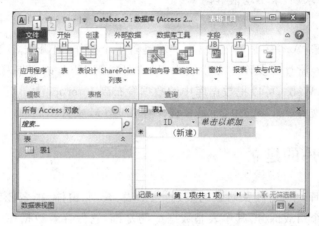

图 5.2　Access 数据库窗口界面

在 Access 中,表是数据库的核心与基础,存放着数据库中的全部数据信息。报表、查询和窗体都从数据表中获得数据信息,以实现用户某一特定的需要,例如查找、统计、打印等。窗体可以提供一种良好的用户操作界面,通过它可以直接或间接地调用宏或模块,并执行查询、打印、预览、计算等操作,甚至对表进行编辑修改操作。

1. 表

表是数据库中最基本的对象,没有表就没有其他对象。从本质上看,查询是对表中数据的查询,窗体和报表是对表中数据的维护。

一个数据库中可能有多个表,表与表之间通常是有关系的,可以通过相关的字段建立关联。表及其表之间的关系构成数据库的核心。

2. 查询

查询就是从一个或多个表(或查询)中选择一部分数据,供用户查看。查询可以从表中查询,也可以从另一个查询(子查询)的结果中再查询。查询作为数据库的一个对象保存后,就可以作为窗体、报表甚至另一个查询的数据库。

3. 窗体

窗体是用户与数据库交互的界面,是数据库维护的一种最灵活的方式。窗体的数据源可以是表,也可以是查询。

Access 的窗体可以看做是一个容器,在其中可以放置标签、文本框、列表框等控件来显示表(或查询)中的数据。通常情况下,一个窗体中只显示一条记录的信息,但用户可以利用窗体上的移动按钮或滚动条查看其他记录。在窗体上,用户可以对表(或查询)中的数据进行修改、添加、删除等操作。

4. 报表

Access 中的报表是一种按指定的样式格式化的数据形式,可以浏览和打印。与窗体一样,报表的数据源可以是一个或多个表,也可以是查询。

在 Access 中,不仅可以将一个或多个表(或查询)中的数据组织或报表,还可以在报表中进行计算,如求和、求平均值等。

5. 其他对象

除了其他对象,Access 还有宏、模块。宏是若干个操作(打开表,SQL 查询)的组合,可用来简化一些经常性的操作。在模块中,用户可以用 VBA 语言编写函数过程或子过程。通过创建页(Web),可以把数据库中的数据发布到 Internet 上。页与其他对象不同,不保存在数据库文件(.accdb)中,而是单独保存在 HTM 文件中。

5.2.2　数据库的建立

Access 数据库是所有相关对象的集合,包括表、查询、窗体、报表、宏等。每一个对象都是数据库的一个组成部分,其中表是数据库的基础,它保存着数据库中的全部数据,而其他对象只是 Access 提供的工具,用于对数据库进行维护和管理。所以,设计一个数据库的关键就集中体现在建立基本表上。

要建立基本表,首先必须确定表的结构,即确定表中各字段的名称、类型、属性等。

1. 字段数据类型

Access 中的数据类型有 11 种,常用的类型有 8 种,如表 5.5 所示。

表 5.5　常用数据类型

数 据 类 型	字 段 长 度	说　　明
文本型(Text)	最多存储 255 个字符	存储文本
数字型(Number)	字节:1 个字节;整型:2 个字节单精度:4 个字节;双精度:8 个字节	存储数值
备注型(Memo)	不定长文本,最多存储 64 万个字符	存储长文本
日期/时间型(Date/Time)	8 个字节	存储日期和时间
货币型(Currency)	8 个字节	存储货币值
自动编号(Auto Number)	4 字节	自动编号
是/否型(Yes/No)	1 位(bit)	存储逻辑型数据
OLE 对象(OLE Object)	不定长,最多存储 1GB	存储图像、声音等

大学计算机应用基础(第 2 版)

说明：

① 在实际应用中，不需要计算的数值数据都应该设置为文本型，例如学号、身份证号、电话号码等。需要特别注意的是，在 Access 中，文本型数据的单位是字符，不是字节。一个英文字符是一个字符，一个汉字也是一个字符。

② 自动编号型，用于对表中的记录进行自动编号。当添加一条新记录时，自动编号型字段的值会自动产生，或者依次自动加 1，或者随机编号。

③ OLE 对象，用于存储 Word 文档、Excel 表格、图像、声音或其他二进制数据，最多达 1GB。

2. 字段属性

确定了数据类型之后，还应设定字段属性，才能更准确地确定数据的存储。不同的数据类型有不同的属性。常见的属性有 8 种。

① 字段大小：指定文本型字段和数字型字段的长度。文本型字段长度为 1～255 个字符，数字型字段的长度由数据类型决定。

② 格式：指定字段的数据显示格式。例如，可以选择以"月/日/年"格式显示日期。

③ 小数位数：指定小数的位数（只用于数字型和货币型数据）。

④ 标题：用于在窗体和报表中取代字段的名称。

⑤ 默认值：添加新记录时，自动加入到字段中的值。

⑥ 有效性规则：字段的有效性规则用于检查字段中的输入值是否符合要求。

⑦ 有效性文本：当数据不符合有效性规则时所显示的信息。

⑧ 索引：可以用来确定某字段是否为索引，索引可以加快对索引字段的查询、排序、分组等操作。

例如，图 5.3 所示是"性别"字段的属性。

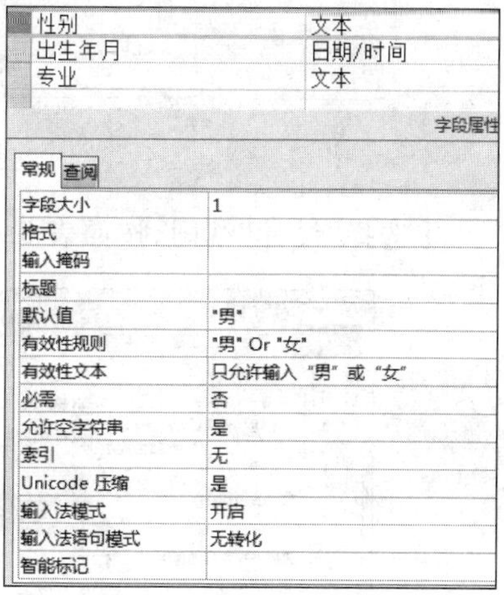

图 5.3　Students 表中"性别"字段的属性

3. 表的建立

Access 2010 提供了创建空白数据库和用模版创建数据库的方法。下面以一个实例说明创建数据库及建立表的方法。

例 5.1　创建一个"学生.accdb"数据库，并在该数据库中创建表 Students。

① 首先确定表的结构，如表 5.6 所示。

表 5.6　Students 表结构

字段名称	字段类型	字段大小	字段名称	字段类型	字段大小
学号	文本	12 个字符	出生年月	日期/时间	8 字节
姓名	文本	6 个字符	专业	文本	20 个字符
性别	文本	1 个字符			

② 启动 Access，建立一个 Access 空白数据库，输入文件名：学生.accdb，如图 5.4 所示。

图 5.4　Access 2010 创建数据库

③ 选择"设计"视图，按照表 5.6 给出的结构输入字段信息，如图 5.5 所示。

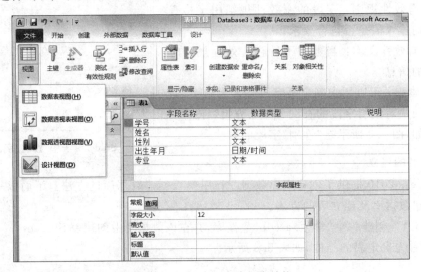

图 5.5　在 Access 中建立表结构

④ 定义"学号"为主键。
⑤ 保存表。输入表的名称：Students。
至此，表 Students 建立完成，可以向表中输入数据了。

5.2.3 数据库的管理与维护

数据库的管理与维护主要就是表的管理与维护。

1. 向表中输入数据

选定基本表(Students),进入数据表视图,如图5.6所示,输入编辑数据。

图 5.6　在数据表视图中输入数据

2. 表结构的修改

选定基本表(Students),进入如图5.5所示的设计视图,修改表结构。可以修改字段名称、字段类型和字段属性,可以对字段进行插入、删除、移动等操作,还可以重新设置主键。

修改字段名称不会影响到字段中所存放的数据,但会影响到一些相关的部分。如果查询、报表、窗体等对象使用了这个更换名称的字段,那么在这些对象中也要作相应的修改。要修改关系表中互相关联的字段,必须先将关联去掉。修改时,原来相互关联的字段都要同时修改,再重新关联。因为表是数据库的核心,它的修改会影响到整个数据库,为确保安全,修改之前最好先保存好备份。

3. 数据的导出和导入

打开"外部数据"菜单,从"导出栏"中单击导出类型文件图标,输入导出后的文件名,如图5.7所示。可以将表中数据以另一种文件格式(如文本文件、Excel格式等)保存在磁盘上。导入操作是导出操作的逆操作,打开"外部数据"菜单,从"导入栏"中单击相应类型的文件图标,从打开的对话框中找到要导入的文件。也可以在数据表名上右击,从弹出的快捷菜单中选择"导入"或"导出"命令,来完成数据的导入或导出操作。

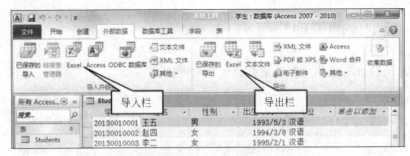

图 5.7 数据表的导入、导出

4. 表的复制、删除和更名

这些操作类似于 Windows 中对文件的操作,在数据表名上右击,从弹出的快捷菜单中选择"复制"、"删除"或"重命名"命令,来完成表的复制、删除和更名操作。需要注意的是:在操作前,必须先保存相关的表。

5.3 查询及 SQL 语句

数据查询是数据库的核心操作。实际上,不论采用何种工具,对于绝大多数的查询,Access 都会在后台构造等效的 SELECT 语句,执行查询实质上就是运行了相应的 SELECT 语句。

5.3.1 创建查询

查询,就是从数据库的一个或多个表中根据给定的条件筛选出满足条件的记录。查询是数据库进行数据处理和分析的基本工具。查询既可以从数据源中获得新的数据,也可以作为数据库中其他对象的数据源。

查询主要有以下基本功能。

① 查找和分析数据。

② 追加、更改、删除数据。

③ 实现记录筛选、排序、汇总和计算。

④ 作为窗体、报表和数据页的数据源。

⑤ 将一个或多个表中获取的数据实现连接。

Access 中有 5 种查询方式:选择查询、操作查询、交叉表查询、参数查询和 SQL 查询。

Access 中主要使用"查询设计器"和"查询向导"来创建查询。下面通过两个实例简单说明在 Access 中创建选择查询的方法。

例 5.2 使用向导查询所有学生的基本情况。

打开"创建"菜单,在"查询"组中选择"查询向导",然后根据向导的提示进行操作。

具体操作如下。

① 打开"学生"数据库,打开"创建"菜单,在"查询"组中单击"查询向导",启动查询向导对话框。

② 在该对话框中选择"简单查询向导",弹出"简单查询向导对话框",如图 5.8 所示。

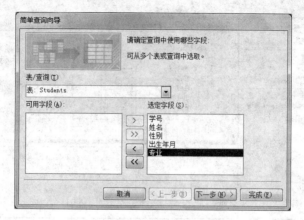

图 5.8　用查询向导实现简单查询

从该对话框中的"表/查询"下拉列表框中选择查询所基于的表或其他查询,同时选择查询所需要的字段名。可以分别从多个表或查询中选择字段,然后单击"下一步"。

③ 为查询指定标题,选择"打开查询查看信息"选项,单击"完成"。在窗体中显示创建好的查询。

例 5.3　查询平均成绩在 75 分以上的所有学生的学号、姓名和平均成绩。

这个查询较上一个复杂,可在查询设计器中完成。

① 打开"学生"数据库,打开"创建"菜单,在"查询"组中单击"查询设计",弹出"显示表"对话框,如图 5.9 所示。

② 在"显示表"对话框中选择"表"选项卡,分别双击表 Students 和 Scores,关闭"显示表"对话框。

③ 在查询设计视图窗口的"字段"栏中添加学号、姓名和成绩字段,并把"成绩"字段改成"平均成绩:［成绩］",以便在执行查询时以"平均成绩"名称显示该列数据,如图 5.10 所示。

④ 单击工具栏上的"汇总"按钮($\sum$),设计视图上将出现名称为"总计"的一行。在"平均成绩:成绩"字段的下面选择"平均值",其余不变。

图 5.9　查询设计器的显示表对话框

⑤ 在"平均成绩:成绩"字段下输入条件:>75。

⑥ 查询创建完毕,单击"保存"按钮保存查询,单击"运行"按钮运行查询,如图 5.11 所示。

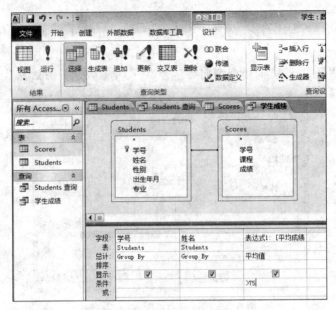

图 5.10 在设计视图中创建选择查询

图 5.11 例 3 查询的结果

有关 Access 的其他查询的使用,请参阅 Access 相关帮助。

5.3.2 查询中的表达式和函数

与其他数据库管理系统(如 SQL Server)一样,Access 也提供了较为丰富的运算符和内部函数。表达式就是用运算符连接常量、变量、函数等构成的算式。用户可以方便地构造各种类型的表达式,用来实现许多特定操作。需要注意的是,应用场合不同,用法会有所不同。

1. 运算符

运算符是表示实现某种运算的符号。Access 的运算符分 4 类:算术运算符、字符运算符、关系运算符和逻辑运算符。

① 算术运算符：＋、－、＊、/、^(乘方)、\(整除)、MOD(取余数)

② 字符运算符：&

③ 关系运算符：<、<=、>、>=、<>、Between、Like

④ 逻辑运算符：Not、And、Or

说明：

① 在表达式中，字符型常数用英文的"双引号"或"单引号"引住，日期型常数用"♯"引住。如："a123"、♯04/10/2013♯。

② MOD 是取余数运算符，如：5 MOD 3 的结果是 2。

③ Between 运算符的使用格式如下。

<表达式 1>Between <表达式 2>And <表达式 3>

Between 用来检测<表达式 1>的值是否介于<表达式 2>和<表达式 3>之间，若是，则结果为 True，否则结果为 False。如：3 Between 1 And 5 的值为 True，3 Between 1 And 2 的值为 False。"ABC" Between "A" And "B" 的结果为 True。

④ Like 通常与?、＊、♯等通配符结合使用，主要用于模糊查询。其中，"?"表示任何一个字符，"＊"表示 0 个或多个字符，"♯"表示任何一个数字(0～9)。例如：查找姓"李"的学生，则表达式为：姓名 Like "李＊"。

⑤ & 用于连接两个字符串。如"ABC" & "123" 的结果为"ABC123"。

2. 常用内部函数

Access 提供了大量的函数，供用户使用。下面列举几个常用函数，其他函数的用法请参阅 Access 的帮助信息。

① Date()：返回系统日期。如：Date()，返回结果为：系统当前的日期。

② Year()：返回年份。如：Year(♯05/01/2013♯)，返回结果为：2013。

③ AVG(列名)：计算某一列的平均值。

④ Count(＊)：统计记录的个数。

⑤ Count(列名)：统计某一列值的平均值。

⑥ SUM(列名)：计算某一列的总和。

3. 表达式和表达式生成器

在 Access 中，表达式由变量(包括字段名)、常量、运算符、函数和圆括号组成。表达式通过运算后有一个结果，称为表达式的值，运算结果的类型由数据和运算符共同决定。

表达式主要应用在以下 3 个方面。

① 查询的 SQL 视图，要求表达式必须输入完整。这是表达式最主要的使用场合。

② 查询的设计视图，这也是表达式使用较多的地方。在使用时，表达式最左边的字段名可以省略。

③ 字段的有效性规则，在设计表时，可以为字段输入一个表达式(有效性规则)，用来指定该字段可接受的数据范围。例如：如果为"成绩"字段输入一个表达式：[成绩] Between 0 And 100，则"成绩"字段只能接受 0～100 之间的分数。需要注意的是，字段名要加[]，Between 左边的[成绩]可以省略不写。

Access 提供了如图 5.12 所示的"表达式生成器",用于输入表达式。工具栏上有表达式生成器按钮"🔧"。单击后,可出现"表达式生成器"对话框。

图 5.12　Access 表达式生成器

例 5.4　查询显示学生的学号、姓名、性别、年龄信息。

① 打开"学生"数据库,打开"创建"菜单,在"查询"组中单击"查询设计",弹出"显示表"对话框,如图 5.8 所示。

② 在"显示表"对话框中选择"表"选项卡,分别双击表 Students,关闭"显示表"对话框。

③ 在查询设计视图窗口的"字段"栏中添加学号、姓名和性别字段,在字段第 4 列中单击表达式生成器按钮"🔧",在表达式生成器对话框中输入:年龄: year(date())-Year([Students]![出生年月]),单击"确定"按钮。

④ 查询创建完毕,单击"保存"按钮保存查询,单击"运行"按钮运行查询,查询结果如图 5.13 所示。

5.3.3　SQL 语句

结构化查询语言 SQL 是操作关系数据库的工业标准语言。在 SQL 中,常用的语句有两类:一是数据查询语句 SELECT;二是数据更新语句,如 INSERT、UPDATE、DELETE 等。

在 Access 中,SQL 语句一般是在某个查询中输入的。通常是建立一个空查询输入或修改已有的查询。选择一个查询,选择"视图"工具的"SQL 视图",可看到查询中的SQL 语句。在此可以输入 SQL 语句,另存为一个新的查询或保存修改的查询。

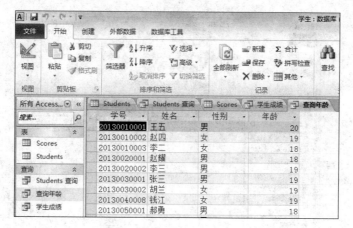

图 5.13　例 5.4 的查询结果

1. INSERT 语句

在 SQL 中,INSERT 语句用于插入记录,其语法格式有两种,分别如下。

```
INSERT INTO 表名 [(字段 1,字段 2,…,字段 n)] VALUES (常量 1,常量 2,…,常量 n)
INSERT INTO 表名 [(字段 1,字段 2,…,字段 n)] VALUES 子查询
```

第一种格式是把一条记录插入到指定的表中,第二种格式是把某个查询的结果插入指定的表中。自动编号(AutoNumber)字段的值不能插入,不能出现在 INSERT 语句中,因为它的值是自动生成的,否则出错。除了字段编号外,如果表中某个字段在 INSERT 中没有出现,则这些字段上的值取空值(NULL)。如果新记录在每一个字段上都有值,则字段名列表连同两边的括号可以省略。

例 5.5　向表 Students 中插入记录。

```
20130040009,赵宇,男,1995 年 10 月 28 日,化学
INSERT INTO Students(学号,姓名,性别,出生年月,专业) VALUES ("20130040009",
"赵宇","男",#1995/10/28#,"化学");
```

Access 中不能直接执行 SQL 语句,但可以在查询视图中间接执行。具体操作步骤如下:

① 打开"创建"菜单,在"查询"组中单击"查询设计",出现"显示表"对话框,然后直接关闭"显示表"对话框,建立了一个空查询。

② 切换到 SQL 视图,输入 SQL 语句,如图 5.14 所示。

执行查询。

打开表 Students,查看结果。

2. DELETE 语句

在 SQL 中,DELETE 语句用于删除记录。其语法格式如下。

```
DELETE FROM 表 [WHERE 条件]
```

DELETE 语句从表中删除满足条件的记录。如果 WHERE 子句省略,则删除表中所有记录。

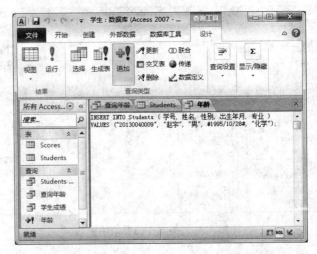

图 5.14 例 5.5 中 SQL 视图下的插入语句

例 5.6 删除表 Students 中学号为 20130040009 的记录。

```
DELETE * FROM Students WHERE 学号="20130040009";
```

例 5.7 删除表 Scores 中成绩低于 60 分的记录。

```
DELETE FROM Scores WHERE 成绩<60
```

3. UPDATE 语句

在 SQL 中,UPDATE 语句用于更新记录。其语法格式如下。

```
UPDATE 表 SET 字段 1=表达式 1,…,字段 n=表达式 n [WHERE 条件]
```

UPDATE 语句修改指定表中满足条件的记录,对这些记录按表达式的值修改相应字段的值。如果省略 WHERE 子句,则修改表中所有记录。

例 5.8 将表 Students 中学生"张三"的姓名改为"张晓"。

```
UPDATE Students SET 姓名="张晓"WHERE 姓名="张三"
```

例 5.9 将表 Scores 中成绩低于 60 分的学生成绩加 10 分。

```
UPDATA Scores SET 成绩=成绩+10 WHERE 成绩<60
```

需要注意的是,UPDATE 语句一次只能对一个表进行修改,这就有可能破坏数据库中数据的一致性。例如,如果修改了表 Students 中的学号,而表 Scores 没有相应的调整,则两个表之间就存在数据一致性问题。解决方法是在两个表中分别执行 UPDATE 语句。

4. SELECT 语句

SQL 中用于数据查询的语句是 SELECT 语句。该语句用途广泛,应用灵活,功能丰富。SELECT 语句的常用语法格式如下。

```
SELECT[ALL|DISTINCT] {*|talbe.*|[table.]field1[,[table.]field2][,…]]}
```

```
FROM 表(或视图) [WHERE 条件表达式]
[GROUP BY…]
[HAVING…]
[ORDER BY…]
[WITH OWNERACCESS OPTION]
```

说明：用中括号([])括起来的部分表示是可选的,用大括号({})括起来的部分表示必须从中选择其中的一个。

整个语句的功能是：根据 WHERE 子句中的条件表达式,从 FROM 子句指定的表或查询中找出满足条件的记录,再按 SELECT 子句中的目标列显示数据。

FROM 子句指定了 SELECT 语句中字段的来源。FROM 子句后面是包含一个或多个的表达式(由逗号分开),其中的表达式可为单一表名称、已保存的查询等。

谓词 ALL 表示返回满足 SQL 语句条件的所有记录。如果没有指明这个谓词,默认为 ALL;谓词 DISTINCT 表示,如果有多个记录的选择字段的数据相同,只返回一个。

GROUP BY 和 HAVING 子句用来对数据进行汇总。GROUP BY 子句指明了按照哪几个字段来分组,而将记录分组后,用 HAVING 子句过滤这些记录。

ORDER BY 子句按一个或多个(最多 16 个)字段排序查询结果,可以是升序(ASC),也可以是降序(DESC),缺省是升序。ORDER BY 子句通常放在 SQL 语句的最后。如果 ORDER BY 子句中定义了多个字段,则按照字段的先后顺序排序。

SELECT 语句是数据查询语句,不会对数据库中的数据进行更改。

从语法上来说,尽管 SELECT 语句较为复杂,但是分清了它的结构和层次,且把它分成几个功能模块来理解,还是容易掌握的。

（1）选择字段

选择字段就是从基本表中的垂直方向进行选择。可以使用 SELECT 语句的基本部分。

```
SELECT [ALL | DISTINCT] 字段名列表 FROM 表(或查询)
```

功能：从 FROM 子句指定的表或查询中找出满足条件的记录,再按照字段名列表顺序显示数据。

SELECT 语句的一个简单的用法是：

```
SELECT 字段 1,字段 2,…,字段 n FROM 表
```

例 5.10 SELECT 语句的使用举例。

语句 1：SELECT 姓名,学号 FROM Students 表示从表 Students 中选择了姓名和学号两列数据,进行显示;

语句 2：SELECT ＊ FROM Students 表示从表 Students 中选择所有的字段;

语句 3：SELECT DISTINCT 专业 FROM Students 表示查询所有专业,查询结果不重复显示相同专业,如果去掉 DISTINCT,则查询结果中包括重复的专业名。

查询结果如图 5.15 所示。

当字段名列表中的字段来自不同的表时,在字段名前需加上表名,格式为：表名.字段名。

另外,字段名列表处可以使用统计函数的表达式。

图 5.15 例 5.10 中三种 SELECT 语句的查询结果

例 5.11 使用统计函数查询学生人数。

```
SELECT COUNT(*) AS 人数 FROM Students
```

这里的 COUNT(*)可以改为 COUNT(学号),因为学号是唯一的,一个学号对应一条记录。如果改为 COUNT(专业),则查询的是专业数。AS 子句用来指定输出列的名称。

例 5.12 使用统计函数,查询学生的人数和平均年龄。

出生年月是日期/时间型字段,使用 Year 函数可以得到其中的年份,Date( )是系统日期函数。

```
SELECT COUNT(*) AS 人数,AVG(YEAR(DATE())-YEAR(出生年月)) AS 平均年龄
FROM Students
```

(2) 选择记录

WHERE 子句有双重作用:一是选择记录,输出满足条件的记录,这是在水平方向上选择;二是建立多个表或查询之间的连接。

例 5.13 查询所有非汉语专业学生的学号、姓名和年龄。

```
SELECT 学号,姓名,YEAR(DATE())-YEAR(出生年月) AS 年龄 FROM Students
WHERE 专业 <>"汉语"
```

例 5.14 查询 1994 年(包括 1994 年)以前出生的男生姓名和出生年月。

```
SELECT 姓名,出生年月 FROM Students
WHERE 出生年月 <#1994/1/1#  AND 性别="男"
```

(3) 排序

ORDER BY 子句用于指定查询结果的排列顺序。ASC 表示升序,DESC 表示降序。

ORDER BY 可以指定多个列作为排序关键字。例如 ORDER BY 专业 ASC,出生年月 DESC,表示查询结果首先按专业从小到大排序,如果专业相同,再按出生年月从大到小排序。专业是第一排序关键字,出生年月是第二关键字。

例 5.15 查询所有女学生的学号和姓名,并按出生年月从小到大排序。

```
SELECT 学号,姓名 FROM Students WHERE 性别="女" ORDER BY 出生年月
```

(4) 分组

GROUP BY 子句用来对查询结果进行分组,把在某一列上值相同的记录分在一组,一组产生一条记录。

例 5.16 查询每个专业的学生人数。

```
SELECT 专业,COUNT(*) AS 学生人数 FROM Students GROUP BY 专业
```

子句"GROUP BY 专业"将专业相同的记录分在一组。假如表 Students 中有 3 个专业,按专业分组将被分为 3 个组,查询结果中也就只有 3 条记录。

GROUP BY 后可以有多个列名,分组时把在这些列上值相同的记录分在一组。

例 5.17 查询各专业男女生的平均年龄。

```
SELECT 专业,性别,AVG(YEAR(DATE())-YEAR(出生年月)) AS 平均年龄
FROM Students GROUP BY 专业,性别
```

子句"GROUP BY 专业,性别"将专业和性别都相同的记录分在一组。

当 SELECT 语句中含有 GROUP BY 子句时,HAVING 短语用来对分组后的结果进行过滤,选择由 GROUP BY 子句分组后的并且满足 HAVING 短语条件的所有记录,不是对分组之前的表或查询进行过滤。没有 GROUP BY 子句时,HAVING 短语的作用等同于 WHERE 子句。HAVINE 后的过滤条件中一般都有统计函数。

例 5.18 查询有 2 门课程、成绩在 75 分以上的学生的学号和课程数。

```
SELECT 学号,COUNT(*) AS 课程数 FROM Scores
WHERE 成绩 >=75 GROUP BY 学号 HAVING COUNT(*)>=2
```

这里使用了 COUNT(*)函数统计每一组的人数。WHERE 子句在分组统计之前选择记录,HAVING 短语在分组统计之后进行过滤。

（5）连接查询

在查询关系数据库中,有时需要的数据分布在几个表中,此时需要按照某个条件将这些表连接起来,形成一个临时的表,然后再对该临时表进行简单的查询。

下面通过一个实例说明连接查询的原理和过程。

例 5.19 查询所有学生的学号、姓名、课程和成绩。

分析表 Students 和 Scores 可以知道,需要的数据分别在这两个表中,因此需要把它们连接起来。连接的条件为 Students.学号＝Scores.学号,连接后形成一张新的临时表,临时表中包括两个表中学号相同的记录。

完成此查询的语句如下。

```
SELECT Students.学号,Students.姓名,Scores.课程,Scores.成绩
FROM Students,Scores
WHERE Students.学号=Scores.学号
```

上述语句可以改写为如下语句。

```
SELECT Students.学号,Students.姓名,Scores.课程,Scores.成绩
FROM Students INNER JOIN Scores ON Students.学号=Scores.学号
```

上述"FROM Students INNER JOIN Scores ON Students.学号＝Scores.学号"子句表示查询数据来自一个临时表,该临时表是根据"连接条件(Students.学号＝Scores.学号)"把表 Students 和 Scores 连接起来后形成的。

例 5.20 查询选修了"高等数学"课程的学生的学号、姓名和成绩。

```
SELECT Students.学号,Students.姓名,Scores.成绩
FROM Students,Scores
WHERE Students.学号=Scores.学号 AND Scores.课程="高等数学"
```

上述语句可以改写为如下语句。

```
SELECT Students.学号,Students.姓名,Scores.课程,Scores.成绩
FROM Students INNER JOIN Scores ON Students.学号=Scores.学号
WHERE Scores.课程="高等数学"
```

例 5.21 查询每个学生的学号、姓名和平均成绩。

用条件"Students.学号＝Scores.学号"进行连接,然后用字段"Students.学号"(也可以用"Scores.学号")进行分组,最后进行选择。

```
SELECT Students.学号,First(Students.姓名) AS 姓名,AVG(Scores.成绩) AS 平均成绩
FROM Students,Scores
WHERE Students.学号=Scores.学号
GROUP BY Students.学号
```

上述语句可以改写为如下语句。

```
SELECT Students.学号,First(Students.姓名) AS 姓名,AVG(Scores.成绩) AS 平均成绩
FROM Students INNER JOIN Scores ON Students.学号=Scores.学号
GROUP BY Students.学号
```

说明:First 函数表示从重复的数据中,只取第一个。如,First(Students.姓名),表示查询到的姓名有多个重复的,只取遇到的第一个姓名。在分组查询中,每一组最终产生一条记录。由于一组中每条记录都有一个姓名(姓名相同),SELECT 语句不能确定在查询结果中使用哪一个姓名,所以要使用 First 函数,也可以使用 Last 函数。使用 First 函数表示在查询结果中使用一组中第一条记录的姓名,使用 Last 函数表示在查询结果中使用一组中最后一条记录的姓名。而因为学号是分组字段,一组中的学号是唯一的,平均成绩只有一个数据,因此这两个字段不需要使用 First 或 Last 函数。

5.4　窗体和报表

窗体是 Access 数据库的重要对象,它主要用于设计输入和维护表中数据的人机交互界面。窗体的样式主要由控件的布局决定,窗体中可以放置各种各样的控件,用于对表中记录进行添加、删除和修改等操作,也可以接受用户的输入或选择,并根据用户提供的信息执行相应的操作。

窗体最基本的功能是显示与编辑数据。一般情况下,窗体上只显示一条记录。用户可以使用窗体上的移动按钮和滚动条查看其他记录。窗体中的数据可以来自多个表。

报表也是 Access 数据库的重要对象,主要用来把表、查询甚至窗体中的数据生成报表,供打印输出使用。报表可以显示、汇总数据,按用户的需求打印输出格式化的数据。

通过报表,还可以对数据进行分组、计算和统计,并将其转换成 PDF、XPS 等文件格式。

5.4.1　创建窗体

在 Access 中,创建窗体的方法有多种。下面通过两个实例说明在 Access 中创建窗体的方法。

例 5.22　创建如图 5.16 所示的窗体,用于维护表 Scores。

图 5.16　用窗口向导创建窗口维护数据表

打开表 Scores,单击"创建"菜单,单击窗体栏中的"窗体向导"按钮,然后根据向导的提示进行操作。

① 选定表 Scores 中的所有字段。

② 选定"纵栏式"窗体布局。

③ 输入窗体标题,单击"完成"按钮。

图 5.17 所示是最后生成的窗体,既能够显示表 Scores 的数据,也可以让用户在其上进行输入、修改、添加、删除记录等操作。

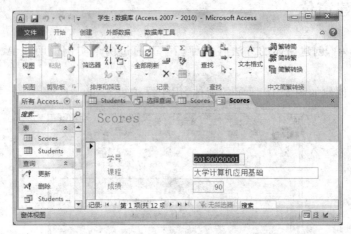

图 5.17 用于维护 Scores 表的窗口

例 5.23 创建窗体,以查询结果作为数据源,显示学生的学号、姓名和平均成绩。

因为数据分别在两个表中,所以应先创建一个查询,用于显示学生的学号、姓名和平均成绩,并将该查询命名为"查询"。

接着做如下操作。

① 用"创建"菜单中的"查询设计"作一个空白查询。

在 SQL 视图中输入如下内容。

```
SELECT Students.学号,First(Students.姓名) AS 姓名,AVG(Scores.成绩) AS 平均成绩
FROM Students,Scores
GROUP BY Students.学号
```

② 保存该查询为"查询",并运行"查询"。

③ 单击"窗体"按钮,出现如图 5.18 所示的查询窗体。

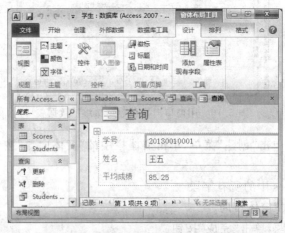

图 5.18 例 5.23 的查询窗体

大学计算机应用基础(第 2 版)

5.4.2 创建报表

在 Access 2010 中,创建报表可以使用 3 种方式:报表向导、自动创建报表、设计视图中的创建报表。

下面通过两个实例说明在 Access 中创建报表的方法。

例 5.24 创建报表。

打开表 Scores,单击"创建"菜单,单击窗体栏中的"报表向导"按钮,如图 5.19 所示,然后根据向导的提示进行操作,如图 5.20 和图 5.21 所示。

图 5.19 报表向导按钮

图 5.20 用报表向导制作报表(1)

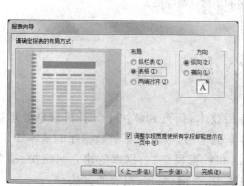

图 5.21 用报表向导制作报表(2)

① 选定表 Scores 中的所有字段。

② 选择分组级别,如要分组,需选定用于分组的字段,分组的效果会显示在预览框中。

③ 选择按学号以升序方式排序。

④ 选择"表格"布局和"纵向"方向。布局方式有纵栏表、表格和两端对齐,报表方向有纵向和横向。

⑤ 输入报表标题,完成。

图 5.21 右侧所示图片是最后生成的报表。报表可以预览、打印,如果不满意还可以在视图中修改。

例 5.25 创建报表,输出每个学生的学号、姓名和平均成绩。

和创建窗体一样,因为数据分别在两个表中,所以应先创建一个查询,该查询和例 23 创建窗体时候的一样,同样命名为"查询"。

接着单击"报表"按钮,出现如图 5.22 所示的报表窗体。

学号	姓名	平均成绩
2013001000 1	王五	85.25
2013001000 2	赵四	85.25
2013001000 3	李二	85.25
2013002000 1	赵耀	85.25
2013002000 2	李三	85.25
2013003000 1	张晓	85.25
2013003000 2	胡兰	85.25
2013004000 1	钱江	85.25
2013004000 2	郝勇	85.25

共 1 页,第 1 页

图 5.22 显示学号、姓名和平均成绩的报表

本 章 小 结

数据库技术是用计算机实现数据管理的专门技术,研究和解决了计算机信息处理过程中大量数据有效组织和存储的问题。通过本章的学习,读者应了解数据库的基本知识,包括数据库技术的产生与发展、数据库相关术语和数据模型、数据库的建立与维护、简单的 SQL 查询语句。同时还介绍了在 Access 中建表、查询、窗体、报表的方法。

习 题 5

简述题

5.1 什么是数据库? 数据库系统由哪几个部分组成?

5.2 简述数据库系统的特点。

5.3 简述关系模型的特点。

5.4 Access 中数据库有哪些对象?

写 SQL 语句

5.5 有一个数据库：Student.mdb。该数据库中的数据表为 computer,表中字段名为 name,number,sex,Access2003,flash,net,其中 Access2003,flash,net 设置为浮点型 float,其他字段类型为字符型 char。

写出下列 SQL 语句。

(1) 输出所有男生的成绩。

(2) 输出所有 Access 2003 成绩在 90 以上的女生的成绩。

(3) 输出某一科目不合格所有男生的成绩(小于 60)。

(4) 计算并显示每位同学各科的总分和平均分,并按总分从高到低排序。

(5) 输出所有 net 成绩在 70~79 之间的同学。

(6) 输出所有姓"陈"和姓"李"的男生。

(7) 输出所有学号为偶数的学生成绩。

(8) 输出 Flash 成绩最好的 5 位学生。

(9) 更新学生的成绩,把计算机网络成绩在 55~59 之间的学生该科的成绩调整为 60 分。

(10) 统计成绩表中平均分为 90 分以上(含 90 分)的人数。

第 6 章 多媒体技术及其应用

自从 1984 年美国 Apple 公司推出第一台具有多媒体特性的 Macintosh 计算机以来，多媒体技术以其强大的生命力在计算机领域得到迅猛发展。多媒体技术的应用是 20 世纪 90 年代计算机的时代特征，是计算机的又一次革命。它不是某个设备的变革，也不是某种应用的特殊技术支持，而是信息系统范畴内的一次革命。信息处理的思想、方法乃至观念都会由于多媒体的引入而产生极大变化。因此，多媒体技术被称为继微型计算机之后的第二次计算机革命。

多媒体技术是一门迅速发展的综合性信息技术，它把电视的声音和图像功能、印刷业的出版功能、计算机的人机交互能力、因特网的通信技术有机地融于一体，对信息进行加工处理后，再综合地表达出来。多媒体技术改善了信息的表达方式，使人们通过多种媒体得到实体化的形象，信息形式更加具体、形象，更容易被人们接受。多媒体技术也改变了人们使用计算机的方式，进而改变了人们的工作和学习方式。随着计算机软件和硬件技术、大容量存储技术、网络通信技术的不断发展，多媒体技术的应用领域将不断扩大，实用性也将越来越强。

6.1　多媒体的基本概念

6.1.1　多媒体与多媒体计算机

1. 多媒体技术的发展

多媒体(Multimedia)产生于 20 世纪 80 年代初，它出现于美国麻省理工学院(MIT)递交给美国国防部的一个项目计划报告中。

1984 年，Apple 公司在 Macintosh 微机中首次使用了位图的概念描述图像，并且在微机中实现了窗口(Windows)的设计，从而建立了一种新型的图形化人机接口。

1985 年，美国 Commodore 公司首创了 Amiga 多媒体计算机系统。

1986 年，荷兰 Philips 公司和日本 Sony 公司共同制定了光盘技术标准 CD-I，可以在一片直径为 5 英寸的光盘上存储 650MB 的数据，解决了多媒体中的海量数据存储问题。

1991 年，美国 Macintosh、荷兰 Philips 等公司成立多媒体个人计算机协会，该协会制定了第一个多媒体计算机的"MPC1"标准。

1992年，美国Intel公司和IBM公司设计和制造了DVI多媒体计算机系统。

1995年，Microsoft公司推出了Windows 95，这时计算机硬件也基本具备了处理数字音频的能力。

这些技术、设备及系统的出现为日后多媒体系统的产生奠定了理论与技术基础。同时，多媒体软件技术也得到快速的发展，多媒体技术已开始在计算机中得到广泛的应用与普及。

2. 多媒体的基本概念

"多媒体"取自Multimedia。Multimedia一词于1983年被作为专门术语而正式使用。Multi意为"多"，Media意为"介质、媒介"或"媒体"，含义是信息的载体，信息的存在形式或表现形式，也就是人们为表达思想或感情所使用的手段、方式或工具，像文字、图像、动画和视频等。多媒体是指能够同时获取、处理、编辑、存储和展示两个以上不同类型信息媒体的技术。它可以在计算机上对文本、图形、动画、光信息、图像、声音等媒介进行综合处理，并能使处理结果实现图、文、声并茂，达到生动活泼的新境界。多媒体常被当做"多媒体技术"的同义语。

狭义上的多媒体，是指信息表示媒体的多样化。它是利用计算机，将各种媒体以数字化的方式集成在一起，从而使计算机具有表现、处理、存储多种媒体信息的综合能力。而广义上的"多媒体"可以视为"多媒体技术"的同义词，这里的多媒体不是指多种媒体本身，而是指处理和应用它的一整套技术。可以将多媒体定义为：多媒体是利用计算机，把文本、声音、图形、图像、动画和视频等多种媒体进行综合处理，使多种信息建立逻辑连接，集成为一个具有交互性的系统。从上述多媒体的概念中可看出，多媒体具有以下特点。

① 多媒体是信息交流和传播的工具，与目前的报纸、杂志、电视等媒体的功能相同。

② 多媒体是一种人机交互式媒体，与目前的模拟电视、报纸、广播等媒体存在区别。

③ 多媒体信息以数字信号形式而不是以模拟信号形式进行存储、处理和传输。

④ 多媒体需要处理的数据量非常之大。因此，要实现信息交流，必须解决数据的编码、压缩与解压缩等问题。

3. 多媒体计算机

多媒体计算机简称MPC(Multimedia PC)，是指能够同时获取、处理、编辑、存储和展示两个以上不同类型信息媒体的计算机系统。具体讲就是在PC机的基础上增加声卡、音箱、光驱、数码相机、摄像机、扫描仪等设备和相应的驱动程序软件，从而能够对文本、图形、动画、光信息、图像、声音等媒介进行输入、输出及综合处理的计算机系统。

4. 多媒体数据处理对计算机及技术的要求

多媒体数据处理要求实现逼真的三维动画、高保真音响以及高速度的数据传输速率，因而对计算机技术提出了更高的要求。例如，要求高分辨率的彩色显示，立体声音响效果，大容量，高速的内存储器，外存储器，高速的声音和视频处理等。近年来，计算机技术的发展为多媒体数据处理提供了良好的基础，以下是几种对多媒体数据处理非常重要的要求。

(1) 高性能CPU

目前的CPU产品，如Intel公司的Pentium 4处理器，有专门的多媒体扩展

(Multimedia Extantion，MMX)技术指令，并定义了新的 64 位的数据类型，且主频可达 1GHz 以上，完全可以胜任多媒体数据处理的要求。随着 CPU 的速度不断加快、功能不断增强，为快速识别、处理、分析活动视频和图像及声音等信息创造了条件。

（2）大容量存储设备

目前的微机标准配置是 128MB 以上的内存储器，硬盘在 40GB 以上，一般都配有 CD-ROM（或 DVD-ROM）光盘驱动器。每片 CD-ROM 光盘的容量至少为 650MB，DVD 光盘的存储容量可达 4.7～17GB，更大容量的 DVD 光盘正在逐步取代目前使用的光盘。用 DVD 光盘存储图片、音频信号、动画和活动图像，完全可以重现高质量的图像和立体声，而且其光驱能以 50 倍速的速率读取普通 CD-ROM 光盘。

（3）是要求主机接口齐全。由于多媒体设备繁多，技术规格不一，因此多媒体计算机必须有足够多的接口。这样，多媒体设备的信号才可以进行输入输出。目前，各种多媒体设备使用较多的接口主要是 USB（通用串行总线）接口。

（4）数据压缩技术

多媒体信息所占的存储空间太大，为了压缩存储空间和降低对传输速度的要求，必须对多媒体信息进行压缩。在回放复原时，又要反过来进行解压。数据压缩技术可以大大减少多媒体信息对存储容量和网络带宽的要求，为其存储和传输节约了巨大的开销。例如，利用数据压缩技术可以把电视图像的数据压缩到 1/100，利用数据压缩技术可以在一张 CD-ROM 盘上存储足够播放 70 分钟的电视图像。

（5）人机交互技术和方法的改进

这种方法使人能以更方便、更自然的方式与计算机互相交换信息，实现真正的交互式操作。例如，利用触摸屏系统，用户可以不用键盘而在触摸屏上按要求触摸，就可以与计算机交换信息。

（6）超文本技术

这种技术改变了传统文字处理系统只能编辑文字、图形的工作方式及其对文本的组织方式，将文字、视频、声音有机地组织在一起，并以灵活多变的方式提供给用户，用户可以方便快捷地进行输入、修改、输出等一系列超文本编辑工作，使计算机向处理人类的自然信息方向前进了一大步。

（7）面向对象的编程技术

使计算机能更方便地对图像、视频、声音等进行处理。

另外，并行处理、分布式系统等技术都为多媒体应用提供了有利条件。

5．多媒体技术主要特征

① 多样性。计算机处理的信息由数值、字符和文本发展到音频信号、静态图形信号、动态图像信号，这使之具备了处理多媒体信息的能力，计算机也从传统的以处理文本信号为主的计算机发展成为多媒体计算机。计算机不仅能够输入多媒体信息，而且还能处理并输出多媒体信息，这大大改善了人与计算机之间的界面，使计算机变得越来越符合人的自然能力。

② 交互性。交互性是指用户可以与计算机进行交互操作，从而为用户提供有效地控制和使用信息的手段。人在多媒体系统中不只是被动地接受信息，而是参与了数据转变

为信息、信息转变为知识的过程。通过交互过程,人们可以获得关心的信息。通过交互过程,人们可以对某些事物的运动过程进行控制,可以满足用户的某些特殊要求。例如,影视节日播放中的快进与倒退,图像处理中的人物变形等。对一些娱乐性应用,人们甚至还可以介入到剧本编辑、人物修改之中,增加了用户的参与性。

③ 集成性。集成性包括三个方面的含义,一是指多种信息形式的集成,即文本、声音、图像,视频信息形式的一体化。二是多媒体把各种单一的技术和设备集成在一个系统中,例如图像处理技术、音频处理技术、电视技术、通信技术等,通过多媒体技术集成为一个综合、交互的系统,实现更高的应用境界。如电视会议系统、视频点播系统以致虚拟现实系统等。三是对多种信息源的数字化集成,例如,可以把摄像机或录像机获取的视频图像、存储在硬盘中的照片,计算机产生的文本、图形、动画、伴音等,经编辑后,向屏幕、音响、打印机、硬盘等设备输出,也可以通过因特网向远程输出。

④ 实时性。实时性是指视频图像和声音必须保持同步性和连续性。实时性与时间密切相关,进行多媒体实时交互操作,就像面对面实时交流一样。例如,在视频播放时,视频画面不能出现动画感、马赛克等现象,声音与画面必须保持同步等要求。

6. 多媒体数据的特点

① 数据量巨大。多媒体数据如果没有压缩,数据量是非常巨大的。例如,计算机屏幕上一幅 $1024 \times 768 \times 24$ 位色深的图像,不包括文件信息,这些数据的理论存储量为 23MB 左右。在音频 CD 上,一首 3 分钟的立体声歌曲,如果不包括文件信息,文件不压缩数据的理论存储量为 30MB 左右。

② 数据类型较多。多媒体数据包括文本、声音、图形、图像和视频等,同类图像还有黑白、彩色、分辨率高低之分。因此,必须采用多种数据结构对它们进行表示和编码。

③ 数据存储容量差别大。不同媒体的数据存储容量差别很大,例如,一本 60 万字的小说,如果采用文本文件(TXT)存储,数据容量只有 1.14MB。而一部 90 分钟的 DVD 电影,如果采用 MPEG-2 格式压缩存储,存储容量达到了 4GB 左右。

④ 数据处理方法不同。由于不同媒体之间的内容和要求不同,相应的内容管理、处理方法也不同。例如,语音和视频信号有较强的适应性,它容许出现局部的语音不清晰,有背景杂音,视频图像掉帧等错误,但是对实时性要求严格,不容许出现任何延迟。而对于文本数据来说,则可以容忍传输延迟,却不能出现任何数据错误,因为即便是一个字节的错误都会改变数据的意义。

⑤ 数据输入和输出复杂。例如,声音信号在话筒录音输入时,大多为模拟信号(数字话筒价格昂贵),输入到计算机后必须将它们转换成为数字信号,数据处理完成后,又必须将它们转换成为模拟信号,然后输出到音响设备(数字音响同样价格昂贵)。这些模拟信号在输入和输出时,往往有实时性的要求。

6.1.2　多媒体系统的组成

多媒体系统与常规计算机系统的区别主要在于所处理的信息类型多种多样。归纳起来,多媒体系统应包括多媒体硬件、多媒体操作系统、多媒体创作工具和多媒体应用程序等几个部分。

1. 多媒体计算机硬件系统

多媒体硬件系统是指支持多媒体信息交互处理所需的硬件设备。应具备一台计算机（市场上销售的大多为多媒体个人计算机），其基本配置应满足如下要求。

① 内存。由于多媒体信息含有许多音频、视频数据，其特征是数据量巨大。为了加快处理速度，除需要较高性能的 CPU 外，内存往往比常规计算机的大。推荐使用 64MB 以上的内存。由于内存条价格比较便宜，有条件的话可配置 128MB 或 256MB 的内存。

② 声卡。声卡将计算机中存储的音频数据转化为声音信号，通过连接在声卡上的音响或耳机发出所需的声音。同样，声卡也能接受麦克风的声音，并将其转换成计算机能识别的数据进行存储。

③ CD-ROM 或 DVD-ROM 驱动器。CD-ROM 或 DVD-ROM 是记录多媒体信息首选的存储媒体。在计算机上读取多媒体信息的最基本输入设备是 CD-ROM 或 DVD-ROM 驱动器。

④ 显卡、视频卡以及显示器。显卡又称为图形适配器，是显示高分辨率彩色图像的必备部件。对于多媒体应用，一般要求显卡和显示器能提供 800×600、1024×768、1280×1024 或更高像素的分辨率。使用高分辨率的显卡和显示器，可以通过 CD-ROM 或 DVD-ROM 看 VCD、DVD 节目。而视频卡主要用来对视频信号进行实时采集、压缩和显示，它是多媒体计算机系统输入视频信号不可缺少的硬件组成部分（视频卡一般同时包含显卡的功能）。

⑤ 扫描仪。扫描仪是一种图形、图像输入设备，它可以将各种图像转换成计算机可以识别的图像数据，由计算机进行处理。

除此之外，用户还有可以根据自己的多媒体信息处理要求，增加一些可选的多媒体设备，如数码相机、数码摄像机等设备。增加这些多媒体设备需要增加相应的接口，目前许多通用的多媒体设备的接口均采用 USB（通用串行总线）接口。即用户只要将增加的多媒体设备的信息输入、输出接口接在计算机的 USB 接口上，系统将自动识别并安装相应的驱动程序，该设备就能够正常工作了。

2. 多媒体计算机的软件系统

多媒体软件主要分操作系统软件和应用软件。当前推荐使用的操作系统是 Windows XP、Windows7、Linux 等。应用软件有压缩解压软件及进行文字、图片、声音、影像、动画等制作的编辑、处理软件和多媒体集成工具等，如 PowerPoint、Photoshop、AutoCAD、Flash 等。用户可以根据自己的需要进行装配。

3. 多媒体文件的存储格式

多媒体信息实际上是采用将多媒体信息转化为离散的数字形式文件存储。多媒体文件的存储格式是按照特定的算法，对音频或视频信息进行压缩或解压缩形成的一种文件。多媒体文件包含文件头和数据两大部分。文件头记录了文件的名称、大小、采用的压缩算法、文件的存储格式等信息，它只占文件的一小部分。数据是多媒体文件的主要组成部分，它往往有特定的存储格式。不同的文件格式，必须使用不同的播放、编辑软件，这些播放软件按照特定的算法还原某种或多种特定格式的音频、视频文件。

多媒体文件又可分为静态多媒体文件和流式媒体文件(简称为流媒体),静态多媒体文件无法提供网络在线播放功能。例如,要观看某个影视节目,必须将这个节目的视频文件下载到本机,然后进行观看。简单地说,就是先下载,后观看。

流媒体指在因特网中采用流式传输技术的连续时基媒体,如音频、视频等多媒体文件。流媒体在播放前并不需要下载整个文件,只需要将影音文件开始部分的内容存入本地计算机内存,流媒体的数据流随时传送,随时播放,只是在开始时有一些延迟。实现流媒体的关键技术是数据的流式传输。

6.2 多媒体技术

6.2.1 音频技术

音频技术发展较早,一些技术已经成熟并产品化,像数字音响已经进入寻常百姓家。音频技术主要包括音频数字化、语音处理、语音合成和语音识别。音频数字化目前是较为成熟的技术,多媒体声卡就是采用这种技术设计的。在这种技术的支持下,数字音响一改传统的模拟方式,而达到了理想的音响效果。将正文合成语言的语言合成技术已达到实用阶段。难度最大的尚属语音识别,也有一些产品问世。相信无须太久也会取得更大的突破和进展。

1. 模拟音频和数字音频

在计算机内,所有的信息都是以数字形式表示的,声音信号也用一系列数字表示,称为数字音频。

模拟音频的特征是时间上连续,而数字音频是离散的数据序列。为此,当把模拟音频变成数字音频时,需要每隔一个时间间隔在模拟音频的波形上取一个幅度的值,称之为采样。采样的时间间隔称为采样周期。

在数字音频技术中,把采样得到的表示声音强弱的模拟电压用数字表示。模拟电压的幅值仍然是连续的,而用数字表示音频幅度时,只能把无穷多个电压幅度用有限个数字表示,即把某一幅度范围内的电压用一个数字表示,该过程称为量化。

2. 音频信号的数字化处理

物体在空气中振动时会发出连续的声波,人类大脑对声波的感知就是声音,也称为音频(Audio)信号。自然声音是连续变化的模拟量。例如,对着话筒讲话时,话筒根据它周围空气压力的不同变化输出连续变化的电压值。这种变化的电压值是对讲话声音的模拟,称为模拟音频。模拟音频电压值输入到录音机时,电信号转换成磁信号记录在录音磁带上,因而记录了声音。但这种方式记录的声音不利于计算机的存储和处理,要使计算机能存储和处理声音信号,就必须将模拟音频数字化。在每个固定的时间间隔内对模拟音频信号截取一个振幅值,并用给定字长的二进制数表示,可将连续的模拟音频信号转换成离散的数字音频信号。经过截取模拟信号振幅值的采样过程,所得到的振幅值为采样值。采样值以二进制形式表示,即为其量化编码。对一个模拟音频采样量化完成后,就得到一个数字音频文件。以上工作可以由计算机中的声卡或音频处理芯片负责完成。

3. 数字音频的技术指标

数字化音频的质量由 3 项指标组成:采样频率、采样精度和声道数。

获取采样值的时间间隔称为采样周期,其倒数为采样频率。采样精度表示采样点振幅值的二进制位数通常有 8 位、16 位和 32 位。在采样频率相同的情况下,采样精度越高,声音的质量越好,信息的存储量越大。声道数指声音通道的个数。单声道只记录和产生一个波形;双声道产生两个波形,即立体声。

记录每秒存储声音容量的公式为:

采样频率(Hz)×采样精度(bit)÷8×声道数=每秒数据量(字节数)

例如,用 44.10kHz 的采样频率,采样精度 16 位,录制 1 秒的立体声音频信息,其存储容量为:

$$44\,100 \times 16 \div 8 \times 2 = 176.4\text{KB}$$

4. 数字音频的文件格式

音频文件可分为波形文件(如 WAV、MP3 音乐)和音乐文件(如手机 MIDI 音乐)两大类。由于它们对自然声音记录方式不同,文件大小与音频效果相差很大。波形文件通过录入设备录制原始声音,直接记录了真实声音的二进制采样数据,通常文件较大。

在多媒体技术中,目前数字音频信息的主要文件格式有 WAV、AIF、MP3、VOC、WMA、RM、RMI、MIDI 等。

① WAV 文件与 AIF 文件,又称波形文件,其文件扩展名为.WAV。WAV 文件是 Microsoft 公司的音频文件格式,该文件数据来源于对模拟声音波形的采样。用不同的采样频率对模拟的声音波形进行采样,可以得到一系列离散的采样点,以不同的量化位数(8 位或 16 位)把这些采样点的值转换成二进制编码,存入磁盘,形成声音的 WAV 文件。而 AIF 文件是 Apple 计算机的波形音频文件格式。另外,还有一种比较常用的波形文件格式是 SND。

② MP3 格式,MP3 是一种符合 MPEG 1 音频压缩第 3 层标准的文件。MP3 压缩比高达 1∶10～1∶12。MP3 是一种有损压缩,由于大多数人听不到 16kHz 以上的声音,因此 MP3 编码器便剥离了频率较高的所有音频。一首 50MB 的 WAV 格式歌曲用 MP3 压缩后,只需 4MB 左右的存储空间,而音质与 CD 相差不多。MP3 音频是因特网的主流音频格式。

③ WMA 格式,WMA 是 Microsoft 公司开发的一种音频文件格式。在低比特率时(如 48kbps),相同音质的 WMA 文件比 MP3 小了许多,这就是它的优势。

④ RA、RM、RAM。它们是 Real Networks 公司开发的一种流式音频文件格式,主要用于在低速率的因特网上实时传输音频信息。

⑤ VOC 文件,是 Creative 公司的波形音频文件格式,也是声霸卡(sound blaster)使用的音频文件格式。

⑥ MIDI 文件与 RMI 文件，即数字化乐器接口（Musical Instrument Digital Interface，MIDI）文件，它是一种将电子乐器与计算机相连接的标准，以便能够利用计算机控制和演奏电子乐器，或利用程序记录电子乐器演奏的音乐，然后进行回放。MIDI 与上述 WAV、AIF 文件格式的不同之处在于，它记录的不是乐器数字编码本身，而是一些描述乐器演奏过程中的指令。MIDI 文件的录制比较复杂，它涉及 MIDI 音乐的创作、修改以及一些诸如键盘合成器的专门工具。而 RMI 文件则是 Microsoft 公司的 MIDI 文件格式，它可以包括图片、标记和文本。

MIDI 文件中只包含产生某种声音的指令，这些指令包括使用什么 MIDI 乐器、乐器的音色、声音的强弱、声音持续时间的长短等。计算机将这些指令发送给声卡，声卡按照指令将声音合成出来。MIDI 音乐可以模拟上千种常见乐器的发音，唯独不能模拟人们的歌声，这是它最大的缺陷。其次，在不同的计算机中，由于音色库与音乐合成器的不同，MIDI 音乐会有不同的音乐效果。另外，MIDI 音乐缺乏重现真实自然声音的能力，电子音乐味道太浓。

MIDI 音乐的优点有：生成的文件较小，节省内存空间，因为 MIDI 文件存储的是命令，而不是声音数据。MIDI 音乐容易编辑，因为编辑命令比编辑声音波形容易。

5. 数字音频文件的操作

Windows 中的"Windows Media Player"提供了用于音频操作的功能，它可以播放多种多媒体文件，包括上面介绍的各种音频文件。而"录音机"除了可以播放 .WAV 文件外，还能录制声音，当然这必须具备有声卡、麦克风等硬件设备。除此之外，"录音机"还可以录制 CD-ROM 上播放的 CD 音乐，或连接在计算机上的家用音箱上播放的乐曲。

6.2.2　图像和图形

图像是对象的立体表现，它可以是二维或三维的景色。一个记录的图像可以是摄影、模拟视频信号或数字的格式。但从计算机的角度理解，一个记录的图像是视频图像、数字图像，或者就是一个图片。在计算机图形学中，图像永远是数字图像，而在多媒体应用中，所有的格式都是被允许的。

1. 数字图像的表示

在计算机中，数字图像通过矩阵来表示。矩阵中每个元素值表示图像的一个量化的亮度值，它对应图像的基本元素，称为像素（pixel）。每个像素的亮度通过一个整型量表示。如果图像只有两种亮度值，即黑白图像，则可由 0 或 1 表示。而对于具有灰度或彩色的图像，每个像素就需要多位二进制表示。例如，当使用 8 位二进制表示一个像素时，该图像从黑到白具有 256 种不同的灰度或 256 种不同的颜色。

数字图像往往需要非常巨大的数据量。例如，假设使用 VGA 视频控制器采样 525 行的 NTSC 制式电视图像，需要使用 640×480 的像素矩阵，每个像素通过 8 位二进制表示，即需要 307 200B 的存储容量。

2. 图像的格式

如上所述，图像是以二维矩阵表示和存储的，矩阵的每个数值对应图像的一个像素。对于位图（bitmap），这个数值是一个二进制数字；而对于彩色图像，情况有些复杂。彩色图像一般以下列方式表示。

① 3 个数值分别表示一个像素的红、黄、绿 3 个分量的强度。

② 3 个数值存放在一个索引表中。

③ 像素矩阵中的元素值对应该表的索引。

目前世界上图像文件格式比较多，图像文件有很多通用的标准存储格式，常用的格式有 BMP、GIF、TIFF、JPEG、PNG、TGA、PCX 以及 MMP。这些图像文件格式标准是开放和免费的，这使得图像在计算机中的存储、处理、传输、交换和使用都极为方便，以上图像格式也可以相互转换。

BMP（Bitmap，位图）格式，是与设备无关的图像文件格式，它是 Windows 操作系统推荐使用的一种格式，是 Windows 操作系统中最常用的图像文件格式，有压缩和非压缩两类。BMP 文件结构简单，形成的图像文件较大，优点是能被大多数软件接受。

GIF（Graphics Interchange Format）格式，是由 Compu-Serve 公司为制定彩色图像传输协议而开发的文件格式，它支持 64 000 像素分辨率的显示。GIF 是一种压缩图像存储格式，它采用无损 LZW 压缩方法，压缩比较高，文件很小。GIF 文件格式还允许在一个文件中存储多个图像，实现动画功能。GIF 允许设置图像背景为透明属性，GIF 图像文件格式是目前因特网上使用最频繁的文件格式，网上很多小动画都是 GIF 格式。GIF 文件的最大缺点是最多只能处理 256 种色彩，因此不能用于存储真彩色的大图像文件。

TIFF（Tag Image File Format，标记图像文件格式）是 Alaus 和 Microsoft 公司为扫描仪和桌面出版系统研制开发的较为通用的图像文件格式。TIFF 是一种工业标准图像格式，它也是图像文件格式中最复杂的一种。它的优点是独立于操作系统系统，可以在 Windows、Linux、UNIX、Mac OS 等操作系统中使用，也可以在某些印刷备中使用。TIFF 文件格式分成压缩和非压缩两大类，它支持所有图像类型。它的图像质量非常高，但占用的存储空间也非常大，应用于美术设计和出版行业。

JPEG（Joint Photographic Experts Group，联合图像专家组）于 1991 年提出了"多灰度静止图像的数字压缩编码"（简称 JPEG 标准），这是一个适用于彩色、单色和多灰度静止数字图像的压缩标准。JPEG 对图像的处理包含两部分：第一部分是无损压缩，第二部分是有损压缩。它将不易被人眼察觉的图像颜色删除，从而达到较大的压缩比（2∶1～40∶1），但是对图像质量影响不大，因此可以用最少的磁盘空间得到较好的图像质量。由于它优异的性能，所以应用非常广泛，JPEG 文件格式也是因特网上的主流图像格式。

PNG（流式网络图形）文件采用无损压缩算法，它的压缩比高于 GIF 文件，支持图像透明。PNG 是一种点阵图像文件，网页中有很多图片都是这种格式，PNG 文件的色彩深度可以是灰度图像的 16 位，彩色图像的 48 位，是一种新兴的网络图形格式。

PCX 格式是 Zsoft 公司研制开发的，主要与商业性 PC-Paint Brush 图像软件一起使用。

大学计算机应用基础（第 2 版）

TGA 格式是 Truevision 公司为 Targe 和 VISTA 图像获取电路板所设计的 TIPS 软件使用的文件格式。

MMP 格式是 Anti-Video 公司以及清华大学在其设计制造的 Anti-Video 和 TH-Video 视频信号采集板中采用的图像文件格式。

3. 图形的格式

图形格式通过图形的基本元素和属性来表示。图形的基本元素有线、矩形、圆和椭圆。在图形格式中,一般使用文本字符串表示二维或三维对象。属性主要表示诸如线的风格、宽度和色彩等影响图形输出效果的内容。

与像素矩阵相比,图形基本元素和属性的表示方法具有较高的抽象性。但是,在显示图形时,它必须被转换为直观的、便于显示的诸如位图等形式。PHIGS(Programmer's Hierarchical Interactive Graphics System)和 GKS(Graphical Kernel System)软件包就是用于接收图形的基本元素和属性表示,并将其转换成位图的形式进行显示。

6.2.3 视频和动画

视频和动画日益成为多媒体系统中的主要媒体。视频图像的数字化与音频数据的数字化极其相似。所不同的是,视频图像的数字化是把连续的模拟视频信号转换成数字信号,供计算机处理,然后又可以通过显示器、显示卡和相关软件将其转换成模拟的视频信号显示;此外,彩色视频信号的数字化必须对 3 种基本颜色红、黄、绿进行量化。

1. 计算机视频格式

计算机的视频格式与视频媒体的输入输出设备有很大的关系。当前流行的视频信号数字化仪在数字图像分辨率、量化以及帧的速率方面有很大区别。例如,Sun Microsystem 公司的 Sun Video 信号数字化仪采集的数字图像分辨率为 320×240 像素,量化为每个像素用 8 位二进制表示,帧的速率为 30 帧/秒。而有的视频数字化仪采集视频图像的分辨率可达 640×480 像素,甚至更高。

数字化视频的输出与显示设备有关。最常用的显示器是光栅扫描显示器,它一般通过视频控制器和帧缓冲区进行管理和控制。因为光栅扫描显示器的抖动特性,视频控制器必须周期地从缓冲区中取图像数据,每一次扫描一行,典型的扫描速率为 60 次/秒。

关于视频图像的文件格式,目前在多媒体计算机中常用的有 MPG、AVI 以及 AVS。MPG 格式,是 ISO/1993 年 8 月 1 日正式颁布的国际标准。

AVI 和 AVS 格式,是 Intel 和 IBM 公司共同研制开发的数字视频交互系统的动态图像文件格式。

2. 计算机动画

动画涉及人类视觉效果的所有变化。视觉效果具有不同的自然特征,包括对象的位置、形状、颜色、透明度、构造、纹理以及亮度、摄像的位置、方向和聚焦。而计算机动画是指由计算机使用图形软件工具所完成的具有视觉效果的动画。它一般也是以视频的方式进行存放,最常用的文件格式就是 AVI。

6.2.4　多媒体数据压缩技术

信息时代的重要特征就是信息的数字化,但是数字化信息带来了"信息爆炸"。多媒体应用面临数值、文字、音频、图形、动画、图像和视频等多种媒体,其中视频和音频信号的数量之大是非常惊人的。这样大的数据量,无疑给存储器的存储容量、通信信道的带宽以及计算机的运行速度都增加了极大的压力。使用数据压缩手段可以节约存储空间,提高通信信道的传输效率,也使计算机实时处理音频、视频信息,保证播放出高质量的视频、音频节目成为可能。

1. 多媒体数据压缩方法

数据压缩技术的理论基础是信息论。根据信息论的原理,可以找到最佳数据压缩编码方法,数据压缩的理论极限是信息熵。如果要求在编码过程中不丢失信息量,即要求保存信息熵,这种信息保存编码被称为熵编码。用这种编码结果解码后,可无失真地恢复原有图像。当考虑到人眼对失真不易察觉的生理特征时,有些图像编码不严格要求熵保存,信息可允许部分损失,以换取高的数据压缩比,这种编码是有失真数据压缩。

压缩处理一般由两个过程组成:一是编码过程,即将原始数据经过编码进行压缩;二是解码过程,即将编码后的数据还原为可以使用的数据。数据压缩可分为无损压缩、有损压缩及混合压缩 3 大类。

① 无损压缩。无损压缩利用数据的统计冗余进行压缩,解压缩后可完全恢复原始数据,而不引起任何数据失真。无损压缩的压缩率受到冗余理论的限制,一般为 2∶1 到 5∶1 之间。无损压缩广泛用于文本数据、程序和特殊应用的图像数据的压缩。常用的无损压缩方法有 RLE 编码、Huffman 编码、LZW 编码等。

② 有损压缩。图像或声音的频带宽、信息丰富,人类视觉和听觉器官对频带中的某些成分不大敏感,有损压缩以牺牲这部分信息为代价,换取了较高的压缩比。有损压缩在还原图像时,与原始图像存在一定的误差,但视觉效果一般可以接受,压缩比可以从几倍到上百倍。常用的有损压缩方法有 PCM(脉冲编码调制)、预测编码、变换编码、插值、外推、分形压缩、小波变换等。

③ 混合压缩。混合压缩利用了各种单一压缩方法的长处,在压缩比、压缩效率及保真度之间取得最佳的折中。例如,JPEG 和 MPEG 标准就采用了混合编码的压缩方法。

2. 静态图像压缩编码的国际标准

联合图像专家组多年来一直致力于标准化的工作。他们开发研制出连续色调、多级灰度、静止图像的数字压缩编码方法,这个压缩编码方法称为 JPEG 算法。JPEG 算法被确定为 JPEG 国际标准,它是国际上彩色、灰度、静止图像的第一个国际标准。

JPEG 标准支持很高的图像分辨率和量化精度。它包含两部分:第一部分是无损压缩,采用差分脉冲编码调制(DPCM)的预测编码。第二部分是有损压缩,采用离散余弦变换(DCT)和 Huffman 编码。通常压缩率达到 20~40 倍。

JPEG 算法主要存储颜色变化,尤其是亮度变化,因为人眼对亮度变化要比对颜色变化更为敏感。JPEG 算法的设计思想是:恢复图像时不重建原始画面,而是生成与原始画面类似的图像,丢掉那些没有被注意到的颜色。

3. 运动图像压缩编码的国际标准

在国际标准化组织 ISO/IEC 的领导下,运动图像专家小组(Motion Picture Experts Group,MPEG)经过数十年卓有成效的工作,为多媒体计算机系统、运动图像压缩编码技术的标准化和实用化作出了贡献。下面是常用的 MPEG 标准。

MPEG-Ⅰ 视频压缩技术是针对运动图像的数据压缩技术,它包括帧内图像数据压缩和帧间图像数据压缩,其图像质量是家用录像机的质量,分辨率为 360×240 的 30 帧/秒的 NTSC 制式和 360×288 的 25 帧/秒的 PAL 制式。

MPEG-Ⅱ 标准克服并解决了 MPEG-Ⅰ 不能满足日益增长的多媒体技术、数字电视技术、多媒体分辨率和传输率等方面的技术要求的缺陷,推出了运动图像及其伴音的通用压缩技术标准,分辨率为 720×480 的 30 帧/秒的 NTSC 制式和 720×576 的 25 帧/秒的 PAL 制式。

MPEG-Ⅱ 标准不仅适用于光存储介质(DVD),也用于广播、通信和计算机领域,而且 HDTV(高清晰度电视)编码压缩也是采用 MPEG-Ⅱ 标准。MPEG-Ⅱ 的音频与 MPEG-Ⅰ 兼容,它们都使用相同种类的编码译码器。MPEG-Ⅱ 采用了一种非对称算法,也就是说运动图像的压缩编码过程,与还原编码过程不对称,解码过程要比编码过程相对简单。

DVD 视频节目采用 MPEG-Ⅱ 进行压缩,HDTV(数字高清晰度电视)也采用 MPEG-Ⅱ 进行视频压缩。但这并不意味着能播放 DVD 的软件就可以播放 HDTV,因为 DVD 采用 MPEG-2PS 格式,它主要用来存储固定时长的节目。而 HDTV 采用 MPEG-2TS 格式,是一种视频流格式,主要用于实时传送节目。

MPEG-Ⅳ 标准,该标准与高清晰度电视有关。MPEG-Ⅳ 是一种针对低速率(<64kbps)下的视频、音频压缩算法,它的显著特点是基于节目内容的编码,更加注重多媒体系统的交互性、互操作性、灵活性。MPEG-Ⅳ 标准对一幅画面中的图像按内容分成块,将感兴趣的物体从场景中截取出来,以后的操作就针对这些物体来进行。

MPEG-Ⅶ 标准是低数据率的电视节目标准,主要用于交互式多媒体场合,主要研究解决多媒体声像数据的内容检索问题。实现基于内容检索的关键是要定义一种描述声像信息内容的格式,而这与声像信息的存储格式是密切相关的。从原理上看,MPEG-Ⅰ、MPEG-Ⅱ 和 MPEG-Ⅳ 用于表示信息本身,而 MPEG-Ⅶ 用于人们找到想要的声像信息内容。

4. 音频压缩编码的国际标准

多媒体应用中常用的压缩标准是 MPEG 的音频压缩算法。它是第一个高保真音频数据压缩的国际标准。该标准提供 3 个独立的压缩层次供用户选择。

第一层主要用于数字录像机,压缩后的数据速率为 384kb/s。

第二层主要用于数字广播的音频编码、CD-ROM 上的音频信号以及 VCD 的音频编码,压缩后的数据速率为 192kb/s。

第三层的音质最佳,Internet 常见的 MP3 和 Microsoft 公司的 Windows Media 文件格式就是在这一层进行压缩的语音或音乐,压缩后的数据速率为 64kb/s。

6.3 常用多媒体播放器的使用

6.3.1 计算机音量设置

使用"音量控制",用户可以调整计算机或多媒体应用程序(例如 CD 唱机、DVD 播放机、录音机、Windows Media Player、RealPlayer、超级解霸等)播放的声音。

计算机中安装了声卡后,就可以通过音量控制器设置声音。右击任务栏右下角的小喇叭,或通过控制面板的声音和音频设备就可以打开音量控制器,如图 6.1 所示。它可以分别控制录音和播放状态下各个输入通道的音量比例。

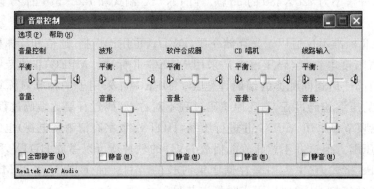

图 6.1 Windows 音量控制器

1. 启用或禁用声音

① 启用声音:在"音量控制"下选中"全部静音"复选框,以禁用声音。

② 禁用声音:在"音量控制"下清除"全部静音"复选框,以开启声音。

2. 显示特定的声音设备

在"选项"菜单上单击"属性"。

在"属性"对话框中单击"播放"、"录音"或"其他",然后选择要显示的设备旁边的复选框。

3. 调整录音音量

通常使用麦克风录音时,应安装麦克风设备(如耳机、麦克风)及相应的驱动程序,然后调整录音质量。

在"选项"菜单上单击"属性"。

在"属性"对话框中的"调整音量"下单击"录音"。

选中包含了所要调整的输入音量设备旁边的复选框,然后单击"确定"。

大学计算机应用基础(第 2 版)

向上或向下拖动"音量"滑块,以增加或减小输入音量。

6.3.2 Windows Media Player

Windows 提供了一个 Windows Media Player 播放器。这个播放器提供了非常漂亮的界面外观,具有非常好的音乐回放质量,而且可以将 Audio CD 压缩为该音乐格式保存。

Media Player 支持多种媒体文件格式,常见的包括 AVI、MP3、MPEG、CD 等。

要打开 Media Player,单击"开始"菜单,依次选择"所有程序"→"附件"→"娱乐"→Windows Media Player 命令,系统将打开
Windows Media Player 窗口,如图 6.2 所示。

单击"文件"菜单并选择"打开",输入要播放的带路径的文件名,就开始播放了。

图 6.2　Windows Media Player 窗口

1. 播放 CD

当用户将音频 CD 或包含音乐文件的数据 CD(又称为媒体 CD)插入 CD-ROM 驱动器时,Windows Media Player 会自动播放该 CD,除非 Windows Media Player 正被使用或不是默认的 CD 播放机。

除播放 CD 外,还可以使用此播放机来复制(翻录)和创建(刻录)CD。

将音频 CD 复制到计算机上后,就可以方便地播放媒体库中收集的所有音乐,而不必像使用标准 CD 播放机一样更换 CD。

2. 播放 VCD、DVD

使用 Windows Media Player 可以在计算机上观看 VCD、DVD。与普通 VCD、DVD 播放机相同,使用播放机也可以跳至特定的标题和章节、播放慢镜头、使用特殊功能并切换音频和字幕的语言。具体操作如下。

在"播放"菜单上指向 DVD、VCD,然后单击包含 VCD、DVD 的驱动器。

如果"播放"菜单上未显示 DVD、VCD 命令,就说明 Windows 版本不支持自动播放 VCD 或 DVD。要手动播放 VCD 或 DVD,在"文件"菜单上单击"打开"。导航到包含 VCD 的驱动器,双击此驱动器,然后双击 MPEGAV 文件夹。在"文件类型"中单击"所有文件(＊.＊)",然后打开一个扩展名为 .dat 的文件。

本 章 小 结

多媒体技术是一门迅速发展的新兴技术,许多概念还在扩充、深入和更新。本章从基础内容出发,介绍了多媒体技术的发展过程、基本概念、所需的计算机软硬件环境;多媒体

计算机系统的组成；多媒体的关键技术；多媒体信息的编码方式、编码标准；静态、动态信息压缩标准、基本技术及目前在 Windows 环境下常用的多媒体播放器工具软件。通过本章的学习，能够了解到有关多媒体的基本知识和常用多媒体软件的使用方法。

习　题　6

判断题

6.1　模拟音频的特征是时间上连续，而数字音频是离散的数据序列。　　　（　　）

6.2　音量控制器只能通过鼠标右键单击任务栏右下角的小喇叭打开。　　（　　）

6.3　Windows Media Player 能够用来播放音频与视频文件。　　　　　（　　）

6.4　在具备有声卡、麦克风等硬件设备的条件下，"录音机"除了可以播放 .WAV 文件外，还能录制声音。　　　　　　　　　　　　　　　　　　　　　（　　）

6.5　在计算机中，数字、图像通过（二进制）矩阵来表示。矩阵中每个元素值表示图像的一个量化的亮度值，它对应图像的基本元素，称为像素。　　　　　（　　）

6.6　声卡是将计算机中存储的音频数据转化为声音信号，通过连接在声卡上的音响或耳机发出所需的声音。　　　　　　　　　　　　　　　　　　　　（　　）

6.7　各种媒体播放器只能按固定的速度播放相应视频文件的内容。　　（　　）

选择题

6.8　多媒体计算机简称（　　）。

    A．MP3　　　　　　B．CPU　　　　　　C．DVD　　　　　　D．MPC

6.9　下列计算机设备中，属于多媒体输出设备的是（　　）。

    A．扫描仪　　　　　B．数码相机　　　　C．音箱　　　　　　D．CD-ROM

6.10　语音和视频信号对（　　）性能的要求严格，不允许出现任何延迟。

    A．实时　　　　　　B．压缩　　　　　　C．可靠　　　　　　D．安全

6.11　数据（　　）是多媒体技术的关键技术。

    A．交互　　　　　　B．压缩　　　　　　C．格式　　　　　　D．可靠

6.12　目前通用静态图像压缩编码的国际标准是（　　）。

    A．JPEG　　　　　　B．AVI　　　　　　C．MP3　　　　　　D．DVD

6.13　MPEG 是一个（　　）压缩标准。

    A．视频　　　　　　B．音频　　　　　　C．视频与音频　　　D．电视节目

6.14　MPEG 是一个（　　）压缩标准。

    A．视频　　　　　　B．音频　　　　　　C．视频与音频　　　D．电视节目

6.15　（　　）是与设备无关的图像文件格式，它是 Windows 操作系统推荐使用的一种格式。

    A．BMP　　　　　　B．GIF　　　　　　C．TIFF　　　　　　D．PCX

6.16　数字音频信息的主要文件格式有 WAV 文件、AIF 文件、VOC 文件、（　　）文件以及 RMI 文件。

　　　　A. BMP　　　　　B. GIF　　　　　C. MIDI　　　　　D. PCX

6.17　WAV 文件是 Microsoft 公司的音频文件格式,该文件数据来源于对模拟声音波形的采样。其文件的扩展名是( )。

　　　　A. BMP　　　　　B. WAV　　　　　C. TXT　　　　　D. DOC

6.18　下列( )不是多媒体系统必须具备的系统。

　　　　A. 多媒体应用程序　　　　　　　　B. 常规计算机系统

　　　　C. 多媒体操作系统　　　　　　　　D. 数据库系统

6.19　下面( )是动画等制作与播放软件。

　　　　A. 超级解霸　　　　B. Flash　　　　C. PowerPoint　　D. Excel

6.20　多媒体文件可分为静态多媒体文件和( )文件。

　　　　A. 流式媒体文件　　　　　　　　　B. DVD 文件

　　　　C. VCD 文件　　　　　　　　　　　D. 音频文件

6.21　静态多媒体文件无法提供网络在线播放功能。要观看某个影视节目,应执行的操作是( )。

　　　　A. 随时下载,随时播放　　　　　　B. 先下载,后观看

　　　　C. 先观看,后下载　　　　　　　　D. 直接观看

6.22　流媒体是采用数据流,( )的播放形式。

　　　　A. 随时传送,随时播放　　　　　　B. 先下载,后观看

　　　　C. 先观看,后下载　　　　　　　　D. 直接观看

简答题

6.23　简述多媒体技术。

6.24　多媒体技术的主要特性有哪些?

6.25　常见的图形图像格式有哪些?

6.26　运动图像压缩编码的国际标准有哪些?

6.27　为什么要以压缩方式存储和传送多媒体信息?

6.28　静态多媒体文件与流式媒体文件播放形式的区别是什么?

第 7 章 计算机信息安全

计算机和通信网络已被广泛应用于社会的各个领域,在此基础上建立的各种信息系统改变着人们的生活和工作方式。在信息时代,信息资源对于国家和民族的发展、人们的工作和生活都变得至关重要。信息已经成为国民经济和社会发展的战略资源,信息安全问题也已成为影响国家大局和长远利益及人民日常工作、生活的重大问题。

7.1 信息与信息化

7.1.1 信息的概念

1. 信息的含义

信息是一个不断发展和变化的概念,并且以其不断扩展的内涵和外延,渗透到人类社会和科学技术的各个领域中。信息也是一种资源,它同物质和能源一起构成现代社会生存与发展的三大要素。信息资源的开发、利用程度已经成为衡量一个国家综合国力的重要指标之一。

关于什么是信息,目前还没有一个比较确切的、统一的定义。下面是几个比较有代表性的定义:

- 信息是有一定含义的数据,是用来描述客观世界的知识。
- 信息是对决策或行为有现实或潜在价值的数据。
- 信息是经过加工后的数据,是事物存在或运动状态的表达。
- 信息是数据的含义,数据是信息的载体。

由此可见,数据和信息是两个既有联系又有区别的概念。因此,可以广义地理解为信息是一组被加工成特定形式的数据。这种数据形式对使用者来说是有确定意义的,对当前和未来的活动能产生影响并具有实际价值。

2. 信息的分类

信息有许多种不同的分类方法,常见的分类如下。

- 按信息发生的领域,可分为:物理信息、生物信息、社会信息。
- 按信息的使用价值,可分为:有用信息、无用信息、有害信息、无害信息。
- 按信息的内容,可分为:社会信息、非社会信息。
- 按对信息的认识层次,可分为:语法信息、语义信息、语用信息。

3. 信息的特征

所谓信息的特征,就是信息区别于其他事物的本质属性。主要表现如下。

① 不灭性:这是信息的一个最大特点。信息可以被廉价复制、广泛传播、重复使用。信息的载体可能在使用过程中逐渐损耗而失效,但信息本身不会因此消失。

② 时效性:信息有着非常强的时效性。一条信息在某一时刻的使用价值非常高,但过了这一时刻可能就一文不值了,如金融信息、战争信息等。信息的使用价值还取决于使用者的需求及其对信息的理解、认识和利用的能力。

③ 相对性:一条对某人或某团体非常有价值的信息对其他人或其他团体可能毫无价值或价值不大。

④ 共享性:信息作为一种资源,不会因为一方拥有而使另一方失去拥有的可能。它可以由多个人或多个团体在同一时间内共同享用,也可以在不同时间里分别享用。

⑤ 社会也只有经过加工、处理,并通过一定形式表现出来的信息才具有使用价值,因此,真正意义上的信息离不开社会。

⑥ 传递性:信息可通过声音、动作、文字、无线电等进行传播。信息只有通过传播,才能实现共享,才能充分发挥其应有的作用。

⑦ 可压缩:可以用不同的信息量来描述同一事物。也就是说,可以对信息进行压缩处理,以减少占用载体的空间,缩短传播的时间。

信息还有许多其他特征,如普遍性、动态性、可干扰、可加工、可再生等。

7.1.2 信息技术与信息化

1. 信息技术的概念

一般说来,信息技术(Information Technology),简称IT,是指信息的收集、识别、提取、处理、储存、传递、控制、检测、检索、分析和利用等的技术。

获取信息的途径很多。可以从生产、生活、科研等活动中直接获取信息,也可以从收听广播、收看电视、阅读报纸杂志等日常生活中获取间接的信息。从互联网上搜寻是获得信息的一条重要途径。

信息技术包括计算机技术、通信技术、多媒体技术、自动控制技术、视频技术、遥感技术等。其中,计算机技术和通信技术是现代信息技术的重要组成部分,是构成现代信息技术的核心内容。

2. 信息化

信息化是指在国家统一规划和组织下,各行各业及社会生活各个方面都应用现代信息技术,深入开发、广泛利用信息资源,加速实现国家现代化的进程。

信息化是一个不断发展的过程,需要国家统一规划和统一组织信息化建设,各个领域要广泛应用现代信息技术,深入开发利用信息资源。

信息化已经成为世界经济和社会发展的大趋势,作为信息化最重要基础的因特网正在全球飞速发展。信息化的发展程度是衡量一个国家和地区国际竞争力、现代化程度、综合国力和经济成长能力的重要标志,它对世界范围的政治、经济、军事、文化等方面产生越来越广泛的影响。信息化有力地推动了世界经济的增长,推动世界从传统的工业社会向现代信息社会发展。

7.2 信 息 安 全

7.2.1 信息安全的重要性

信息安全的需求在过去几十年中发生了很大变化。在数据处理设备(特别是计算机)广泛使用以前,企业、公司等单位主要通过物理手段和管理制度来保证信息的安全。各单位一般是通过加锁的铁柜来保存敏感信息,通过对工作人员政治素质等方面的监督确保信息的不泄漏。

随着计算机技术的发展,人们越来越依赖于计算机等自动化设备来储存文件和信息。但是计算机储存的信息,特别是分时的共享式系统的信息都存在一种新的安全问题。

分布式系统和通信网络的出现和广泛使用,对当今信息时代的重要性是不言而喻的。随着全球信息化过程的不断推进,越来越多的信息将依靠计算机来处理、储存和转发,信息资源的保护又成为一种新的问题。它不仅涉及传输过程,还包括网上复杂的人群可能产生的各种信息安全问题。用于保护传输的信息和防御各种攻击的措施称为网络安全。

7.2.2 信息安全的概念

信息安全主要涉及信息存储的安全、信息传输的安全以及对网络传输信息内容的审核方面。从广义来说,凡是涉及到信息的完整性、保密性、真实性、可用性和可控性的相关技术和理论,都是信息安全所要研究的领域。

计算机信息安全是指计算机信息系统的硬件、软件、网络及其系统中的数据受到保护,不受偶然的或者恶意的原因而遭到破坏、更改、泄露,系统连续可靠正常地运行,保证信息服务畅通、可靠。计算机信息安全具有以下5方面的特征。

1. 保密性

保密性是信息不被泄露给非授权的用户、实体或过程或供其利用的特性,即防止信息泄漏给非授权个人或实体,信息只为授权用户使用的特性。

2. 完整性

完整性是信息未经授权不能进行改变的特性,即信息在存储或传输过程中保持不被偶然或蓄意地删除、修改、伪造、乱序、重放、插入等破坏和丢失的特性。完整性是一种面向信息的安全性,它要求保持信息的原样,即信息的正确生成、正确存储和传输。完整性与保密性不同,保密性要求信息不被泄露给未授权的人,而完整性则要求信息不受到各种原因的破坏。

3. 真实性

真实性也称做不可否认性。在信息系统的信息交互作用过程中,确信参与者的真实同一性,即所有参与者都不可能否认或抵赖曾经完成的操作和承诺。利用信息源证据可以防止发信方不真实地否认已发送信息,利用递交接收证据可以防止收信方事后否认已经接收到信息。

4. 可用性

可用性是信息可被授权实体访问并按需求使用的特性,即信息服务在需要时,允许授权用户或实体使用的特性,或者是信息系统(包括网络)部分受损或需要降级使用时,仍能为授权用户提供有效服务的特性。

5. 可控性

可控性是对信息的传播及内容具有控制能力的特性,即指授权机构可以随时控制信息的保密性。"密钥托管"、"密钥恢复"等措施就是实现信息安全可控性的例子。

概括地说,计算机信息安全的核心是通过计算机、网络、密码的安全技术,保护在信息系统及公用网络中传输、交换和存储的信息的完整性、保密性、真实性、可用性和可控性等。

7.2.3 计算机信息安全因素

计算机网络的发展,使信息共享应用日益广泛与深入。但是信息在公共通信络上存储、共享和传输,会被非法窃听、截取、篡改或毁坏。尤其是银行系统、商业系统、管理部门、政府或军事领域对公共通信网络中存储与传输的数据安全问题更为关注。信息系统的网络化提供了资源的共享性和用户使用的方便性,分布式处理提高了系统效率、可靠性和可扩充性。但是这些特点也增加了信息系统的不安全性。

信息安全所面临的威胁来自很多方面,这些威胁可以宏观地分为自然威胁和人为威胁。自然威胁可能来自于各种自然灾害、恶劣的场地环境、电磁辐射和电磁干扰以及设备自然老化等。人为威胁又分为两种:一种是以操作失误为代表的无意威胁(偶然事故),另一种是以计算机犯罪为代表的有意威胁(恶意攻击)。人为的偶然事故没有明显的恶意企图和目的,但它会使信息受到严重破坏。最常见的偶然事故有操作失误(未经允许使用、操作不当和误用存储媒体等),意外损失(漏电、电焊火花干扰),编程缺陷(经验不足、检查漏项)和意外丢失(被盗、被非法复制、丢失媒体)。恶意攻击,主要包括计算机犯罪、计算机病毒、电子入侵等,通过攻击系统暴露的要害或弱点,使得网络信息的保密性、完整性、真实性、可控性和可用性等受到伤害,造成不可估量的经济和政治损失。

1. 计算机罪犯的类型

计算机犯罪是一种违法行为,实施这种违法行为的人称为计算机罪犯。计算机罪犯使用了有关计算机技术和专业知识实施违法行为。计算机罪犯有4种类型。

① 雇员。大部分的计算机罪犯是了解、熟悉计算机应用系统的人,这些人能够轻易地进入计算机系统,如雇员、本系统的系统管理员及工程技术人员。这些人员能够非授权

进入计算机网络或应用系统，获取非法信息（如装置、软件、电子基金、所有者信息或计算机时间）。有时候雇员则会出于愤恨而犯罪。

② 外部使用者。不仅是雇员，有时一些供应商或客户也会侵入一个公司的计算机系统。例如，银行客户可以通过使用自动出纳机达到目的。跟雇员一样，这些授权的用户可以获取机密的密码，或找到其他计算机犯罪的方法。

③ 黑客(hackers)和解密者。一些人认为这两类人是相同的，其实不然。黑客是那些出于乐趣和挑战而未经授权进入一个计算机系统的人。解密者干的是同样的事，但却是出于恶毒的目的，他们可能要偷取技术信息或向系统导入一个被称为"炸弹"的破坏性计算机程序。

④ 有组织的犯罪。有组织犯罪集团的成员可以像合法企业中的人一样使用计算机，但却是出于非法的目的。例如，计算机有助于跟踪被盗的货物或非法的赌债。此外，造假者使用微型计算机和打印机制造外表复杂的诸如支票和驾驶执照等文件。

2. 计算机犯罪的形式

计算机犯罪主要有以下几种形式。

① 破坏。雇员有时会试图破坏计算机、程序或者文件。黑客和解密者因为创建和传播称为病毒(virus)的恶意程序而臭名昭著。

② 偷窃。偷窃的对象可以是计算机硬件、软件、数据或者计算机时间。窃贼偷取设备是自然的，但是也有白领犯罪。窃贼可能会偷取机密信息中的诸如重要用户列表之类的数据，也使用公司中的计算机时间来干其他的事。未经授权而复制程序以用于个人盈利的偷窃行为被称为软件盗版。根据 1980 年美国的软件复制法案，一个程序的所有者只能为其自己做程序的备份，这些备份不能非法再次出售或分发。在美国，违法的惩罚措施是最高 250 000 美元的罚款和 5 年的监禁。

③ 操纵。找到并能够进入他人计算机系统、网络的途径，并留下一句笑话或特殊的图示，看起来可能很有趣，然而这样做也是违法的。而且，即使这样的操纵看起来无害，也可能会引起极大的焦虑，并浪费网络用户的时间。1986 年，美国的计算机反欺诈和滥用法案认为，未经授权的人，即使是通过计算机越过国境来浏览数据也是一种犯罪，更不要说复制和破坏了。这项法律也禁止非法使用由联邦保障的金融机构的计算机和政府的计算机。违法者最多将会被判刑 20 年并被处以罚金 100 000 美元。使用计算机从事其他的犯罪，例如贩卖欺骗性的产品也是违法的。

④ 其他的危害。对于计算机系统和数据库而言，除了人为犯罪外，还有很多其他危害，主要包括以下的内容。

- 技术失误。硬件和软件并不是完全按照人们的意识而工作。由于某地区电源的大幅波动，可能导致内存、移动磁盘、固定盘数据的丢失，网络无法正常工作。由于软件技术上的缺陷，导致系统易于被病毒、黑客攻击，使系统、网络无法正常工作或数据丢失。

- 人为错误。人犯错误是不可避免的。数据输入错误可能是最普遍的，程序员发生错误的频率很高。一些错误是由于设计错误引起的，而一些错误可能是由于过程繁杂引起的。还有由于用户忘记给硬盘上的数据作备份，导致数据丢失、无法恢复等。

7.2.4　计算机信息安全措施

目前,国际社会及我国已出台了许多计算机信息的安全措施,也研制了许多计算机信息系统的安全防范技术手段。总体上可将这些安全措施、技术手段分为 3 个层次。

1. 安全立法

法律是规范人们一般社会行为的准则。它从形式上分有宪法、法律、法规、法令、条令、条例和实施办法、实施细则等多种形式。有关计算机系统的法律、法规和条例在内容上大体可以分成两类,即社会规范和技术规范。

2. 安全管理

安全管理主要指一般的行政管理措施,即介于社会和技术措施之间的组织单位所属范围内的措施。建立信息安全管理体系(ISMS)要求全面地考虑各种因素,人为的、技术的、制度的和操作规范的,并且综合考虑这些因素。

建立信息安全管理体系,通过对组织的业务过程进行分析,能够比较全面地识别各种影响业务连续性的风险,并通过管理系统自身(含技术系统)的运行状态自我评价和持续改进,达到一个保持的目标,完善系统运行、操作规范。

通过信息安全管理系统明确组织的信息安全范围,规定安全的权限和责任。信息的处理(包括提供、修改和使用)必须在相应的控制措施保护的环境下进行。

3. 安全技术

安全技术措施是计算机系统安全的重要保障,也是整个系统安全的物质技术基础。实施安全技术,不仅涉及计算机和外部、外围设备,即通信和网络系统实体,还涉及到数据安全、软件安全、网络安全、数据库安全、运行安全、防病毒技术、站点的安全以及系统结构、工艺和保密、压缩技术。安全技术措施的实施应贯彻落实在系统开发的各个阶段,从系统规划、系统分析、系统设计、系统实施、系统评价到系统的运行、维护及管理。计算机系统的安全技术措施是系统的有机组成部分,要和其他部分内容一样,用系统工程的思想、系统分析的方法,对系统的安全需求、威胁、风险和代价进行综合分析,从整体上进行综合最优考虑,采取相应的标准与对策,这样才能建立起一个有安全保障的计算机信息系统。

7.2.5　信息安全技术

1. 数据加密技术

密码是一门古老的技术,已有几千年的历史。自从人类社会有了战争,就出现了密码,但 1949 年以前的密码只是一种艺术而不是科学,那时的密码专家常常凭直觉和经验来设计和分析密码,而不是靠严格的理论证明。1949 年,Shannon 发表了题为"保密系统的通信理论"一文,引起了密码学的一场革命。在这篇文章中,他把密码分析与设计建立在严格的理论推导基础上,使得密码真正成为一门科学。密码学按目的可分为密码编码学和密码分析学。密码编码学的目的是伪装信息,就是对给定的、有意义的数据进行可逆数学变换,将其变为表面上杂乱无章的数据,使得只有合法的接收者才能恢复原来有意义的数据,其余任何人都不能恢复原来的数据。密码分析学的基本任务则是研究如何破译加密的消息或者伪装的消息。

任何一个加密系统都是由明文、密文、加密算法和密钥 4 部分组成的。其中未进行加密的数据称为明文,通过加密伪装后的数据称为密文,加密所采取的变换方法称为变换算法,用于加密技术在网络中应用一般采用两种类型:"对称式"加密法和"非对称式"加密法。

(1) 对称密码体制

密码技术从军事迅速转向民用,刺激了它本身的发展。应该说不可靠的密码比没有还坏。美国国家标准局(NBS)于 1977 年公布了由 IBM 公司提出的一种加密算法,作为非机密部门使用的数据加密标准(Data Encryption Standard,DES),使用期限定为 10 年。由于新的数据加密标准迟迟未能推出,所以 DES 目前还在超期使用。

对称密码体制的特征是加密密钥和解密密钥是相同的,而 DES 是适应计算机环境的近代对称密码体制的一个典型。DES 是一种分组密码,首先将明文(原文)分成相同长度自比特块,然后分别对每个比特块加密产生一串密文块。解密时,对每一个密文块进行解码,得到相应的明文比特块,最后将所有收到的明文比特块合并起来,即得到明文。DES 的基本设计思想是通过循环和迭代,将简单的基本运算(左移、右移、模 2 加法等)和变换(选择函数、置换函数)构成数据流的非线性变换(加密变换或解密变换)。

对称式加密法很简单,就是加密和解密使用同一密钥。这种加密技术目前被广泛采用它的优点是安全性高,加密速度快;缺点是密钥的管理是一大难题;在网络上传输加密文件时,很难做到在绝对保密的安全通道上传输密钥;另外,在网络上无法解决消息确认和自动检测密钥泄密的问题。

DES 是到目前为止最成功和使用最广泛的对称密码方案,其重要的应用是银行交易,银行交易中使用了美国银行协会开发的标准。DES 用于加密个人身份识别号(PIN)和通过自动取款机(ATM)进行记账交易等,但同时也不可避免地存在着一些弱点和不足,包括被认为太短的 56 位密钥,存在一些弱密钥和半弱密钥,算法中存在着互补对称性等。

(2) 非对称(公钥)密码体制

非对称式加密法也称为公钥密码加密法。它的加密密钥和解密密钥是两个不同的密钥,一个称为"公开密钥",另一个称为"私有密钥"。两个密钥必须配对使用才有效,否则不能打开加密的文件。公开密钥是公开的,向外界公布。而私有密钥是保密的,只属于合法持有者本人所有。在网络上传输数据之前,发送者先用公钥将数据加密,接收者则使用自己的私钥进行解密,用这种方式来保证信启、秘密不外泄,很好地解决了密钥传输的安全性问题。

公钥密码体制的最大特点是:每个用户的密钥由两个不同的部分组成,公开的加密密钥和保密的解密密钥,而且即使算法公开,也很难从其中一个密钥推出另一个。这样任何人都可以使用其他用户的公开密钥来对数据加密,但是只有拥有解密密钥的用户才能对加过密的数据进行解密。这样互不相识的人也可以进行保密通信。

具有代表性的典型公钥密码体制是 1978 年由美国人 R. Rivest、A. Shamir 和 L. Adleman 3 人提出、并由他们的名字缩写字命名的 RSA（Rivest-Shamir-Adleman 加密算法）密码体制。目前 RSA 是应用较成功的，也已得到了广泛的应用。其他几种著名的公钥密码体制包括 W. Deffie 和 M. E. Hellman 提出的基于求解离散对象问题困难性的密钥交换体制、Rabin 的基于整数分解困难性的 RSA 体制的变形、基于离散对象的 Diffie-Heman 体制以及 EIGamal 体制等。

在实际应用中，网络信息传输的加密通常采用对称密钥密码和公钥密钥密码相结合的混合加密体制，即加密、解密采用对称密钥密码，密钥传递则采用公钥密钥密码，这样既解决了密钥管理的困难，又解决了加密和解密速度慢的问题。

2. 数字签名技术

数字签名（又称公钥数字签名、电子签章）是一种类似写在纸上的普通的物理签名，但是使用了公钥加密领域的技术实现，用于鉴别数字信息的方法。一套数字签名通常定义两种互补的运算，一个用于签名，另一个用于验证。

数字签名，就是只有信息的发送者才能产生的别人无法伪造的一段数字串，这段数字串同时也是对信息的发送者发送信息真实性的一个有效证明。

例如：假如现在 A 公司向 B 公司传送数字信息，为了保证信息传送的保密性、真实性、完整性和不可否认性，需要对传送的信息进行数字加密和签名，其传送过程如下。

① A 公司。准备好要传送的数字信息（明文）。

② A 公司。对数字信息进行运算，得到一个信息摘要。

③ A 公司。用自己的私钥对信息摘要进行加密，得到 A 公司的数字签名，并将其附在数字信息上。

④ A 公司。随机产生一个加密密钥，并用此密码对要发送的信息进行加密，形成密文。

⑤ A 公司。用 B 公司的公钥对刚才随机产生的加密密钥进行加密，将加密后的 DES 密钥连同密文一起传送给 B 公司。

⑥ B 公司。收到 A 公司传送来的密文和加密过的 DES 密钥，先用自己的私钥对加密的 DES 密钥进行解密，得到 DES 密钥。

⑦ B 公司。然后用 DES 密钥对收到的密文进行解密，得到明文的数字信息，然后将 DES 密钥抛弃。

⑧ B 公司。用 A 公司的公钥对 A 公司的数字签名进行解密，得到信息摘要。

⑨ B 公司。用相同的算法对收到的明文再进行一次运算，得到一个新的信息摘要。

⑩ B 公司。将收到的信息摘要和新产生的信息摘要进行比较，如果一致，说明收到的信息没有被修改过。

3. 数字证书

数字证书就是互联网通讯中标志通讯各方身份信息的一系列数据，提供了一种在 Internet 上验证身份的方式，作用类似于司机的驾驶执照或日常生活中的身份证。它是由一个由权威机构——CA 机构，又称为证书授权（Certificate Authority）中心发行的，人们可以在网上用它来识别对方的身份。数字证书是一个经证书授权中心数字签名的包含公开密钥拥有者信息以及公开密钥的文件,最简单的证书包含一个公开密钥、名称以及证书授权中心的数字签名。

数字证书里存有很多数字和英文,当使用数字证书进行身份认证时,它将随机生成128位的身份码,每份数字证书都能生成相应但每次都不可能相同的数码,从而保证数据传输的保密性,即相当生成一个复杂的密码。

数字证书绑定了公钥及其持有者的真实身份,它类似于现实生活中的居民身份证,所不同的是数字证书不再是纸质的证照,而是一段含有证书持有者身份信息并经过认证中心审核签发的电子数据,可以更加方便灵活地运用在电子商务和电子政务中。

数字证书的应用是广泛的,其中包括大家最为熟悉的用于网上银行的 USBkey 和部分使用数字证书的 VIEID,即网络身份证。

7.2.6 防火墙技术简介

计算机网络中,除了存在信息泄露威胁外,还存在着对私有网络/主机(又称为内部网络)进行破坏的威胁,例如病毒、非授权用户访问敏感信息、破坏储存的数据和浪费大量的管理时间来清理破坏以后的现场等。前面所述的加密算法主要用于安全站点之间信息传输的保护,它不能防止数字病毒和黑客的入侵。而防火墙(Fireware)是一种防止内部网络受到不可信网络入侵的方法,作为一个阻塞点来监视通过的信息,如图 7.1 所示。防火墙可以被认为是由一对技术组成:其一是阻塞通过的流量;其二是允许流量通过。

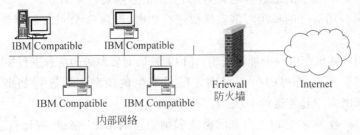

图 7.1 有防火墙的网络

1. 防火墙的概念

防火墙不是一个简单的路由器、主机系统组合或对网络提供安全的各系统组合,而是一种安全手段的提供。它通过定义允许访问和允许服务的安全策略实现信息安全目的。同时,这种安全手段需要借助于一个或多个网络、主机系统、路由器和其他安全设备的策略配置。目前流行的防火墙通常有 4 种结构:包过滤防火墙、双宿主机防火墙、主机过滤防火墙和子网过滤防火墙。

为了更好地理解防火墙的工作原理,在此简要回顾 Internet 上的 IP 地址作用、信息传输过程以及站点系统的定义。

IP 地址是 Internet 上最普遍的身份标识,它有静态和动态之分。静态 IP 地址是指固定不变的,一般是某台连到 Internet 上的主机地址。静态 IP 地址分为几类:其中一类能通过 Whois 查询命令得到,主要是域名服务器(DNS)、Web 服务器等最高层主机地址;另一类静态 IP 地址被分配给 Internet 中的第二和第三层主机,这些机器有固定的物理地址,通常有注册的 IP 地址(但不一定拥有注册的主机名)。动态 IP 地址是指每次动态分配给上网主机的地址,ISP 的拨号访问服务中经常使用动态 IP 地址,用户每次上网都会分配一个不同的 IP 地址。无论 IP 地址是静态还是动态,它都被用于网络传输中,进行地址识别和路由。

没有安装防御系统(防火墙等)时,信息的传输一般有以下过程。

① 数据从发送者网络的某处发出(如果是拨号上网方式,发送者的计算机是连在 ISP 的网络上,因此 ISP 的网络就是发送者的网络)。

② 数据从发送者的主机传输到 ISP 网络的某台机器上,再从这台机器传输到网络的主服务器上(如果不是拨号上网,该步骤可省略)。

③ 主服务器将此数据递交给该网络的路由器,有路由器通过连接媒体将数据送到 Internet 上。

④ 数据经过 Internet(可能通过多个路由器等设备)最后到达目的主机所在网络的路由器,该路由器将数据送往指定的目的主机。

如果收发双方没有采取任何安全措施,则可以认为二者之间的通路是直接的,也即在传输过程中除了路由转发外,报文不会遇到任何障碍。这是一种不安全的工作方式,因此必须改变这种工作方式,使得报文在传输过程中进行各种检查,以获得较高的安全性。

一个组织可以有多个站点,每个站点有自己的网络。如果组织比较大,它的站点就可能拥有具有不同目标的网络管理员。如果这些站点不是通过内部网络来连接的,那么每个站点可能有自己的网络安全策略。但是,如果站点是通过内部网络连接的,则网络安全策略应该涵盖所有内连站点的目标网络系统。一般而言,站点是一个拥有计算机和与网络相关资源组织的任何部分。这些资源主要包括工作站,主计算机和服务器,网关、路由器、网桥和转发器等内连设备,终端服务器,网络和应用程序软件,网络电缆,文件和数据库中的信息。

2. 防火墙技术

① 设计策略:防火墙系统的设计、安装和使用直接受到两个层次的网络策略的影响。高层次的策略特定于一个出口,称为服务访问策略(或网络访问策略)。它定义受限(或保护)网络中哪些服务是允许的,哪些服务是明确禁止的,这些服务是怎样被使用的以及对这个策略进行例外处理的条件。低层次的策略描述了防火墙实施中实际上是怎样体现实施高层次的策略,即怎样去限制访问和过滤服务,称为设计策略。

服务访问策略应该集中于特定 Internet 使用的进出口,或者所有外部网络的访问(例如拨号策略、SLIP 和 PPP 连接)。该策略是关于一个组织机构的信息资源保护的整体策略。要使得防火墙成功地实现安全目的,服务访问策略必须是切合实际的和健全的,并且需要在实现一个防火墙以前进行充分的考虑和收集。一个实际可用的策略应该在保护网络免受威胁和提供用户访问网络资源之间寻求一个平衡点。同时如果一个防火墙系统拒绝或限制服务,它通常需要加强服务访问策略来防止防火墙的访问控制被修改。而健全性是通过完善的管理来保障。一个防火墙能实现各种各样的服务访问策略,典型的策略主要包括不允许从 Internet 访问一个内部站点,但允许一个内部站点访问 Internet;允许来自 Internet 的某些特定服务访问内部站点;允许 Internet 上的一些用户访问有选择的内部主机,但是这种访问只在必要的时候被许可,并且要附加一些比较先进的认证手段。

防火墙设计策略一般特指针对防火墙,它定义实现服务访问策略所使用的规则。不能在真空中设计这种策略,而必须彻底、透彻地理解类似于防火墙能力和局限性、TCP/IP相关的攻击和脆弱问题。

② 包过滤技术:包过滤用于控制哪些数据包可以进出网络,而哪些数据包应被网络拒绝。IP 包过滤通常是由包过滤路由器来完成,这种路由器除了完成通常情况下的路径选择外(对每一个通过的包做出路由决定,确定如何将包送到目的地),还可以根据路由器中的包过滤规则做出是否允许该包通过的决定。

可以使用多种过滤方法来阻塞进出特定主机或网络的连接,也可以阻塞对特定端口的连接。一个站点可能希望阻塞来自于不可信任主机连接,而另一站点可能希望除了允许 E-mail 外,阻塞来自外部所有地址的连接请求。例如,规则约定不接收来自某公司的任何网络数据的通信请求,那么路由器便会拒绝路由 IP 地址(源地址)为 xxx.com(域名与 IP 地址一一对应)的任何数据,于是这个公司所发的数据包就无法到达内部网或内部网的任何主机。但是基于 IP 地址过滤的规则并不判断源 IP 地址的真实性,这就意味着伪装源 IP 地址的数据包能在一定程度上访问内部网或内部网服务器。

但是包过滤也存在着许多缺点。首先,包过滤规则的制定是相当复杂的,通常没有现存的测试工具检验规则的正确性;其次,有些路由器不提供日志记录的能力,如果路由器的规则一直让危险的包通过,则只有攻击产生明显结果后才会发现。

③ 应用网关:为了克服包过滤路由器的弱点,防火墙需要使用一些应用软件来转发和过滤像 Telnet 和 FTP 这类服务的连接,这种服务有时称为代理服务(Proxy Service),而运行代理服务的主机称为应用网关。这些程序根据预先制定的安全规则,将用户对外部网的服务请求向外提交、转发外部网对内部网用户的访问。代理服务替代了用户和外部网的连接。

一般代理服务位于内部网络用户和外部网络的服务之间,在很大程度上对用户是透明的。在代理服务中,内部和外部各站点之间的连接被切断了,它们必须通过代理才可相互通信。应用网关和包过滤路由器能被有效结合,来提供更高的安全性和灵活性。

应用网关一般用在 Telnet、FTP、E-mail、X-Window 以及其他服务,有些 FTP 应用网关包括拒绝对特殊主机的 PUT 和 GET 命令。例如,一个外部网用户通过 FTP 应用网关和内部的一个匿名 FTP 服务器建立 FTP 会话,应用网关通过对 FTP 协议的过滤,拒绝所有对匿名 FTP 服务器的 PUT 命令,来禁止该用户的上载(Upload)操作,这就能确保没有任何信息上载到服务器。

而 E-mail 应用网关服务作为集中式 E-mail 系统,能收集和分发邮件到内部主机和用户。对于外部用户,所有内部用户具有 user@emailhost 地址形式,网关从外部用户接收邮件,然后根据需要转发到内部系统。内部系统用户可以直接从它们的主机送出 E-mail,或者在内部系统名对保护子网外部的用户是不知道的情况下,先送到应用网关,通过应用网关转发到目的主机。

3. 防火墙的结构

① 包过滤防火墙：包过滤防火墙在小型、不复杂的网络结构中最常使用，也非常容易安装。然而，与其他防火墙结构相比，用户需承受它更多的缺点。通常在 Internet 连接处安装包过滤路由器，在路由器中配置包过滤规则来阻塞或过滤报文的协议和地址。一般站点系统可直接访问 Internet，而从 Internet 到站点系统的多数访问被阻塞。无论怎样，路由器可根据策略有选择地允许访问系统和服务，通常内在危险的 NIS、NFS 和 X Windows 等服务被阻塞。

② 双宿主网关防火墙：双宿主网关防火墙是包过滤防火墙技术较好的替代结构，由一个带有两个网络接口的主机系统组成。一般情况下，这种主机可以充当与这台主机相连的网络之间的路由器，将一个网络的数据包在无安全控制下传递到另一个网络。如果将这种双宿主机安装到防火墙结构中，作为一个双宿网关防火墙，它首先使得 IP 包的转发功能失效。除此之外，包过滤路由器能被放置在 Internet 的连接处提供附加的保护，它创建一个内部的、屏蔽的子网。

注意：作为防火墙的主机系统必须是非常安全的，主机中任何脆弱的服务或技术都能导致非法的闯入。如果防火墙出现问题，攻击者可以破坏防火墙，并且完成攻击动作。

③ 过滤主机防火墙：过滤主机防火墙由一个包过滤路由器和一个位于路由器旁边保护子网的应用网关组成。应用网关仅需要一个网络接口，它的代理服务能传递代理存在的 Telnet、FTP 和其他服务到站点系统。路由器过滤存在内在危险的协议到达应用网关和站点系统。

④ 过滤子网防火墙：过滤子网防火墙是双宿网关和过滤主机防火墙的一种变化形式，它能在一个分割的系统上放置防火墙的每一个组件。虽然在一定程度上牺牲了简单性，但获得了较高的吞吐量和灵活性。并且由于防火墙的每一个组件仅需实现一个特定任务，这使得系统配置不是很复杂。该结构中两个路由器用来创建一个内部的、过滤子网，这个子网（有时称为非军事区 DMZ）包含应用网关，当然它也能包含信息服务器、Modem 池和其他需要进行访问控制的系统。

⑤ Modem 池：许多站点允许遍布在各点的 Modem 通过站点进行拨号访问，这是一个潜在的"后门"，它能使防火墙提供的保护失效。处理 Modem 的一种较好方法是把它们集中在一个 Modem 池（pool）中，然后通过池进行安全连接。

Modem 池可由连接到终端服务器的多个 Modem 组成，终端服务器是把 Modem 连接到网络的专用计算机。拨号用户首先连接到终端服务器，然后通过它连接到其他主机系统。有些终端服务器提供了安全机制，它能限制对特殊系统的连接，或要求用户使用一个认证令牌进行身份认证。当然，终端服务器也能是一个连接 Modem 的主机系统。

7.3　计算机病毒

计算机系统是一个很复杂的系统，只有在满足其软、硬件的工作环境及操作的要求，同时系统无病毒的情况下，才能正常工作，否则就无法正常工作。由于网络的普及，各种盗版软件的非法复制及使用,加速了计算机病毒的传播,增强了计算机病毒的破坏性。

随着计算机的不断普及和网络的发展,伴随而来的计算机病毒传播问题越来越引起人们的关注。1999年4月26日的CIH病毒大爆发,一方面改变了计算机病毒只破坏计算机软件系统的概念,另一方面也给用户带来了巨大损失,而其后出现的Melissa、ExploreZip、July-Killer以及"冲击波"等病毒,也在计算机用户中造成了恐慌。随着计算机技术的不断发展和人们对计算机系统和网络依赖程度的增加,计算机病毒已经构成了对计算机系统和网络的严重威胁。

7.3.1 计算机病毒的定义

《中华人民共和国计算机信息系统安全保护条例》及《计算机病毒防治管理办法》将计算机病毒(Computer Virus)定义如下:计算机病毒,是指编制或者在计算机程序中插入的破坏计算机功能或者毁坏数据,影响计算机使用,并能自我复制的一组计算机指令或者程序代码。这是目前官方最权威的关于计算机病毒的定义,此定义也被通行的《计算机病毒防治产品评级准则》的国家标准所采纳。

计算机病毒不是天然存在的,是某些人利用计算机软件和硬件所固有的脆弱性编制的一组指令集或程序代码。它能通过某种途径潜伏在计算机的存储介质(或程序)里,当达到某种条件时即被激活,通过修改其他程序的方法将自己以拷贝或者可能演化的形式放入其他程序中,从而感染其他程序。

1983年11月,美国学者F. Cohon首次从科学的角度提出"计算机病毒"这一概念。首例造成灾害的计算机病毒是在1987年10月公开报道于美国。计算机病毒(Computer Virus)是一种人为特制的程序,这种程序通过非授权入侵而隐藏在可执行程序或数据文件中,具有自我复制能力,极易传播,并造成计算机系统运行失常或导致整个系统瘫痪的灾难性的后果。因为它就像病毒在生物体内部繁殖导致生物患病一样,所以人们把这种现象形象地称为"计算机病毒"。当然,这种病毒并不影响人体的健康。

病毒的产生不是来源于突发的原因,而是来自一次偶然的事件。那时的研究人员想计算出当时互联网的在线人数,然而它却自己"繁殖"了起来,导致了整个服务器的崩溃和堵塞。有时一次突发的停电和偶然的错误,会在计算机的磁盘和内存中产生一些乱码和随机指令,但这些代码是无序和混乱的。病毒则是一种比较完美的、精巧严谨的代码,按照严格的秩序组织起来,与所在的系统网络环境相适应和配合起来。病毒不会通过偶然形成,并且需要有一定的长度,这个基本的长度从概率上来讲是不可能通过随机代码产生的。现在流行的病毒是人为故意编写的,多数病毒可以找到作者和产地信息,从大量的统计分析来看,病毒作者主要情况和目的是:一些天才的程序员为了表现自己和证明能力,出于对上司的不满,为了好奇,为了报复,为了祝贺和求爱,为了得到控制口令,为了编制软件拿不到报酬预留的陷阱等。当然也有因政治、军事、宗教、民族、专利等方面的需求而专门编写的,其中也包括一些病毒研究机构和黑客的测试病毒。

计算机病毒是人为的特制程序,但和普通的计算机程序又有所不同,它在计算机中生存、传播,具有以下特点。

7.3.2 计算机病毒的特点

1. 繁殖性

计算机病毒可以像生物病毒一样繁殖,当正常程序运行时,它也进行运行自身复制,是否具有繁殖、感染的特征是判断某段程序为计算机病毒的首要条件。

2. 破坏性

计算机中毒后,可能会导致正常程序无法运行,计算机内的文件被删除或受到不同程度的损坏。通常表现为增、删、改、移。

3. 传染性

计算机病毒不但本身具有破坏性,更有害的是具有传染性,一旦病毒被复制或产生变种,其速度之快令人难以预防。传染性是病毒的基本特征。在生物界,病毒通过传染,从一个生物体扩散到另一个生物体。在适当的条件下,它可大量繁殖,并使被感染的生物体表现出病症甚至死亡。同样,计算机病毒也会通过各种渠道,从已被感染的计算机扩散到未被感染的计算机,在某些情况下造成被感染的计算机工作失常甚至瘫痪。与生物病毒不同的是,计算机病毒是一段人为编制的计算机程序代码,这段程序代码一旦进入计算机并得以执行,就会搜寻其他符合其传染条件的程序或存储介质,确定目标后,再将自身代码插入其中,达到自我繁殖的目的。只要一台计算机染毒,如不及时处理,病毒会在这台电脑上迅速扩散,再通过各种可能的渠道,如软盘、硬盘、移动硬盘、计算机网络去传染其他计算机。当在一台机器上发现病毒时,往往曾在这台计算机上用过的软盘已感染上了病毒,而与这台机器相联网的其他计算机也许也被该病毒染上了。是否具有传染性是判别一个程序是否为计算机病毒的最重要条件。

4. 潜伏性

有些病毒像定时炸弹一样,让它什么时间发作是预先设计好的。比如黑色星期五病毒,不到预定时间一点都觉察不出来,等到条件具备时,一下子就爆炸开来,对系统进行破坏。一个编制精巧的计算机病毒程序,进入系统之后一般不会马上发作,因此病毒可以静静地躲在磁盘或磁带里呆上几天,甚至几年,一旦时机成熟,得到运行机会,就又要四处繁殖、扩散,继续危害。潜伏性的第二种表现是指,计算机病毒的内部往往有一种触发机制,不满足触发条件时,计算机病毒除了传染外不做什么破坏。触发条件一旦得到满足,有的在屏幕上显示信息、图形或特殊标识,有的则执行破坏系统的操作,如格式化磁盘、删除磁盘文件、对数据文件做加密、封锁键盘以及使系统死锁等。

5. 隐蔽性

计算机病毒具有很强的隐蔽性,有的可以通过病毒软件检查出来,有的根本就查不出来,有的时隐时现、变化无常,这类病毒处理起来通常很困难。

6. 可触发性

因某个事件或数值的出现,诱使病毒实施感染或进行攻击的特性,称为可触发性。为了隐蔽自己,病毒必须潜伏,少做动作。如果完全不动,一直潜伏的话,病毒既不能感染也不能进行破坏,便失去了杀伤力。病毒既要隐蔽又要维持杀伤力,它必须具有可触发性。病毒的触发机制就是用来控制感染和破坏动作的频率的。病毒具有预定的触发条件,这些条件可能是时间、日期、文件类型或某些特定数据等。病毒运行时,触发机制检查预定条件是否满足,如果满足,启动感染或破坏动作,使病毒进行感染或攻击;如果不满足,使病毒继续潜伏。

计算机病毒的上述特点中,其主要的特点是其破坏性和传染性,即自我复制能力和对计算机系统及网络系统的干扰与破坏是计算机病毒最根本的特征,也是它和正常程序的本质区别。

7.3.3 计算机病毒的类型

全世界每天都要产生几种甚至十几种计算机病毒,所以已出现的病毒有数万种。按区分病毒的标准不同,计算机病毒大致可分为如下几种类型。

1. 系统病毒

系统病毒的前缀为 Win32、PE、Win95、W32、W95 等。这些病毒的一般公有特性是可以感染 Windows 操作系统的 *.exe 和 *.dll 文件,并通过这些文件进行传播。如CIH 病毒。

2. 蠕虫病毒

蠕虫病毒的前缀是 Worm。这种病毒的公有特性是通过网络或系统漏洞进行传播,很大部分的蠕虫病毒都有向外发送带毒邮件、阻塞网络的特性。比如冲击波(阻塞网络)、小邮差(发带毒邮件)等。

3. 木马病毒、黑客病毒

木马病毒的前缀是 Trojan,黑客病毒前缀名一般为 Hack。木马病毒的公有特性是通过网络或者系统漏洞进入用户的系统并隐藏,然后向外界泄露用户的信息,而黑客病毒则有一个可视的界面,能对用户的电脑进行远程控制。木马、黑客病毒往往是成对出现的,即木马病毒负责侵入用户的电脑,而黑客病毒则会通过该木马病毒来进行控制。现在这两种类型都越来越趋向于整合了。一般的木马,如 QQ 消息尾巴木马 Trojan.QQ3344,还有比较多的针对网络游戏的木马病毒,如 Trojan.LMir.PSW.60。这里补充一点,病毒名中有 PSW 或者什么 PWD 之类的,一般都表示这个病毒有盗取密码的功能(这些字母一般都为“密码”的英文“password”的缩写)。一些黑客程序,如网络枭雄(Hack.Nether.Client)等。

4. 脚本病毒

脚本病毒的前缀是 Script。脚本病毒的公有特性是使用脚本语言编写,通过网页进行的传播的病毒。脚本病毒还会有如下前缀:VBS、JS(表明是何种脚本编写的),如欢乐时光(VBS.Happytime)、十四日(Js.Fortnight.c.s)等。

5. 宏病毒

其实宏病毒也是脚本病毒的一种，由于它的特殊性，因此在这里单独算成一类。宏病毒的前缀是 Macro，第二前缀是 Word、Word 97、Excel、Excel 97（也许还有别的）之一。凡是只感染 Word 97 及以前版本 Word 文档的病毒采用 Word 97 作为第二前缀，格式是 Macro. Word 97；凡是只感染 Word 97 以后版本 Word 文档的病毒采用 Word 作为第二前缀，格式是 Macro. Word；凡是只感染 Excel 97 及以前版本 Excel 文档的病毒采用 Excel 97 作为第二前缀，格式是 Macro. Excel 97；凡是只感染 Excel 97 以后版本 Excel 文档的病毒采用 Excel 作为第二前缀，格式是 Macro. Excel，依此类推。该类病毒的公有特性是能感染 Office 系列文档，然后通过 Office 通用模板进行传播，如著名的美丽莎（Macro. Melissa）病毒。

6. 后门病毒

后门病毒的前缀是 Backdoor。该类病毒的公有特性是通过网络传播，为系统开后门，给用户电脑带来安全隐患。如 IRC 后门病毒 Backdoor. IRCBot。

7. 病毒种植程序病毒

病毒种植程序病毒的前缀是 Dropper。这类病毒的公有特性是运行时会从体内释放出一个或几个新的病毒到系统目录下，由释放出来的新病毒产生破坏。如冰河播种者（Dropper. BingHe2. 2C）、MSN 射手（Dropper. Worm. Smibag）等。

8. 破坏性程序病毒

破坏性程序病毒的前缀是 Harm。这类病毒的公有特性是本身具有好看的图标来诱惑用户单击，当用户单击这类病毒时，病毒便会直接对用户计算机产生破坏。如格式化 C 盘（Harm. FormatC. f）、杀手命令（Harm. Command. Killer）等。

9. 玩笑病毒

玩笑病毒的前缀是 Joke，也称恶作剧病毒。这类病毒的公有特性是本身具有好看的图标来诱惑用户单击，当用户单击这类病毒时，病毒会做出各种破坏操作来吓唬用户，其实病毒并没有对用户电脑进行任何破坏，如女鬼（Joke. Girlghost）病毒。

10. 捆绑机病毒

捆绑机病毒的前缀是 Binder。这类病毒的公有特性是病毒作者会使用特定的捆绑程序，将病毒与一些应用程序如 QQ、IE 捆绑起来，表面上看是一个正常的文件，当用户运行这些捆绑病毒时，表面上运行这些应用程序，然后隐藏运行捆绑在一起的病毒，从而给用户造成危害。如捆绑 QQ（Binder. QQPass. QQBin）、系统杀手（Binder. killsys）等。

7.3.4 计算机病毒的表现形式与特征

计算机病毒虽然很难检测，但是留心计算机的运行情况还是可以发现计算机感染病毒的一些异常症状的。下面列举实践中常见的病毒症状作为参考。

① 磁盘文件数目无故增多。

② 微型计算机系统内存空间明显变小。

③ 系统运行速度明显减慢;蜂鸣器发出异常声音。

④ 文件的日期时间值被修改成新近的日期时间(用户自己并没有修改)。

⑤ 感染病毒的可执行文件长度通常会明显增加。

⑥ 正常情况下可以运行的程序却报告内存不足而不能装入。

⑦ 程序加载的时间比平时明显变长。

⑧ 经常出现死机或不正常启动。

⑨ 显示器出现一些莫名其妙的信息、图形和异常现象。

⑩ 一些正常的外部设备无法使用,如无法正常读写软盘、无法正常打印等。

7.3.5 计算机病毒的传播

经常检测计算机系统是否有病毒,一旦发现染上病毒,就应设法将其清除。但这是一种消极被动的病毒防范策略。因为,虽然有功能日见强大的反病毒软件不断推出,但是未知新病毒的产生速度更快。若要彻底堵塞病毒的传播渠道,应以预防为主,将病毒拒之于计算机系统之外,这才是更积极、更安全的病毒防范策略。堵塞病毒的传播渠道就必须了解病毒的所有传播途径,现有计算机病毒的传播途径如下。

① 计算机网络:是目前病毒传播的主要途径。

② 盗版软件:非法复制的盗版软件,常带有各种病毒。

③ 软、硬磁盘:使用来历不明的程序盘或不正当途径复制的程序盘。

④ 各种移动磁盘:使用未经计算机病毒检查的 U 盘、移动硬盘、MP3 等。

7.3.6 计算机病毒的检测与防治

提高系统的安全性是防病毒的一个重要方面,但完美的系统是不存在的,过于强调提高系统的安全性将使系统多数时间用于病毒检查,系统失去了可用性、实用性和易用性。另一方面,信息保密的要求让人们在泄密和抓住病毒之间无法选择。加强内部网络管理人员以及使用人员的安全意识,用口令来控制对系统资源的访问,是防病毒进程中最容易和最经济的方法之一。另外,安装查杀病毒软件并定期更新也是预防病毒的重中之重。

在日常的计算机病毒检测与防治中,一般使用反病毒软件,即常说的杀病毒软件。反病毒软件(实质是病毒程序的逆程序)具有对特定种类的病毒进行检测的功能,既可查出病毒,也可同时清除。反病毒软件使用方便安全,多数情况不会因清除病毒而破坏系统中的正常数据,并且对使用人员的要求不高。特别是优秀的反病毒软件都具有较好的界面和提示,使用相当方便。遗憾的是,反病毒软件通常只能检测出已经知道的病毒并消除它们,很难处理原病毒变种及新的病毒。所以各种反病毒软件都不能一劳永逸,而要随着新病毒的出现不断升级。其主要缺点是实时性和自身的安全性较差。

1. 计算机病毒的检测

在日常工作中,一旦发现计算机系统的运行不正常,并出现了上述的计算机病毒的表现形式和特征,就应当尽快使用专业的杀病毒软件进行检测与清除。同时,配合定期检测杀毒。

目前的反病毒软件一般都带有实时、在线检测系统运行的功能。目前较好的反病毒软件,像国外的有 Norton Antivirus 2000、MSAV、Mcafee、卡巴斯基等,国内有如 360 杀毒、360 安全卫士、金山毒霸、瑞星、腾讯电脑管家等。

2. 计算机病毒的防治

(1) 软件预防。主要使用计算机病毒疫苗程序及各种"防火墙"软件系统。监督系统运行并防止某些病毒入侵,目前个人及单位使用较多。但随着新病毒的出现,其预防计算机病毒的效果有限。

(2) 硬件预防。主要有两种方法:一是改变计算机系统结构,二是插入附加固件,如将防病毒卡、硬盘保护卡插到主机板上。目前大型企业及学校使用得比较多,预防计算机病毒的效果比较好。

(3) 管理预防。这也是最有效的预防措施。主要措施如下。

① 不要随意打开来历不明的邮件,上网后要及时清查病毒。

② 对外来软盘、光盘和不知来源的程序,应先清查病毒,确认其无病毒后才可使用。

③ 对在其他机器中使用的软盘应加写保护,必须要做写操作的应及时清查病毒。

④ 尽量安装正版软件,不使用盗版软件。

⑤ 定期更新清除病毒的软件,定期清查、清除硬盘病毒。

计算机病毒的防治是一项系统工程,除了技术手段之外,还涉及诸多因素,如法律、教育、艺术、管理制度等。我国目前已制定了软件保护法,非法拷贝和使用盗版软件都是不道德的和违法的行为,如因此感染病毒则既损害别人又损害自己。此外,通过教育,使广大用户认识到病毒的严重危害性,了解病毒的防治常识,提高尊重知识产权的意识,增强法律、法规意识,不随便复制他人的软件,以便最大限度地减少病毒的产生与传播。

7.4　信息化社会法律意识与道德规范

7.4.1　知识产权与软件版权保护

计算机软件是脑力劳动的创造性产物,正式软件是有版权的。它是受法律保护的一种重要的知识产权。知识产权是指智力活动所创造的精神财富所享有的权利,包括工业产权、版权、发明权、发现权等,它是受到法律保护的。1967 年在瑞典斯德哥尔摩签订公约成立世界知识产权组织,该组织于 1974 年成为联合国的一个专门机构。我国于 1980年 3 月加入该组织。

版权,亦称著作权、作者权,源自英文 Copyright,意即抄录、复制之权。一般认为,版权是一种民事权利,作为法律观念,是一种个人权利,又是一种所有权。主要表现为作者对其作品使用的支配权和享受报酬权。软件版权属于软件开发者,软件版权人依法享有软件使用的支配权和享受报酬权。对计算机用户来说,应该懂得:只能在法律规定的合理的范围之内使用软件。如果未经软件版权人同意而非法使用其软件,例如,将软件大量复制赠给自己的同事、朋友,通过变卖该软件等手段获利等,都是侵权行为。侵权者是要承担相应的民事责任的。

软件作品从其创作完成之时起就享有版权,从其发表之时起就受到保护。超过版权保护期的软件,或仍处于版权保护期,但版权人明确表示放弃版权的软件,不再受版权保护而进入公用领域。

事实上,在现代社会中,由于信息的大众传播、拷贝和复制,已经使信息的利用非常廉价和方便了。但是从信息本身的价值来看,信息却可能是非常昂贵的。因为无论从创造发明者的脑力劳动价值来看,还是信息资源对受益者的实用价值来看,信息都不应该是免费的。对于软件开发企业和生产者而言,它们的力量所在就是他们所发明创造的软件。一旦软件被盗窃,它们的创造力量就会受到打击,严重时甚至可能夭折。这种情况如果广泛出现,就会极大地打击开发者的工作积极性和进一步发展的可能性,进而影响整个社会信息化的进程。

计算机软件已经形成一个庞大的产业,全世界每年产值在 500 亿美元以上。而每年由于非法盗用计算机软件的活动所造成的损失已超过 100 亿美元。因此,依法保护计算机软件版权人的利益,调整软件在开发、传播和使用中发生的利益关系,鼓励计算机软件的开发和流通,是促进计算机事业发展的必然趋势。

从 1991 年 10 月 1 日起,我国开始施行《计算机软件保护条例》,这就为在全社会形成一个尊重知识、尊重人才的氛围创造了良好环境,为促进我国计算机产业的发展提供了基本的保证。随着计算机的广泛应用,学习条例、应用条例,应当成为每个公民的自觉行动。在版权意义上,软件可分为公用软件、商业软件、共享软件和免费软件。

1. 公用软件的特征

① 版权已被放弃,不受版权保护。

② 可以进行任何目的的复制,不论是为了存档还是为了销售,都不受限制。

③ 允许进行修改。

④ 允许对该软件进行逆向开发。

⑤ 允许在该软件基础上开发衍生软件,并可复制、销售。

商业软件、共享软件和免费软件都不属于公用软件,因而都享有版权保护。用户从软件出版单位和计算机商家购买软件,取得的只是使用该软件的许可,而软件的版权人和出版单位则分别保留了软件的版权和专有出版权。软件许可合同的作用,就是指导如何使用软件和对软件的使用进行限制。

2. 商业软件的特征

在非公有领域软件中,商业软件通常具有下列特征:

① 软件受版权保护。

② 为了预防原版软件意外损坏,可以进行存档复制。

③ 只有将软件应用于实际的计算机环境时,才能进行必要的修改,否则不允许进行修改。

④ 未经版权人允许,不得对该软件进行逆向开发。

⑤ 未经版权人允许,不得在该软件基础上开发衍生软件。

3. 共享软件

共享软件实质上是一种商业软件,因此也具有商业软件的上述特征。但它是在试用基础上提供的一种商业软件,所以也称为试用软件。共享软件的作者通常通过公告牌(BBS)、在线服务、出售磁盘和个人之间的复制来发行其软件。一般只提供目标文本而不提供源文本。软件的共享版可以包含软件的全部功能,也可能只包含软件的部分功能。发行软件共享版的目的为了让潜在的用户通过试用来决定是否购买。通常作者会要求,如果试用者希望在试用期过后继续使用该软件,就要支付少量费用并加以登记,以便作者进一步提供软件的更新版本、故障的排除方法和其他支持。

4. 免费软件

免费软件是免费提供给公众使用的软件,常通过与共享软件相同的方式发行。免费软件有下列特征。

① 软件受版权保护。

② 可以进行存档复制,也可以为发行而复制,但发行不能以赢利为目的。

③ 允许修改软件并鼓励修改。

④ 允许对软件进行逆向开发,不必经过明确许可。

⑤ 允许开发衍生软件并鼓励开发,但这种衍生软件也必须是免费软件。

知识产权与保护涉及许多部门及领域,同时也涉及法律、执法、计算机软件产业及每一个普通计算机用户。我国的知识产权保护法律正在逐步完善,人们对知识产权保护的意识也正在加强。但也存在许多问题:盗版软件较为普遍,正版软件价格普通计算机用户难以接受,如国内正版会计财务软件普遍在2万~3万元人民币。这需要软件开发商、知识产权立法与执法者及广大用户的共同努力才能逐步完善。商品化的软件是受到国际公约和国家著作权法保护的知识产品。每个计算机应用者必须建立起自觉保护知识产权的公民法制意识,这不仅有利于计算机软件业的健康发展,也可切实保护合法软件使用者的个人利益。因为,盗版软件得不到开发商应有的技术支持,不能有效地发挥其正常功能,而且盗版软件常常残缺不全,给应用带来麻烦,更严重的是,盗版软件常常隐藏着各种计算机病毒,直接威胁着计算机系统的正常工作和数据安全。

7.4.2　信息产业的道德准则

1. 计算机与网络用户道德

目前几乎所有的计算机均挂在 Internet 上,Internet 已把全世界连接成了一个"地球村",几乎每个人的日常工作、生活、学习、娱乐均离不开计算机系统与网络系统,人类都生活在一个共同的信息空间中。自此产生了 Internet 网络文化、计算机信息、网络公共道德和行为规范,例如,网络礼仪、行为守则和注意事项等。没有规矩,不成方圆,为维护每个计算机用户及网民的合法权益,大家必须用一个统一的公共道德和行为规范约束自己。

(1) 网络礼仪：网络礼仪是网民之间交流的礼貌形式和道德规范。网络礼仪是建立在自我修养和自重自爱的基础上的。

① 网络礼仪主要内容。

网络礼仪主要内容包括使用电子邮件时应遵循的规则、上网浏览时应遵守的规则、网络聊天时应该遵守的规则以及网络游戏时应该遵守的规则。网络礼仪的基本原则是自由和自律。

② 网络公共道德。

网民之间交流应该彼此尊重，宽以待人，保持平静，助人为乐，帮助新手，健康、快乐、幽默。

(2) 行为守则：在网上交流，不同的交流方式有不同的行为规范，主要交流方式有"一对一"方式(E-mail)、"一对多"方式(如电子新闻、BBS)、"信息服务提供"方式(如www和FTP)。

① "一对一"方式交流行为规范。

• 不发送垃圾邮件。

• 不发送涉及机密内容的电子邮件。

• 转发别人的电子邮件时，不随意改动原文的内容。

• 不给陌生人发送电子邮件，也不要接收陌生人的电子邮件。

• 不在网上进行人身攻击，不讨论敏感的话题。

• 不运行通过电子邮件收到的软件程序。

② "一对多"方式交流行为规范。

• 将一组中全体组员的意见与该组中个别人的言论区别开来。

• 注意通信内容与该组目的的一致性，如不在学术讨论组内发布商业广告。

• 注意区分"全体"和"个别"，与个别人的交流意见不要随意在组内进行传播，只有在讨论出结论后，再将结果摘要发布给全组。

③ 以信息服务提供方式交流行为准则。

• 要使用户意识到，信息内容可能是开放的，也可能针对特定的用户群。因此，不能未经许可就进入非开放的信息服务器，或使用别人的服务器作为自己信息传送的中转站，要遵守信息服务器管理员的各项规定。

• 信息服务提供者应该将信息内容很好地组织，以便于用户使用。

• 信息内容不应该偏激。

• 除非有安全措施保证，否则不能让用户无条件地信任从网上所获得的信息。

2. 计算机职业道德规范(软件工程师职业道德规范)

计算机已被广泛应用于商业、工业、政府、医疗、教育、娱乐和整个社会的各个领域，软件工程师将直接参与设计、开发各种软件系统，其软件产品的质量将直接关系到所有计算机用户的信息系统的安全性。即他们有能力让他人做好事或带来危害。因此，软件工程师的行为必须遵守如下的职业规范：

(1) 自觉遵守公民道德规范标准和中国软件行业基本公约。

(2) 讲诚信，坚决反对各种弄虚作假现象，不承接自己能力尚难以胜任的任务，对已经承诺的事,要保证做到,忠实做好各种作业记录,不隐瞒、不虚构,对提交的软件产品及其功能,在有关文档上不作夸大不实的说明。

(3)遵守国家的有关的法律、法规,遵守行业、企业的有关的法律、法规。遵循行业的国际惯例。

(4)有良好的知识产权保护观念,自觉抵制各种违反知识产权保护的行为,不购买和使用盗版的软件,不参与侵犯知识产权的活动,在自己开发的产品中不拷贝复用未取得使用许可的他方内容。

(5)树立正确的技能观,努力提高自己的技能,为社会和人民造福,绝不利用自己的技能去从事危害公众利益的活动,包括构造虚假信息和不良内容、制造电脑病毒、参与盗版活动、非法解密存取、进行黑客行为和攻击网站等。提倡健康的网络道德准则和交流活动。

(6)认真履行合同和协议规定,有良好的工作责任感。不能以追求个人利益为目的,不随意或有意泄露企业的机密与商业资料。自觉遵守保密规定,不随意向他人泄露工作和客户机密。

(7)面对飞速发展的技术,能自觉跟踪技术发展动态,积极参与各种技术交流、技术培训和继续教育活动,不断改进和提高自己的技能,自觉参与项目管理和软件过程改进活动。能注意对自己个人软件过程活动的监控和管理。研究和不断改进自己的软件生产率和质量,不能以个人的技能与技术作为换取不正当收入的手段。

(8)努力提高自己的技术和职业道德素质,力争做到与国际接轨,提交的软件和文档资料技术上能符合国际和国家的有关标准。在职业道德规范上,也能符合国际软件工程职业道德规范标准。

本 章 小 结

本章内容包括信息安全概念、信息安全的特征;计算机与网络应用中的密码技术、防火墙技术;计算机病毒的概念、特点、类型;计算机病毒的表现形式与特征;计算机病毒的主要传播途径;计算机病毒的检测与防治;网络社会责任与计算机职业规范。在信息化社会中,用户必须具备信息安全的意识和基本知识,学会保护自己计算机中的数据,安全使用计算机。使用计算机时,要具有一定的法律意识,了解有关知识产权与软件版权保护涉及的基本概念与法规,遵守计算机职业道德规范。

习 题 7

判断题

7.1 所有的计算机病毒只破坏计算机的软件系统。 ( )

7.2 数据加密的目的是为保障计算机信息系统的信息安全性。 ( )

7.3 引导性病毒是通过感染磁盘上的引导扇区或改写磁盘分区表（FAT）来感染计算机和传播计算机病毒的。 （　　）

7.4 "对称式"加密法和"非对称式"加密法，均是使用相同的加密密钥与解密密钥。 （　　）

7.5 计算机病毒的主要特点是寄生性和不可预知性。 （　　）

7.6 移动磁盘（U 盘、MP3）不会感染计算机病毒。 （　　）

7.7 公用软件的版权仍然保留，并受软件版权的保护。 （　　）

7.8 商业软件，未经版权人允许，不得在该软件基础上开发衍生软件。 （　　）

7.9 在计算机网络中，未经他人同意获取的数据（密码、日期、帐号等），不属于犯罪行为。 （　　）

7.10 在自己开发的产品中不拷贝复用未取得使用许可的他方内容。 （　　）

选择题

7.11 下列（　　）不属于计算机的移动磁盘。
    A. MP3   B. U 盘   C. 移动硬盘   D. 硬盘

7.12 在版权意义上，软件可分为（　　）。
    A. 公用软件   B. 商业软件   C. 共享软件   D. 有价软件

7.13 免费软件有下列特征（　　）。
    A. 开发衍生软件   B.存档复制   C. 赢利发行   D. 修改软件

7.14 在版权意义上，下列（　　）不受版权保护。
    A. 公用软件   B. 商业软件   C. 共享软件   D. 免费软件

7.15 下列计算机病毒（　　）不属于按寄生方式分的计算机病毒种类。
    A. 引导型病毒   B. 文件型病毒   C. 复合型病毒   D. 源代码病毒

7.16 下列计算机病毒（　　）不属于按传染的途径分的计算机病毒种类。
    A. 源代码病毒   B. 文件型病毒   C. 入侵病毒   D. 操作系统病毒

7.17 下列计算机系统的工作状况中，不属于常见的计算机病毒症状是（　　）。
    A. 文件数无故增多   B. 死机并不能正常启动
    C. 出现莫名其妙的图形   D. 可以随意修改文本文件

7.18 从宏观上讲，下列不属于计算机病毒的预防措施的是（　　）。
    A. 消毒预防   B. 硬件预防   C. 软件预防   D. 管理预防

7.19 下列（　　）技术属于防火墙技术。
    A. 公用密钥   B. 数据包过滤   C. 置换函数   D. 解密密钥

7.20 目前，信息安全面临的威胁来自多方面，其中（　　）属于恶意攻击。
    A. 电磁干扰   B. 操作失误   C. 编程缺陷   D. 计算机犯罪

简答题

7.21 信息安全性的特征是什么？

7.22 目前计算机信息系统存在的主要威胁表现在哪几方面？

7.23 总体上目前计算机信息的主要安全措施有哪些？

7.24　计算机病毒的特点有哪些？

7.25　计算机病毒的预防管理措施有哪些？

7.26　计算机病毒主要的传播途径是什么？

7.27　简述防火墙技术保障计算机网络安全的基本思想。

7.28　比较说明免费软件与公用软件的异同点。